火电机组仿真培训指导教材

350MW
分 册

大唐黑龙江发电有限公司◎组编

中国电力出版社
CHINA ELECTRIC POWER PRESS

内 容 提 要

为确保火电机组的安全、稳定、经济运行，提高生产运行人员的技术素质，适应员工岗位培训工作的需要，大唐黑龙江发电有限公司组织所属各单位结合在役机组运行实际，编写了《火电机组仿真培训指导教材》，共包含6个分册。

本书是《火电机组仿真培训指导教材 350MW分册》，全书详细介绍了350MW火电机组的主要技术参数、系统启停、运行控制、事故处理等。共分为九章：第一章主要介绍350MW机组的锅炉、汽轮机、发电机概述及主要参数；第二章主要介绍锅炉系统，包括整体布置与工作原理，各辅助系统的启停及运行调整；第三章主要介绍汽轮机系统，汽轮机主要辅助系统的启停及运行调整；第四章主要介绍电气系统，包括发电机主接线形式，发电机、变压器、厂用电系统等的投停和正常监控；第五章主要介绍机组保护及试验，包括锅炉、汽轮机、发电机-变压器组的保护配备和试验规定；第六章主要介绍机组冷态启动，包括设备送电、辅助系统的投入、锅炉侧启动、汽轮机冲转、机组并网、机组升负荷；第七章主要介绍机组运行调整，包括机组控制方式，运行监视与调整；第八章主要介绍机组滑参数停机，包括滑参数停机的操作步骤，参数选择、注意事项；第九章主要介绍事故处理，包括事故的现象、原因及事故处理原则。

本书适用于350MW火电机组运行岗位专业实训，也可作为电厂运行人员的培训教材和从事集控运行专业技术人员的参考资料，并可供高等院校相关专业师生参考。

图书在版编目（CIP）数据

火电机组仿真培训指导教材. 350MW分册/大唐黑龙江发电有限公司组编 . —北京：中国电力出版社，2016.4（2020.4重印）

ISBN 978-7-5123-8556-6

Ⅰ.①火… Ⅱ.①大… Ⅲ.①火力发电-发电机组-技术培训-教材 Ⅳ.①TM621.3

中国版本图书馆CIP数据核字（2015）第 277023 号

中国电力出版社出版、发行

（北京市东城区北京站西街19号 100005 http://www.cepp.sgcc.com.cn）

北京天宇星印刷厂印刷

各地新华书店经售

*

2016 年 4 月第一版 2020 年 4 月北京第二次印刷

787 毫米×1092 毫米 16 开本 18.5 印张 453 千字

印数 2001—3000 册 定价 **55.00** 元

编审委员会

主任委员	王振彪			
副主任委员	李景峰	刘延滨（常务）	孙大伟	李晶岩
委　　员	张卫东	张艳春	汤传金	左晓群	毕宏远
	王秀江	张伟国	李　志	张春宇	徐传彬
	王永金	刘士宏	沈　琪	屈广顺	单朋文
执行主编	张卫东			
执行副主编	葛成林	常治国	单小东	
参　　编	解　文	彭守刚	胡永盛	刘殿辉	张巍巍
	马金波	肖玉臣	张保全	马久亮	李　军
	聊俊生	高华诚	陈显峰	杨金平	张　浩

前　言

　　本书以美国通用电气公司、哈尔滨锅炉有限责任公司、哈尔滨电机有限责任公司和东北电力设计院提供的技术资料为基础，以现场操作规程为依据，总结现场实际运行经验，是为适合于350MW火力发电机组电厂热能动力设备专业及同型号机组使用和学习所编写的实训教材。书中详细讲解了机组各主要系统的工作原理，全面详尽阐述了机组的启动、停止、运行维护和事故处理的过程和操作方法，其目的是让学员在有限的实训期间内，最大程度地掌握机组各系统的构成和理论，学会基本的运行操作及主要的事故分析和处理，以达到认知和提高其专业技能水平和素质修养。

　　本书依据中国电力企业联合会标准化管理中心编《火力发电厂技术标准汇编第三卷　运行标准》、电力工业部(80)电技字第26号《电力工业技术管理法规》、国家标准《电力(业)安全工作规程》、DL 612—1996《电力工业锅炉压力容器监察规程》及国能安全〔2014〕161号《防止电力生产重大事故的二十五项重点要求》等相关标准，结合350MW机组运行生产实际，在总结其他同型机组的先进经验的基础上加以整编。

　　本书打破机组容量的局限性，吸收不同容量机组的相同经验，以力求全面、简明、实用，突出整体性、协调性、针对性，便于现场实际操作。

　　由于编者水平所限，疏漏在所难免，对书中可能存在的错误和不当之处，恳请读者批评指正。

编　者

2015 年 7 月

火电机组仿真培训指导教材

350MW分册

目　录

前言

第一章　机组概述 ……………………………………………………………… 1

第一节　锅炉及主要参数 …………………………………………………… 1

第二节　汽轮机及主要参数 ………………………………………………… 8

第三节　发电机及主要参数 ………………………………………………… 11

第二章　锅炉系统 ……………………………………………………………… 17

第一节　整体布置与工作原理 ……………………………………………… 17

第二节　汽水系统 …………………………………………………………… 17

第三节　风烟系统 …………………………………………………………… 26

第四节　制粉系统 …………………………………………………………… 48

第五节　燃烧系统 …………………………………………………………… 70

第三章　汽轮机系统 …………………………………………………………… 80

第一节　主、再热蒸汽及旁路系统 ………………………………………… 80

第二节　抽汽系统 …………………………………………………………… 84

第三节　凝结水系统 ………………………………………………………… 93

第四节　给水及除氧系统 …………………………………………………… 98

第五节　真空系统 …………………………………………………………… 117

第六节　循环冷却水系统 …………………………………………………… 120

第七节　辅助蒸汽系统 ……………………………………………………… 128

第八节　轴封系统 …………………………………………………………… 131

第九节　润滑油系统 ………………………………………………………… 134

第十节　抗燃油系统 ………………………………………………………… 140

第十一节　发电机冷却系统 ………………………………………………… 143

第十二节　供热系统 ………………………………………………………… 150

第四章　电气系统 ……………………………………………………………… 160

第一节　电气主接线 ………………………………………………………… 160

第二节　发电机 ……………………………………………………………… 161

第三节　励磁系统 …………………………………………………………… 162

    第四节　厂用电系统 ··· 164

    第五节　直流系统 ··· 174

第五章　机组保护及试验 ··· 178

    第一节　锅炉保护及试验 ··· 178

    第二节　汽轮机保护及试验 ·· 184

    第三节　电气保护及试验 ··· 195

第六章　机组冷态启动 ··· 201

    第一节　冷态启动概述 ·· 201

    第二节　设备送电 ··· 202

    第三节　辅助系统的投入 ··· 208

    第四节　点火前的准备 ·· 213

    第五节　点火、升温、升压 ·· 214

    第六节　汽轮机冲转 ··· 219

    第七节　机组并网 ··· 222

    第八节　机组升负荷 ··· 225

第七章　机组运行调整 ··· 228

    第一节　机组控制方式 ·· 228

    第二节　运行监视与调整 ··· 231

第八章　机组滑参数停机 ··· 240

第九章　事故处理 ··· 245

    第一节　锅炉事故处理 ·· 248

    第二节　汽轮机事故处理 ··· 259

    第三节　电气事故处理 ·· 269

    附录 A　汽轮机疏水阀的划分 ··· 282

    附录 B　机组部分英文缩写含义描述表 ······································· 283

    附录 C　冷态启动曲线 ··· 285

    附录 D　滑停曲线 ··· 286

    附录 E　汽轮机惰走曲线 ··· 287

    附录 F　相应压力下饱和温度表 ·· 288

参考文献 ··· 289

第一章　机　组　概　述

　　350MW 机组的汽轮机、发电机由美国通用电气公司（GE 公司）生产，锅炉由哈尔滨锅炉厂生产，分散控制系统（DCS、MARK V）由美国霍尼韦尔公司配套。汽轮机、发电机各辅机由国外不同生产厂家制造，锅炉各辅机由国内不同生产厂家制造。

第一节　锅炉及主要参数

一、锅炉设备

　　大唐七台河发电有限责任公司一期工程 2×350MW 机组锅炉是采用美国 ABB-CE 公司技术由哈尔滨锅炉厂设计制造的 HG-1170/17.4YM1 型锅炉。锅炉为亚临界压力、一次中间再热、自然循环、单炉膛汽包炉。设计燃料为次烟煤，采用平衡通风四角切向燃烧，燃烧器为水平浓淡摆动式燃烧器，采用双进双出钢球磨煤机正压直吹式制粉系统，一次风机为单吸离心风机。送风机为单级动叶调节轴流风机，引风机为单级动叶调节轴流风机，配两台三分仓回转式空气预热器，炉底和空气预热器采用水力除灰渣系统，省煤器和电除尘器采用气力除灰系统。

　　以最大连续运行工况（MCR）为设计参数，在机组负荷为 383.556MW 时，锅炉最大连续出力为 1170t/h；机组负荷为 352.75MW 时，锅炉额定蒸发量为 1054.839t/h。

　　该锅炉配有三台 BBD4060 型双进双出钢球磨煤机，每台磨煤机制出的煤粉由磨煤机每侧分离器顶部四根一次风管送至四角同层燃烧器喷嘴，燃烧器一次风采用水平浓淡式煤粉燃烧器。每只燃烧器共设置三层油点火燃烧器，四角 12 只油枪的热功率为锅炉 MCR 工况时燃料总放热量的 30%。一组燃烧器共有 15 个风室喷嘴，其中 6 个煤粉喷嘴、2 个燃尽风喷嘴、3 个油风喷嘴、2 个中间空气风喷嘴、上下端部风喷嘴各 1 个，煤粉喷嘴可做±20°摆动，二次风喷嘴可做±30°摆动，顶部风喷嘴可做上 30°、下 5°摆动。最下排一次风喷嘴中心线到冷灰斗拐角处距离为 4.606m，最上层一次风喷嘴中心线到分割屏下沿的燃尽高度为 19.314m。锅炉在设计中考虑煤种灰分较高及灰分中 SiO_2 磨削成分较高的特点，对流受热面采用较低烟速。汽包正常水位在锅筒中心线下 120mm。各级过热器和再热器均采用较大直径管子，各联箱与大直径管连接处均采用大口径三通，在一定程度上降低了过热器和再热器的阻力。为防止结焦结灰，各级过热器和再热器采用较大的横向节距。各级过热器、再热器之间采用单根或少量大直径连接管连接，使蒸汽良好混合以消除偏差。

一期工程两台锅炉共用一套除灰、除渣系统。灰渣处理采用干灰气力集中、灰渣混除、灰渣泵水力输送的除灰方式。锅炉除渣系统负责除去锅炉底渣和空气预热器冷灰。整个系统由刮板式捞渣机、碎渣机、渣浆池、渣浆泵、空气预热器冷灰斗、水力喷射器等部分组成。炉膛下部渣斗接受并储存来自锅炉炉膛的渣块，渣块经灰渣斗下部的碎渣机破碎，通过渣沟冲至渣浆池，再由渣浆泵输送到灰渣浆池。空气预热器下部冷灰经水力喷射器冲到渣浆池，再由渣浆泵送至灰渣浆池。

干除灰系统负责清除电除尘器收集的尾部烟道飞灰和省煤器下部沉降灰。干除灰系统气源来自空压机房，系统由除灰管道、中间灰库、灰库等部分组成。电除尘器灰斗的灰经电动锁气器进入其下部的气力输送管道，由其将灰运入中间灰库。灰在中间灰库内贮存至一定料位或达至整定时间由输送空压机站来的输送用压缩空气将灰输至灰库。所有干灰经湿式搅拌机搅拌后送到灰渣浆池，在灰渣浆池集中后，经由一、二、三灰渣泵送到灰场。此系统特点是采用高效电除尘器，除尘效率达99.5%，对环境污染小；采用干式除灰系统，清洁高效；采用连续除灰、间断除渣，有利于冬季防冻，便于管理；控制部分采用可编程序控制器，在控制室通过模拟盘了解就地情况，自动化程度高。

二、锅炉本体及主要设备的设计参数

（一）锅炉主要设计参数（见表1-1）

表1-1　　　　　　　　　　　　锅炉主要设计参数

序号	项　目	单位	最大负荷	经济负荷	备注
1	蒸发量	t/h	1170	1054	
2	汽包工作压力	MPa	19.2	18.79	
3	过热器出口压力	MPa	17.46	17.32	
4	再热器进口压力	MPa	3.97	3.6	
5	再热器出口压力	MPa	3.77	3.42	
6	再热蒸汽流量	t/h	961.4	873.6	
7	过热蒸汽温度	℃	541	541	
8	再热蒸汽进口温度	℃	336	324	
9	再热蒸汽出口温度	℃	541	541	
10	给水温度	℃	280	273	
11	给水压力	MPa	19.22	18.78	
12	热一次风温度	℃	324	322	
13	热二次风温度	℃	337	333	
14	排烟温度	℃	126	124	
15	计算燃料消耗量	t/h	177.1	163.7	
16	过量空气系数		1.2	1.241	省煤器出口
17	计算效率	%	92.88	92.75	
18	炉膛容积热负荷	$10^6 kJ/(h \cdot m^3)$	0.361	0.334	

序号	项　目	单位	最大负荷	经济负荷	备注
19	炉膛截面热负荷	106kJ/(h·m²)	18.17	16.81	
20	总风量	kg/h	1 266 976	1 325 407	
21	二次风风量	kg/h	95 662	908 334	
22	实际循环倍率		3.15	3.541	
23	烟气量	kg/h	1 438 872	1 371 864	
24	炉膛出口烟温	℃	1033	1021	

（二）锅炉热平衡（见表1-2）

表1-2　　　　　　　　　　锅 炉 热 平 衡

序号	项　　目	单　位	参　数	备　注
1	排烟损失	%	4.54	额定负荷
2	燃料中水分损失	%	1.52	
3	氢燃烧损失	%	3.45	
4	空气水分损失	%	0.08	
5	未燃尽碳损失	%	1.0	
6	辐射损失	%	0.20	

（三）锅炉承压部件及管道参数（见表1-3）

表1-3　　　　　　　　　　锅炉承压部件及管道参数

序号	名称	项　　目	材质	参　数	数量	备注
1	汽包	长度（mm）		22 184		总长
		内径（mm）		1778		
		壁厚（mm）		200		
		旋风分离器数量（只）	SA-299 低锰钢	φ254	96	
		每个分离器出力（t/h）		13.6		
		正常水位在中心（mm）		120		
		水容积（m³）		55		
2	水冷壁	水冷壁及连接管容积（m³）		126		
		水冷壁下联箱	20G	φ273×50	28	
		水冷壁管径	20G	φ63.5×8	702	
		后水冷壁吊挂管	20G	φ76×13	31	
		水冷壁延伸侧墙及水冷壁对流	20G	φ76×9	183	
		引出管	20G	φ159×18	98	
		上联箱	20G	φ273×50	28	
		水冷壁回路	20G	φ273×50	28	

续表

序号	名称	项　　目	材质	参　数	数量	备注
3	下降管	集中下降管	20G	φ559×62	4	
		分散下降管	20G	φ159×18	78	
		分配联箱	20G	φ610×85	1	
4	低温过热器	水平低温过热器	20G	φ57×7	90	
		水平低温过热器	20G	φ57×8		
		水平低温过热器	15CrMo	φ57×7		
		立式低温过热器	15CrMo	φ57×7		共90片每片有6根
		立式低温过热器	15CrMo	φ57×8		
5	分隔屏过热器	受热面	12Cr1MoV	φ51×6		共4片
		受热面	TP-304H	φ51×7		每片有54根
		受热面	12Cr1MoV	φ51×7		
		受热面	TP-304H	φ51×7		
6	后屏过热器	受热面	12Cr2MoWVTiB	φ60×7.5		
		受热面	TP-347H	φ60×11		
		受热面	TP-304H	φ60×7.5		
		受热面	TP-304H	φ60×9	共20片每片有16根	节距686
		受热面	12Cr1MoV	φ54×9		
		受热面	TP-304H	φ54×9		
		受热面	TP-347H	φ54×9		
		受热面	12Cr2MoWVTiB	φ54×10		
7	屏过中间夹	受热面	12Cr1MoV	φ54×8		
		受热面	12Cr2MoWVTiB	φ54×8		
		受热面	TP-347H	φ54×9		
8	末级过热器	受热面	12Cr2MoWVTiB	φ51×9	共90片每片有5根	节距152.4
		受热面	12Cr1MoV	φ51×9		
		受热面	12Cr2MoWVTiB	φ51×8		
9	省煤器	蛇形管	20G	φ42×5.5	102	
		鳍片	20G	30×4		
10	屏式再热器	受热面	12Cr1MoV	φ63×4		
		受热面	12Cr2MoWVTiB	φ63×4	3片	节距457
		受热面	TP-304H	φ63×4		
		受热面	12Cr1MoV	φ63×7		
11	末级再热器	受热面	12Cr2MoWVTiB	φ63×4.5	共60片每片有8根	节距228.6
		受热面	TP-304H	φ63×4		
		受热面	12Cr1MoV	φ63×4		
		受热面	12Cr2MoWVTiB	φ63×4		

序号	名称	项　目	材质	参　数	数量	备　注
12	辐射再热器	前墙辐射再热器	15CrMo	$\phi50\times4$	226	节距50.8
		两侧墙辐射再热器	15CrMo	$\phi50\times4$	250	
13	管道	主蒸汽管道	A335-P22	$\phi406.4\times81$		
		再热热管道	A335-P22	$\phi800.1\times33$		
		再热冷管道	A-106	$\phi826.8\times18$		

（四）各种金属表面允许温度（见表1-4）

表1-4　　　　　　　　　　各种金属表面允许温度

序号	材　质	单　位	允许管子外表温度
1	20G	℃	470
2	15CrMo	℃	550
3	12Cr1MoV	℃	580
4	12CrMoWVTiB	℃	610
5	TP-304H	℃	704
6	TP-347H	℃	704

（五）锅炉水容积（见表1-5）

表1-5　　　　　　　　　　锅炉水容积

序号	名　称	单　位	数　值
1	汽包水容积	m³	55
2	水冷壁及连接管水容积	m³	126
3	省煤器水容积	m³	60
4	过热器水容积	m³	170
5	再热器水容积	m³	94
6	其他管道水容积	m³	20
7	本体系统水容积总量	m³	425
8	再热系统水容积总量	m³	100

（六）燃烧系统规范（见表1-6）

表1-6　　　　　　　　　　燃烧系统规范

序号	名称	项　目	单　位	规　范	备　注
1	煤粉燃烧器	形式		切向摆角式	
		布置方式		四角布置	
		数量	个	24	分6层布置
		单只煤粉喷嘴热功率	kJ/h	3.8×10^8	
		一次风速	m/s	27.33	一次喷嘴

续表

序号	名称	项　目	单　位	规　范	备　注
1	煤粉燃烧器	一次风温	℃	90	上下摆 20°
		一次风率	%	22.87	
		二次风速	m/s	48	二次风嘴
		二次风温	℃	337	上下摆 30°
		二次风率	%	72.13	
		其中：辅助风率	%	58	
		燃料风率	%	20	
		燃尽风率	%	22	
2	油燃烧器	形式		蒸汽雾化式	J-12
		数量	个	12	
		布置方式		四角三层	
		单只热功率	kJ/h	8.656×10^7	
		单只最大出力	kg/h	2179	
		单只最大压力	MPa	1.37	
		单只最小出力	kg/h	780	稳燃和点火
		单只最小压力	MPa	0.49	
		单只最小允许出力	kg/h	360	
		单只最小允许压力	MPa	0.196	
		雾化蒸汽压力	MPa	0.7	
		单只雾化蒸汽汽耗量	kg/h	283	
		雾化蒸汽温度	℃	200	
		燃油温度	℃	30	
3	点火器	形式		高能电弧点火器	
		输出/输入电压	V	2500/220	
		火花频率	次/s	12～16	
4	炉膛	炉膛容积	m³	9354.2	
		炉膛宽度	m	14.048	
		炉膛深度	m	14.019	
		上层煤粉喷嘴中心至屏底高度	m	19.314	

（七）安全阀性能（见表 1-7）

表 1-7　　　　　　　　　　　　安全阀性能

序号	安装位置	数量	规格	整定压力 (MPa)	回座压力 (MPa)	排放量 (t/h)
1	汽包	1	DN75	19.8	19.0	228.5
2	汽包	1	DN75	19.97	18.97	231.9

序号	安装位置	数量	规格	整定压力（MPa）	回座压力（MPa）	排放量（t/h）
3	汽包	1	DN75	20.18	18.97	235.4
4	汽包	1	DN75	20.38	18.95	238.9
5	过热器出口	1	DN65	18.28	17.55	125.7
6	过热器出口	1	DN65	18.31	17.58	125.95
7	电磁泄放阀	1	DN75	18.1	17.74	115.1
锅筒安全阀总排放量 $W_{汽包}=W_1+W_2+W_3+W_4=947.7t/h=79.89\%BMCR$						
过热器安全阀总排放量 $W_{过热器}=W_5+W_6=251.65t/h=21.5\%BMCR$						
总排放量 $W_{总}=W_{汽包}+W_{过热器}=1186.4=101.4\%BMCR$						
8	再热器入口	1	DN152	4.48	4.3	200.4
9	再热器入口	1	DN152	4.53	4.37	202.55
10	再热器入口	1	DN152	4.57	4.39	204.6
11	再热器入口	1	DN152	4.62	4.43	207.4
12	再热器出口	1	DN150	4.18	4.01	129.9
13	再热器出口	1	DN150	4.39	4.21	136.3
再热器入口总排放量 $W_{入口}=W_8+W_9+W_{10}+W_{11}=815.02t/h=84.77\%BMCR$						
再热器出口总排放量 $W_{出口}=W_{12}+W_{13}=266.2t/h=27.6\%BMCR$						
总排放量 $W_{总}=W_{入口}+W_{出口}=1081.22t/h=112.5\%BMCR$						

（八）七台河洗混煤特性（见表1-8）

表1-8　　　　　　　　　　七台河洗混煤特性

名　　称	符号	单位	设计煤种	校核煤种1	校核煤种2
煤质分析（收到基）					
碳	C_{ar}	%	47.05	43.7	54.16
氢	H_{ar}	%	2.78	2.42	3.32
氧	O_{ar}	%	2.83	2.62	3.25
氮	N_{ar}	%	0.85	1.06	0.78
硫	S_{ar}	%	0.24	0.25	0.21
灰分	A_{ar}	%	35.37	40.07	30.72
水分	W_{ar}	%	10.88	10.11	7.56
挥发分	V_{ar}	%	12.1	10.78	18.05
挥发分（可燃基）	V_{daf}	%	22.51	21.64	29.24
低位发热值	LHV	kJ/kg	18 172	16 656	20 977
高位发热值	HHV	kJ/kg	19 076	17 464	21 923
哈氏可磨系数	HGI		77	78	69

（九）给水品质（见表 1-9）

表 1-9 给水品质

项 目	要 求	单 位	规 范
固形物总量	最 大	$\mu g/L$	50
硬 度		$\mu mol/L$	0
全 铁	最 大	$\mu g/L$	10
全 铜	最 大	$\mu g/L$	5
全 硅	最 大	$\mu g/L$	20
氧	最 大	$\mu g/L$	5
联 胺	最大残余	$\mu g/L$	10～20
电导率	最 大	$\mu S/cm$	0.3
油	最 大	mg/L	0.3
pH 值	铜合金设备		8.8～9.2

第二节 汽轮机及主要参数

一、汽轮机设备

大唐七台河发电有限责任公司一期工程 2×350MW 机组采用的是美国 GE 公司生产的型号为 D5 的亚临界、一次中间再热、单轴、双缸、双排汽、冲动凝汽式汽轮机，设计新蒸汽压力 16.7MPa，温度为 538℃，再热温度为 538℃。在循环水温度 18.5℃时，可保证排汽压力 0.004 9MPa，额定蒸汽流量 1054.8t/h。机组设计出力为 352.75MW。

主、再热蒸汽管道均为单元双-单-双管制系统，主蒸汽管道上不装设隔断阀，主蒸汽可作为汽动给水泵及轴封在机组启动或低负荷时备用汽源。

汽缸为高、中压合缸，高压缸采用双层缸结构，中压缸采用单层缸结构，高、中压缸通流部分对向布置，主、再热蒸汽由合缸中部进入汽轮机，高、中压缸间的轴封部分镶嵌在高压内缸上。由于采取窄型法兰等措施，所以无汽缸法兰加热装置。低压缸采用双层缸结构，内缸由于设置了抽汽腔室而形成了双层内缸，低压缸采用了对流布置，排汽缸为径向扩压式，其上面设有喷水减温装置。高、中压缸对头布置和低压缸的对流布置对平衡轴向推力有很大好处。高、中压转子为整锻结构，高压部分由 1 个调节级和 8 个压力级组成，中压部分由 6 个压力级组成。低压转子也为整锻结构，由 6×2 个压力级组成，末级叶片长 1067mm，环形排汽面积为 2×9.4m²，各级叶片均为扭曲叶片。汽轮机低压缸的纵销和低压外缸中部两侧的一对横销构成了汽轮机缸体的死点，汽轮机高、中压缸及低压缸前半部分由此死点通过 1、2 号轴承箱台板上的纵销引导缸体沿汽轮机中心线向机头方向膨胀。高、中压内缸则与各自外缸构成死点，通过内外缸之间的导销，由死点向两侧膨胀。转子的推力轴承为双推力盘轴承，设置在汽轮机前轴承箱内，转子的死点随前轴承箱的位移而变化。

机组配置两个高压主汽门，其中2号主汽阀内设有可控旁通阀，每个主汽阀分别用两根挠性导管与装在汽轮机上下缸的2个高压调节阀相连，相应的每个调节阀控制调节级1/4弧段喷嘴室的喷嘴。中压主汽阀与中压调节阀为联合汽阀，2个联合汽阀分别布置在汽轮机高、中压缸中部的两侧，再热蒸汽由中压缸下缸两侧进入汽轮机。所有的高、中压主汽阀、调节阀均有各自独立的油动机和控制装置。

汽轮机共有七段非调整抽汽和一段可调整抽汽，分别供给3台高压加热器、3台低压加热器、1台除氧器和1台城市热网加热器，一、二、三、五段抽汽分别装设一道止回阀，四、六段抽汽装设两道止回阀，七、八段抽汽未装设止回阀。主机、给水泵汽轮机轴封均为迷宫式汽封，并合用同一轴封系统，在机组启停或低负荷时，采用主蒸汽或外部辅助蒸汽供汽方式，正常运行时采用自密封方式。

凝结水系统设置1台200m³凝结水储存水箱用以启动和运行补水，采用两台100%容量凝结水泵，凝结水经凝结水泵、凝结水精处理装置、轴封加热器、3台低压加热器进入除氧器。给水系统设置2台50%容量的汽动给水泵和1台50%容量的变速电动给水泵，2台汽动给水泵作为正常运行泵，电动给水泵作为启动或事故备用泵。3台卧式高压加热器采用独立小旁路。锅炉过热蒸汽减温水由给水母管供给，再热蒸汽减温水由给水泵抽头供给。汽轮机旁路系统采用35%MCR二级串联旁路系统。闭式循环冷却水系统向发电机氢冷器、主机冷油器、定子冷却水冷却器、给水泵冷油器等设备提供冷却水，闭式冷却水由循环水冷却。主机润滑油系统提供轴承润滑冷却、汽轮机保安装置用油及密封油系统事故状态下的密封油。正常运行时由主油泵供给压力油来冲转一台油涡轮机，此涡轮机带动的涡轮泵向主油泵入口提供正压油，而经油涡轮机内做功后的排油经过冷油器后作为机组轴承的润滑油，当机组启停或异常时，机组由盘车油泵或事故油泵向机组供给轴承润滑油，此时电动抽吸泵向主油泵入口供油。

汽轮机的控制和保护由数字电液系统MARK V来实现的，它由运行人员接口、控制柜、处理器、现场液动执行装置、高压抗燃油供给装置组成。MARK V与协调控制系统配合，具有实现单元机组自动升速、并网、带负荷及异常情况下切断进汽的功能。

在再热蒸汽温度允许的情况下，机组可以在50%～94%额定负荷范围内滑压运行。

二、汽轮机设计参数

（一）汽轮机主要设计参数（见表1-10）

表1-10　　　　　　　　　　汽轮机主要设计参数

序号	项 目	单 位	参数	备 注
1	型号		D5	
2	额定功率	MW	352.75	
3	最大连续出力	MW	374.0	
4	阀全开功率	MW	383.566	

续表

序号	项　目	单位	参数	备　注
5	额定转速	r/min	3000	
6	旋转方向		逆时针	面向机头
7	允许系统频率	Hz	48.5～50.5	
8	主蒸汽压力	MPa	16.67	
9	主蒸汽温度	℃	538	
10	主蒸汽流量	t/h	1054.8	
11	最大蒸汽流量	t/h	1170	
12	再热蒸汽压力	MPa	3.38	
13	再热蒸汽流量	t/h	873.6	
14	再热蒸汽温度	℃	538	
15	设计排汽压力	MPa	0.004 9	冷却水温度为 18.5℃
16	额定工况下调节级压力	MPa	12.3	
17	通流级数	级	27	
18	抽汽段数	段	8	
19	排汽缸安全膜动作值	MPa	0.136	
20	排汽缸喷水最大压力	MPa	0.27	
21	末级叶片高度	mm	1067	
22	设计热耗	kJ/kWh	7825	
23	给水温度	℃	273.0	
24	盘车转速	r/min	4	
25	正常盘车电流	A	24	
26	原始偏心	mm	0.02/0.05	1号/2号机
27	主轴承形式		1、2、3号可倾瓦,4、5、6号椭圆瓦	
28	临界转速 发电机一级	r/min	1159	
	发电机二级		3520	
	低压转子一级		1194	
	低压转子二级		2728	
	高中压转子一级		1653	
29	工作油号		ISO VG32	
30	汽轮机外形尺寸	mm	总长 31 814	
31	低压缸排汽湿度	%	11	

（二）汽轮机各级抽汽参数（见表1-11）。

表1-11　　　　　　　　　　　汽轮机各级抽汽参数

抽汽段号	抽汽（级）	绝对压力（MPa）	温度（℃）	蒸汽流量（t/h）	对应设备
1	6	6.254	401	74.676	1号高压加热器
2	9	3.952	335	96.104	2号高压加热器
3	12	1.672	429	56.695	3号高压加热器
4	15	0.732	315	130.318	除氧器、给水泵汽轮机
5	T17、G17	0.245	199	63.935	5号低压加热器、热网加热器
6	T18、G18	0.121	144	85.717	热网加热器
7	T19、G19	0.0491	88	29.915	6号低压加热器
8	T20、G20	0.0182	64	20.946	7号低压加热器

第三节　发电机及主要参数

一、发电机设备

大唐七台河发电有限责任公司一期工程2×350MW机组采用的是美国GE公司生产的型号为ATB-350-2的发电机，发电机额定容量为415MVA，额定有功功率为352.75MW。

1、2号发电机采用水-氢-氢的冷却方式，发电机定子绕组直接水冷，定子铁芯和转子氢冷。发电机本体的四角分别布置氢气冷却器。在发电机定子绕组、铁芯、冷却水进出口等部位布置电阻温度探测器对发电机定子绕组和铁芯进行温度测量。

发电机出口采用离相封闭母线（IPB）与主变压器低压套管，其厂用变压器、励磁变压器和发电机出口TV及避雷器柜相连。

发电机采用静态励磁方式，励磁电源取自发电机端，经励磁变压器（PPT）、励磁整流柜供给发电机励磁绕组电流。励磁变压器为干式整流变压器，容量为4300kVA。发电机另有一路初始励磁电源，取自公用MCC段，经整流后供给发电机启动时励磁用。

该期电气主接线设220kV及500kV两个电压等级。两台机组各经一台三相三绕组变压器220kV/23kV、430MVA连接成单元制接到220kV母线上。

该工程220kV系统采用3/2断路器的接线方式，共三串，分别为：1号发电机变压器组—七民线（1号机变压器串）；启动备用变压器—七河线（启动备用变压器串）；2号发电机变压器组—联络变压器（2号机变压器串），有两回出线：七河线、七民线，分别至七台河变电所和新民变电所。500kV系统采用双母线的连接方式，有两回出线：七云甲线、七云乙线，至方正变电所。220kV及500kV系统之间设一组500kV/220kV/63kV、750MVA的自耦联络变压器，在63kV侧装设一组120Mvar的电抗器，电抗器的中性点不接地。两台机组设一台高压侧电源由220kV系统引接的220kV/

6kV、50/2×30MVA 的有载调压双分裂变压器，作为启动备用电源，变压器中性点直接接地运行。

厂用电分为两个电压系统，即 6kV 系统和 380V/220V 系统。每台机组设一台 23kV/6kV、50/30—30MVA 高压厂用工作变压器，其高压侧自发电机引出线的封闭母线引接下来，低压侧带两个 6kV 工作段。高压启动/备用变压器，高压侧引自 220kV 系统，低压侧带两个独立 6kV 公用段。6kV 系统采用单母线接线，每个 6kV 工作段的电源，一回来自本单元的高压厂用变压器，一回来自 6kV 公用段。每个公用段的电源，一回来自 1 号机组 6kV 工作段，一回来自 2 号机组 6kV 工作段，另一回来自启动/备用变压器。6kV 工作段的电源与公用段之间可互为备用。

低压厂用变压器用电接线系统采用 PC-MCC 的供电方式，每段 PC 均由两台互为备用的低压厂用变压器供电。每台机组设两段工作 PC，全厂共设一段公用 PC。此外，还有输煤、除尘、化学、生活消防、启动炉和照明 PC 段。

6kV 系统采用中性点不接地方式，380V/220V 系统采用中性点直接接地方式。

水源泵站用电取自 6kV 厂用电系统，该期为双回路电源，分别经两台变压器升压至 10kV，采用双回路架空线引接，待电厂扩建时再取第三回路电源。

回水回收泵房用电取自 6kV 厂用电系统，为双回路电源，分别经两台变压器升压至 10kV，采用双回路架空线引接供电。

每台机组设置一段保安 PC 段，由快速启动容量为 620kW 的柴油发电机供电，备用电源引自该机组厂用工作 PC。

每台机组设置一套交流不停电电源系统，用于在电厂异常或正常运行情况下向热工仪表及分散控制系统、调节与监控系统等控制设备提供不间断的交流电源，该电源的容量为单相 60kVA，无蓄电池单独供电，由 220V 直流系统带。

每台机组装设一组 220V 1600Ah 蓄电池为直流动力负荷、不停电电源装置及直流事故照明负荷供电；装设两组 110V 600Ah 蓄电池为控制信号继电保护和安全自动装置等控制负荷供电。

直流系统接线方式为单母线接线，不设端电池。各直流系统均设微机型绝缘监察和电压监察，两台机组相同容量、相同电压的蓄电池通过电缆经隔离开关相互联络。蓄电池按浮充电方式运行。蓄电池充电设备采用晶闸管整流装置，两台机组设置一台相同容量的公用充电装置。

补给水泵房距厂区约 6km，设有控制室和一组 110V 镉镍电池作为控制电源；回水回收泵房距厂区约 18km，设有控制室和一组 110V 镉镍电池作为控制电源。

该期工程 1、2 号机组设集中控制室和网控控制室。集中控制室控制发电机变压器组、高压厂用变压器和工作分支、高压备用变压器的备用分支、厂用变压器、厂用配电装置的电源。化学、输煤、除尘、启动炉、补给水、灰水回收等变压器采用就地控制。网控控制室控制 220kV 及 500kV 设备、联络变压器、63kV 电抗器及高压启动/备用变压器。

在集控室的元件采用强电一对一的控制方式和弱电信号；在网控控制室采用强电控制方式和强电信号。各外围车间的有关信号发至集中控制室。交流不停电电源的表计和信号发至集中控制室。全厂消防系统的监视、控制系统设置在集中控制室。

每台机组各自在本台机组的 MARK V 上实现同期功能，发电机变压器组设自动准同期和带闭锁的手动同期两种同期方式。线路设自动准同期和捕捉同期装置。

二、发电机本体及主要设备的设计参数

（一）发电机主要设计参数（见表 1-12）

表 1-12　　　　　　　　　　　发电机主要设计参数

	项　目	单位	1 号发电机	2 号发电机	备　注
	型号		ATB-350-2	ATB-350-2	
	形式		水-氢-氢冷发电机	水-氢-氢冷发电机	
	发电机容量	MVA	415	415	
	额定有功功率	MW	352.75	352.75	功率因数 0.85
	最大有功功率（MCR）	MW	391	391	功率因数 0.85
	额定电压	kV	23	23	
	额定电流	kA	11 547	11 547	
	额定功率因数		0.85	0.85	
	额定频率	Hz	50	50	
	额定转速	r/min	3000	3000	
	相数		3	3	
	接线方式		Y	Y	
	额定氢压	MPa	0.421 8	0.421 8	
	短路比		0.58	0.58	保证值 0.67
	生产厂家		美国发电机制造厂	美国发电机制造厂	
	定子绕组绝缘等级		F	F	
	转子绕组绝缘等级		F	F	
	发电机额定励磁电流	A	3984	3984	
	发电机额定励磁电压	V	433		100℃
中性点接地变压器	型号		DDBC-50/23	DDBC-50/23	
	额定容量	kVA	50	50	
	高压额定电压	V	23	23	
	高压额定电流	A	2.17	2.17	
	低压额定电压	V	230	230	
	低压额定电流	A	217	217	
	温升限值	K	90	90	
	冷却方式		空气自冷	空气自冷	
	频率	Hz	50	50	
	生产厂家		北京电力设备厂	北京电力设备厂	

（二）励磁系统设计参数（见表 1-13）

表 1-13　　　　　　　　　　励磁系统设计参数

	项　目	单位	数　值	备　注
励磁系统	型号		EX-2000	
	额定输出功率	kW	1740	
	额定电压	V	430	
	额定电流	A	4233	
	绝缘等级		F	
	环境温度	℃	0～50	
	顶值电压	%	200	额定电压
	空载励磁电流	A	1507	
	空载励磁电压	V	118	100℃
	整流器形式		晶闸管	
	电刷压降	V	4	
	额定磁场温度	℃	125	
	转子接地探测仪探测电阻	Ω	5000	报警
		Ω	2000	跳闸
励磁变压器	形式		三相干式	
	额定容量	kVA	4300	
	变压比	V	23 000/700	
	高压侧额定电流	A	108	
	低压侧额定电流	A	3547	
	冷却方式		空冷	
励磁变压器	额定频率	Hz	50	
	环境温度	℃	50	
	接线方式		Y/△	
	温升限值	℃	115	
	绝缘等级		H	220℃
	短路阻抗	%	6	
灭磁开关	形式		DC	
	额定电压	V	600	
	额定电流	A	5000	
	最大遮断电压	V	2150	
	最大遮断电流	A	21 500	
灭磁开关	控制电压	V	110	

项 目		单 位	数 值	备 注
AVR	自动电压调整范围	%	70~110	
	手动电压调节范围	%	70VFNL 120VFFL	
	偏差（准确等级）		<0.5%AVR	
	励磁响应比	倍/s	72	
	自动与手动切换方式		自动	

（三）主变压器设计参数（见表1-14）

表1-14　　　　　　　　　　主变压器设计参数

项 目		单 位	规 范
型 号			SFP-430000/220
额定容量		kVA	430 000
额定电压	高压	kV	242
	低压	kV	23
额定电流	高压	A	1025.9
	低压	A	10 793.9
频 率		Hz	50
冷却方式			ODAF
联结组别			YND11
电压组合		kV	242±2×2.5%/23
空载损耗		kW	174.5
负载损耗		kW	858
空载电流		%	0.25
短路阻抗		%	15.06
生产厂家			保定天威保变电气股份有限公司

（四）高压厂用变压器、启动/备用变压器设计参数（见表1-15）

表1-15　　　　　高压厂用变压器、启动/备用变压器设计参数

项 目		单 位	1(2)号高压厂用变压器	启动/备用变压器
型 号			SFF-50000/23	SFFZ-50000/23
额定容量		kVA	50 000	50 000
额定电压	高压侧	kV	23	232
	低压侧1	kV	6.3	6.3
	低压侧2	kV	6.3	6.3
额定电流	高压侧	A	1255	124.4
	低压侧1	A	2749	2749.3
	低压侧2	A	2749	2749.3

续表

项　目		单位	1（2）高压厂用变压器	启动/备用变压器
频　率		Hz	50	50
冷却方式			ONAN/ONAF	ONAN/ONAF
电压组合		kV	$23\pm2\times2.5\%/6.3-6.3$	$232\pm8\times1.25\%/6.3-6.3$
接线方式			Dd_0-d_0	$YNd11-d11$
空载损耗		kW	28.1	45
空载电流		%	0.16	0.38
穿越短路阻抗（高—低）		%	7.42	
分裂阻抗（低1—低2）		%	43.09	
短路阻抗	高压侧—低压侧1	%	18	19.3
	低压侧1—低压侧2	%	7.62	10.4
	高压侧—低压侧2	%	17.8	19.5
生产厂家			保定天威保变电气股份有限公司	保定天威保变电气股份有限公司

第二章　锅　炉　系　统

第一节　整体布置与工作原理

一、锅炉整体布置

大唐七台河发电有限责任公司一期工程 $2 \times 350MW$ 机组锅炉是采用美国 ABB-CE 公司技术由哈尔滨锅炉厂设计制造的 HG-1170/17.4YM1 型锅炉。锅炉为亚临界压力、一次中间再热、自然循环，单炉膛汽包炉。设计燃料为次烟煤，采用平衡通风四角切向燃烧，燃烧器为水平浓淡摆动式燃烧器，采用双进双出钢球磨煤机正压直吹式制粉系统，一次风机为单吸离心风机。送风机为单级动叶调节轴流风机，引风机为单级动叶调节轴流风机，配两台三分仓回转式空气预热器，炉底、省煤器和空气预热器采用水力除灰固态排渣系统，电除尘器采用气力除灰系统。用减温水调节过热蒸汽温度，用燃烧器摆角调节再热蒸汽温度。

锅炉整体为 Π 型单炉膛布置，采用全钢梁悬吊结构，能承受在紧急事故状态下主燃料切断、送风机停运所造成的炉膛内瞬间最大负压 8694.42Pa。

锅炉本体热力系统主要部件包括汽包、水冷壁、省煤器、过热器、再热器。燃烧系统主要包括燃烧器及点火装置。锅炉设有膨胀中心和零位保护系统，锅炉深度和宽度方向上的膨胀零位设置在炉膛深度和宽度中心线上，通过与水冷壁管相连钢性梁上的止晃装置，与钢梁相通构成膨胀零点。垂直方向的零点则设在炉顶大罩壳上。

锅炉采用一次全密封结构。

二、亚临界自然循环锅炉工作原理

自然循环锅炉是由汽包、下降管、下联箱和水冷壁四部分构成自然循环回路。锅炉在运行状态下，水冷壁吸收高温火焰的辐射热，产生部分蒸汽，形成汽水混合物，密度减小，与炉外不受热的下降管内密度较大的水产生密度差。这个差值形成自然循环的推动力，称为运动压头。这样的循环方式叫做自然循环。

第二节　汽　水　系　统

锅炉汽水系统由汽包、水冷壁、过热器、再热器、省煤器，疏水、排气、排污、水循环及加热系统、充氮系统、超压保护阀等组成。

炉膛上部布置壁式辐射再热器和分隔屏过热器，在水平烟道内沿烟气流动方向依次布置后屏过热器、屏式再热器、末级再热器、末级过热器，在尾部烟道内至上而下布置着立式低温过热器、水平低温过热器、省煤器。

采用大节距的分隔屏，起到切割旋转烟气流以减少进入过热器炉宽方向的烟温偏差的作用。过热器和再热器采用较大直径的管子和较大的横向节距可防止结渣结灰的速度。各级过热器、再热器之间采用单根或数量很少的大直径连接管相连接，使蒸汽能起到良好的混合作用，消除汽温偏差。

在水冷壁四周装设 100 只短杆吹灰器，各对流受热面装设 34 只长杆吹灰器。

锅炉的汽包、过热器出口及再热器进出口均装有弹簧式安全阀，在过热器出口处装有一个电磁泄放阀，以减少弹簧式安全阀的动作次数。

锅炉可以用汽包的连续排污管进行连续排污，也可以用 4 个集中下降管或水冷壁下联箱进行定期排污。炉底设置两个炉底加热联箱。

一、汽包

汽包横向布置在锅炉前上方，汽包内径为 1778mm，壁厚 200mm，筒长 20 184mm。汽包内部布置有 96 只轴流式旋风分离器作为一次分离元件，二次分离元件为波形板分离器，三次分离元件为顶部百叶窗分离器。汽包下部有四个集中下降管分别与水冷壁下联箱相连，其两端配有就地、远方、给水调节水位计。

二、水冷壁

炉膛四周为气密型全焊式膜式水冷壁，划为 28 个回路，用以吸收炉膛辐射热。前后墙各 6 个回路，两侧墙各 8 个回路，从冷灰斗拐点以上 3m 到折焰角处，以及上炉膛中辐射再热器区未被再热器遮盖的前墙和侧水冷壁管采用内螺纹管（其余部分为光管）。

三、过热器

过热器的作用是将饱和蒸汽加热成具有一定过热度的过热蒸汽。为改善气流变化特性，锅炉采用对流辐射组合过热器。组合过热器主要由分隔屏过热器、后屏过热器、末级过热器、水平及立式低温过热器、后烟道包墙和顶棚过热器组成。

过热汽温采用喷水减温调节。过热器减温器布置二级四点，第一级位于立式低温过热器出口联箱和分隔屏入口联箱之间的连接管道上，第二级位于后屏出口联箱和末级过热器入口联箱之间的连接管道上，减温器采用笛管式。

主蒸汽流程：饱和蒸汽从汽包引出管经顶棚过热器、后烟道各包墙过热器、水平低温过热器、立式低温过热器、一级喷水减温器进入分隔屏过热器，然后经后屏过热器、二级喷水减温器、末级过热器进入主蒸汽管道。

四、再热器

再热器实际上是一种中压过热器。锅炉再热器由末级再热器、屏式再热器、墙式辐射再热器组成。

再热汽温的调节主要依靠燃烧器的摆动。再热器布置有事故喷水减温器，安装在与前墙辐射再热器入口联箱相连的再热器入口管道上，减温器采用机械雾化喷嘴。

再热蒸汽流程：从汽轮机高压缸排出来的冷再热蒸汽经墙式辐射再热器、后屏再热器、末级再热器进入热再热蒸汽管道。

五、省煤器

省煤器的作用是利用炉膛排出的高温烟气加热给水，吸收烟气热量的装置。锅炉省煤器为非沸腾膜式省煤器，由水平蛇形管组成，在省煤器入口联箱端部和集中下降管之间装有省煤器再循环管。

省煤器灰斗排灰采用四台箱式水力喷射器将灰输送到渣浆池。

六、汽包水位计

（一）锅炉冷态时汽包水位计的投用

（1）确认水位计检修工作结束，照明良好，就地检修水位计各部完好；

（2）开启水位计汽、水侧一、二次阀门，关闭放水一、二次阀门；

（3）水位计投入后出现汽水分界面不清等情况时，应对水位计进行冲洗，如冲洗不能恢复正常，应联系检修人员处理；

（4）水位计随锅炉一起升压，当汽包压力为 0.2～0.3MPa 时，冲洗水位计；

（5）当汽包压力升至 0.5MPa，汽包压力、水位稳定时，交替解列两个水位计，并通知检修人员热紧螺栓，待工作完成后水位重新投入运行。

（二）锅炉热态时汽包水位计的投用

（1）检查水位计检修工作结束，照明良好，就地检查水位计各部良好；

（2）确认水位计汽、水侧一、二次阀门在关闭位置，放水一、二次阀门在开启位置；

（3）全开汽、水侧一次阀门，缓慢开启汽侧二次阀门 1/5 圈，对水位计预热 20～30min，预暖期间适当热紧螺栓；

（4）关闭放水一、二次阀门，缓慢开启水侧二次阀门 1/5 圈；

（5）待水位正常后，交替逐渐开大汽、水侧二次阀门，直到全开，将水位计投入运行；

（6）检查水位计中水位清晰可见，并有轻微波动，双色玻璃显示正确。

（三）汽包水位计的冲洗

（1）冲洗之前先将汽、水侧二次阀门关小到 1～1.5 圈；

（2）全开放水一次阀门，缓慢微开二次阀门，冲洗汽水管道及水位计放水；

（3）关闭汽、水侧二次阀门，全开水位计放水二次阀门；

（4）微开水侧二次阀门，对管道及水位计冲洗 15～30s 后，迅速关闭水侧二次阀门，重复多次直至水位计冲洗干净为止；

（5）微开汽侧二次阀门将水位计中的杂质冲掉；

（6）依次关闭放水二次阀门、一次阀门；

（7）交替逐渐开启水位计汽、水侧二次阀门，将水位计投入运行；

（8）检查水位中水位清晰可见，并有轻微波动。

（四）汽包水位计解列

锅炉正常运行中，如发现水位计有爆破或泄漏现象，应立即将水位计解列，其操作步骤如下：

(1) 关闭汽、水侧二次阀门；

(2) 关闭汽、水侧一次阀门；

(3) 慢慢开启放水一、二次阀门，将水位计及管道的水、汽及杂物排净后关闭放水一、二次阀门。

(五) 水位计运行注意事项

(1) 机组启动时，必须至少有一只就地水位计投用并确认其指示准确、正常可靠。当两只就地一次水位计均不可用而只有压差水位计测量指示时，不得启动机组。

(2) 正常运行时，水位计各部照明良好，水位计指示正常。

(3) 每班至少对各种汽包水位计进行检查一次，每两小时校对一次水位，偏差大于30mm 时应立即汇报，并查明原因予以处理。

(4) 每周一冲洗就地水位计，如不清晰增加冲洗次数。

(5) 汽、水二次阀门禁止一次全开，否则保险子将会堵死通道，造成假水位。

(6) 如保险子堵死通道，立即关闭汽、水二次阀门，然后正确操作一次。

(7) 检修汽包压差水位计时，可能出现异常高错误指示，为防止保护误动作，经总工程师同意可暂时解除汽包水位保护，正常后恢复。

(8) 水位计的投入操作应缓慢谨慎地进行，避免过大的热冲击，操作时严禁人体正对水位计。

(9) 在水位计冲洗或解列操作时，必须戴好手套，必要时使用防护罩，穿好合适的工作服，以防烫伤。

(10) 停炉放水后，拉开水位计照明开关。

(11) 正常运行时，水位计放水阀必须关闭严密，水位计停用期间，放水阀保持开启。

(12) 水位计在运行中应防止外界冷风和冷水接触水位计。

(13) 在锅炉酸洗和水压试验期间将汽水侧一、二次阀门全部关闭。

(14) 在水位计检修或退出运行时必须将放水阀打开，切不可忽视。

七、锅炉排污系统

(一) 集中下降管定期排污系统操作方法

1. 启动前的检查准备工作

(1) 首先合上控制电源开关，然后合上动力电源开关，此时动力电源状态指示灯亮；

(2) 在进行自动程控、远程操作和就地操作之前，所有的受控设备必须在复归位，即定期排污阀门均在关位，设备对应的"三色发光管"应显示绿色平光；

(3) 各集中下降管反冲洗阀处于关闭位置；

(4) 定期排污扩容器及系统阀门开关正常，压力表投入正常。

2. 自动程控功能

当程控键被按下后，程控灯变亮，按拨码开关与启/停键开始选择以下诸功能：

(1) 程序运行功能。

1) 当按拨码为1或8后，再按启停键后键灯平光亮，程控开始运行，各定期排污阀门按控制流程逐台投入，程控完成后启停键灯熄灭；

2）当程序启动灯平光亮时，按启停键执行复归功能，按中断键执行中断功能。

（2）自检功能。当动力电源开关断开后，按拨码为 1 或 8 后，再按启停键进入自检功能，启停键灯闪光亮，模拟程控运行时各种功能操作后的变化响应，检查参加程控运行的受控设备工作程序及 PC 机运行是否正常。

（3）跳步功能。当按拨码为 0 后，再按启停键进入跳步功能，跳步灯平光亮。被跳步的定期排污阀门三色发光管闪光。跳步操作为以下步骤：

1）用拨码开关拨出要跳步设备的对应编号。

2）按确认键确认，该设备三色发光管闪动，表示该设备被跳步了；再按确认键设备退出跳步状态，三色发光管恢复平光。

3）重复 1）、2）可跳步其他设备。按启停键退出跳步功能操作。

（4）故障显示功能。当按拨码为 9 后，再按启停键进入故障显示状态，故障显示灯平光亮，所有故障设备的三色发光管开始闪光；用拨码开关拨出要跳步设备的对应编号；同时超时灯或过载灯平光亮。

（5）程控中断功能。当程序启动灯平光亮时，按中断键执行中断功能。中断键灯闪动表示程控中断功能被选中，但受控设备不是在可停处，PC 机在等待中。当程序中断动作执行后，中断键灯平光亮，程控被中断。按中断键执行中断解除功能，用来清除人为中断或自动故障中断指令，使程控从断点的下一台处恢复运行。

（6）复归功能。当程序启动灯平光亮时，按启停键执行复归功能；启停键灯闪动，表示程序复归功能被选中，但受控设备不是在可停处，PC 机在等待中。当程序复归动作执行后，启停键灯平光亮，执行复归程序。

3. 远程操作功能

当程控键灯是暗的，并且就地（远程操作）键灯暗时，远程操作被选中，开始进入远程操作状态。

（1）用拨码开关拨出远程操作设备的对应编号；

（2）按确认键确认，该设备指示灯闪动，上角选操作；

（3）按启停键操作该设备开门或关门；

（4）按确认键该设备指示灯平光亮，退出角选操作；

（5）重复（1）～（4）远程操作控制其他设备。

4. 就地操作功能

当程控键灯是暗的，并且就地（远程操作）键灯亮时，就地操作被选中，开始进入就地状态。

（1）用拨码开关拨出就地设备的对应编号；

（2）按确认键确认，该设备指示灯闪动，上角选操作；

（3）在就地操作箱上，按对应的按钮，进行相应的操作；

（4）按确认键该设备指示灯平光亮，退出角选操作；

（5）重复（1）～（4）就地控制其他设备。

（二）水冷壁下联箱的定期排污操作方法

（1）排污降温池排水泵已送电，控制开关置于"自动"位；

（2）全开一侧水冷壁下联箱定期排污一次阀门、二次阀门；

（3）全开下联箱一个回路排污一次阀门，微开二次阀门进行排污母管预暖；

（4）缓慢开启二次阀门，进行一个回路的排污，排污时间不得超过 30s；

（5）该回路排污完毕后，先关闭二次阀门，再关闭一次阀门；

（6）重复（3）～（5）步骤进行另一回路的排污；

（7）一侧联箱的全部回路排污完毕，关闭该侧水冷壁下联箱定期排污二次阀门、一次阀门；

（8）重复（2）～（7）步骤进行另三侧水冷壁下联箱的排污。

（三）连续排污的操作方法

（1）正常运行锅炉的连续排污应根据化学要求调整连续排污量；

（2）全开汽包连续排污截止阀，根据排污量的大小调整排污调节阀的开度；

（3）如水质太差，可开启至定期排污扩容器的手动截止阀、电动调节阀，向定期排污扩容器放水；

（4）如水质合格，可开启至连续排污扩容器的手动截止阀、电动调节阀，向连续排污扩容器放水；

（5）连续排污扩容器疏水可向热网补水膨胀水箱补水，也可向定期排污扩容器排水，开启相应的手动截止阀、电动调节阀。

（四）排污的注意事项

（1）加强联系，排污前后应通知集控值班工程师；

（2）在开启排污阀时，应缓慢进行暖管后再开大，防止发生水击现象；

（3）排污前，应对排污系统全面检查，确认各设备完好，各阀门的开关位置正确；

（4）两个或两个以上回路不得同时进行排污；

（5）排污应在负荷稳定的工况下进行，排污时要加强水位监视；

（6）排污后应将各排污阀严密关闭；

（7）严格按照排污的操作方法进行排污，不得随意更改或简化；

（8）汽水品质不符合规定时，应根据化学要求增加排污次数；

（9）一般情况下，定期排污只进行下降管的程控排污，锅炉水质劣化时，可进行水冷壁下联箱的手动排污；

（10）每个排污阀的开启时间不超过 30s；

（11）若排污管堵塞，应进行反冲洗。

（五）立即停止排污工作的情况

（1）锅炉发生异常时（汽包水位高除外）；

（2）排污系统故障时；

（3）给水控制失灵或给水泵启停、切换时。

八、炉底加热系统

（1）检查炉底加热系统各阀门状态正确；

（2）炉底加热汽源的压力不低于 0.7MPa，温度大于 260℃；

（3）开启炉底加热蒸汽管疏水阀门，见汽后关闭；

（4）全开炉底加热蒸汽联箱疏水一、二次阀门进行疏水，疏水排净后，关小二次阀门；

（5）微开炉底加热蒸汽管阀门，联箱疏水管见汽 2min 后，关闭疏水二次阀门；

（6）开启炉底加热蒸汽管至 30%；

（7）依次开启各加热管一、二次阀门；

（8）加热管一、二次阀门全开后，根据加热速度，调整炉底加热蒸汽管阀门开度；

（9）汽包下壁温升速度控制在每小时 20～30℃ 以内，后期可快些；

（10）加热前期应慢些，并注意汽包上下壁温差不大于 40℃；

（11）汽包下壁温度达 100℃ 可停止加热，关闭各加热管一、二次阀门；

（12）加热管一、二次阀门全关后，关闭炉底加热蒸汽管；

（13）炉底加热蒸汽联箱疏水必须干净，预暖充分，防止发生水击现象；

（14）二次阀门刚开启和快要关闭时，动作应迅速，以减小阀门磨损程度；

（15）如水冷壁振动严重，应关小炉底加热蒸汽管阀门开度。

九、吹灰系统

（一）准备工作

（1）首先合上程控柜内的控制电源开关，然后合上 1 号动力柜内的各动力电源开关；

（2）在进行自动程控、远程操制和就地操作之前，所有受控设备应该在原位，即电动阀均在关位，吹灰器均在"退出"位。

（二）远程操作功能

（1）按 F9 键即可进入远程操作功能；

（2）用拨码键拨出远程操作设备的对应编号，用 F10～F12 键；

（3）按 F16"确认"键确认，上角选，当有角选时再按"确认"键将清除角选；

（4）按 F13"开"或 F14"关"键操作该设备进或退、开门或关门，该设备指示器运行态闪光，运行中如再按一下"关"键，吹灰设备立即复归；

（5）重复（2）～（4）远操控制其他设备。

（三）就地操作功能

（1）按 F9 键即可进入就地手动操作功能；

（2）用拨码键拨出就地设备的对应编号，用 F10～F12 键；

（3）按 F16"确认"键确认。上角选，当有角选时再按"确认"键将清除角选；

（4）在就地操作箱上，按对应的按钮，进行相应的操作；

（5）重复（2）～（4）就地控制其他设备。

（四）自动程控功能

在监控总貌画面和监控操作画面下按 F1 键，即为程控状态。

（1）级联功能。当无其他操作时，按下某一级联键（F3、F4、F5）可修改其级联状态，长吹联入，炉吹联入和空吹联入可为对吹运行方式、单吹运行方式、不联入方式。

（2）程控启停。按"启动"键（F8），程控开始运行，各种设备按设定的控制流程投入运行。再按"复归"键（F8），当前运行设备马上复位后，系统转入复归程序，复归完成后程控结束。

（3）程控中断功能。按"中断"键（F7），当前运行设备马上复位后，中断键平光表示程控中断。再按"启动"键（F8），程控从断点的下一台处恢复运行。

（4）程控检查功能。当无其他操作时，按"自检"键（F2），再按"启动"键（F8），进入程控检查功能。其模拟程控时各种设置和功能操作的运行状态，检查参加程控运行的受控设备的工作程序，某个模拟运行中的设备的显示与运行态基本相同。

（5）吹灰器跳步状态的检查和设定功能。在状态检查和设置画面中当无其他操作时，按"跳步设定"自锁键进入跳步功能，跳步设定键显示为有效态。当前所有吹灰器的跳步状态由本屏的吹灰器模拟图显示出来。模拟图为绿色表示该吹灰器为非跳状态，模拟图为红色表示该吹灰器为跳步状态。如要修改某吹灰器的跳步状态，可按下述步骤操作。

1）用拨码键拨出要修改跳步状态设备的对应编号；

2）按"选择确认"键可以改变该设备的跳步状态（当前状态取反）；

3）重复（1）～（2）可改变其他设备的跳步状态；

4）松开"跳步设定"自锁键即退出跳步功能。

（6）任选吹灰程序状态的检查和设定功能。在状态检查和设置画面中当无其他操作规程时，按某一"任选程序设定"自锁键进入"任选程序设定"功能，该"任选程序设定"键显示器为有效态。当前所有吹灰器的任选程序设定状态由本屏的吹灰器模拟图显示出来。模拟图为绿色表示该吹灰器为非选中状态，模拟图为红色表示该吹灰器为选中状态。如要修改某吹灰器的任选程序设定状态，可按下述步骤操作。

1）用拨码键拨出要修改任选程序设定状态设备的对应编号；

2）按"选择确认"键可改变该设备的任选程序设定状态（当前状态取反）；

3）重复（1）～（2）可改变其他设备的选择状态；

4）松开"任选程序设定"键即退出任选程序设定功能。

（7）故障显示功能。在状态检查和设置画面中当无其他操作时，按某一"故障检查"自锁键进入"故障检查"功能，该"故障检查"键显示器为有效态。当前所有吹灰器在前一自动程序运行后所记录下来的该故障状态由本屏的吹灰器模拟图显示出来。模拟图为绿色表示该吹灰器在程控中未出现该类故障。模拟图为红色表示该吹灰器在程控中出现了该类故障。可检查的故障类型有运行超时、启动失败、过电流和过载。松开某一"故障显示"自锁键即退出故障显示功能。

（五）锅炉吹灰操作步骤

1. 启动前检查

（1）下列阀门处于开启位置。锅炉本体吹灰蒸汽手动阀门、吹灰各疏水阀门；锅炉本体吹灰蒸汽压力开关一、二次阀门；吹灰蒸汽压力变送器一、二次阀门。

(2) 下列阀门处于关闭位置：锅炉本体吹灰蒸汽气动调节阀门、电动截止阀门、安全阀门、短杆吹灰器蒸汽控制阀。

(3) 所有吹灰器均在"退出"位。

(4) 锅炉本体吹灰汽源减压站压力设定值是 1.5MPa，空气预热器吹灰汽源减压站压力设定值是 1.7MPa，吹灰疏水阀温度设定值是 180℃。

(5) 锅炉主蒸汽压力大于 1.57MPa，厂用压缩空气压力大于 0.6MPa。

(6) 程控柜内的控制电源开关、动力柜内的各动力电源开关已合上。

(7) 测量仪表齐全，指示正确，联锁、保护及自动装置经试验合格且投入。

(8) 设备的所有工作票已办理终结手续。

2. 长杆吹灰器操作步骤

(1) 操作时间。机组正常运行时每周一、三、五白班，如因机组启动，吹灰间隔时间小于 2 天，可以不进行本次吹灰。

(2) 按"选屏"键，调出主画面。

(3) 按"监控总貌"键，调出监控总貌画面。

(4) 按"采样"键，对所有长杆吹灰器状态进行检测，当采样键变为灰色，采样结束，所有吹灰器模拟图为绿色时可以进行下一步操作，如有异常，通知检修人员处理。

(5) 按"长杆吹灰方式选择"键，选长对吹。

(6) 按"短杆吹灰方式选择"键，选无炉吹。

(7) 按"空气预热器吹灰方式选择"键，选无空吹。

(8) 按"程控"键，画面处于程控状态。

(9) 按"启动"键，吹灰程序控制启动。

(10) 长杆吹灰电动阀（简称吹灰阀）自动开启，长杆吹灰调节阀（简称吹减阀）自动开启。

(11) 吹减阀由暖管状态（10s）进入调节状态，延时 180s 开始吹灰。

(12) 吹减阀后压力开关由绿色变为红色，压力满足，否则程序自动中断。

(13) 监视吹灰画面，疏水和蒸汽温度应升高。

(14) 吹灰器从 02 开始进行吹灰，直到长杆吹灰器全部吹灰完毕。

(15) 吹减阀自动关闭，吹灰阀自动关闭，程控吹灰结束。

(16) 进行空气预热器吹灰一次。

3. 空气预热器吹灰操作步骤

(1) 操作时间：机组正常运行时每班一次，锅炉负荷小于 25% 额定负荷时应连续吹灰，当烟气侧压差增加或低负荷煤油混烧时应增加吹灰次数；

(2) 按"选屏"键，调出主画面；

(3) 按 F14 键，调出空气预热器吹灰手动操作画面；

(4) 按"开疏水阀"键，选择开空气预热器吹灰调节阀（简称空预阀），空预阀开到位；

(5) 按"暖管"键，空气预热器吹灰电动阀（简称空减阀）闪烁；

(6) 监视吹灰画面，疏水和蒸汽温度应升高；

（7）空减阀后压力开关由绿色变为红色，吹灰压力满足；

（8）疏水温度达到150℃时，按关疏水阀键；

（9）分别按"开A空气预热器"键和"开B空气预热器"键；

（10）如需连续吹灰，分别按下A、B空气预热器的连续吹灰键；

（11）A、B空气预热器吹灰器全部退到位后，关闭空减阀和空预阀。

（六）注意事项

（1）受热面吹灰应根据排烟温度、过热汽温、再热汽温、通风及排烟阻力损失各方面情况进行；

（2）吹灰系统投入时设置专人监视吹灰器的运行情况，发现问题及时处理；

（3）卡涩程序中断时，只需重新按一下"启动"键，出现连续卡涩，继续按启动键即可，如吹灰器还不能退出，立即用专用摇把就地操作，退出吹灰器，在吹灰器退出炉外之前，不能中断蒸汽；

（4）如需要程控中断吹灰程序时，按下"复归"键即可；

（5）吹灰完毕后如疏水管还有大量蒸汽，可以手动校吹灰蒸汽电动阀；

（6）在吹灰时注意炉膛负压和吹灰系统漏泄情况；

（7）严禁吹灰器在无蒸汽时伸入炉内，如吹灰器在运行中发生故障，应设法尽快将其退出炉外，在吹灰器退出炉外之前，不能中断蒸汽；

（8）在锅炉启动初期，机组负荷小于25%时，空气预热器用辅助蒸汽进行吹灰，机组负荷大于25%或机组处于热态启机时采用主蒸汽进行吹灰，吹灰前确认辅助蒸汽吹灰一、二次截止阀门已关闭；

（9）遇有锅炉运行不正常或吹灰系统故障，立即停止吹灰。

（七）程控吹灰流程

（1）先执行一次空气预热器吹灰程控，然后执行锅炉吹灰程控，最后执行一次空气预热器吹灰程控。

（2）空气预热器吹灰步骤：开空预阀—开空减阀—开疏水阀—暖管—延时—关疏水阀—调节—延时—空吹—关空减阀—关空预阀—结束。

（3）锅炉本体吹灰步骤：开吹灰阀—开吹减阀—暖管—延时—调节—延时—炉吹—长吹—关吹减门—关吹灰阀—结束。

第三节　风　烟　系　统

350MW机组的风烟系统主要包括空气预热器、引风系统、送风系统、一次风系统。其主要设备有两台三分仓回转式空气预热器，两台动叶可调轴流式引风机，两台动叶可调轴流式送风机，两台入口导叶可调离心式一次风机。

送、引风机均为水平对称布置，垂直进风，水平出风；风烟系统还配备有2台互为备用的离心式火检风机，分别用于冷却火检探头。

风烟系统采用平衡通风方式，即维持系统中某一点的通风压力为零，也就是使此点的静压等于外界的大气压。送风机吸入空气口到燃烧器出口之间的流动阻力由送风机克服，而经由炉膛、各对流受热面、空气预热器、除尘器最后一直到烟囱的阻力，由引风机克服。

烟气系统流程示意图见图 2-1。

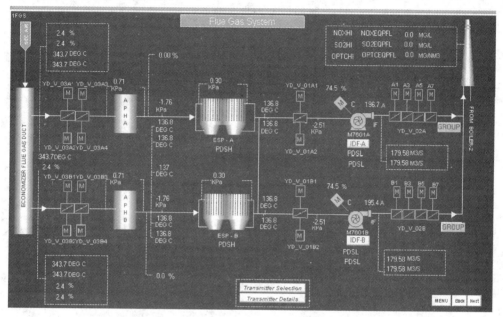

图 2-1 烟气系统流程示意图

送风机系统流程示意图见图 2-2。

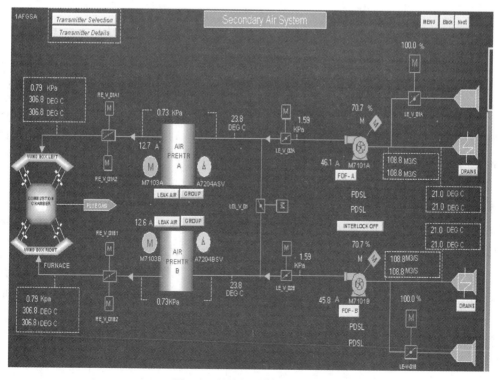

图 2-2 送风机系统流程示意图

一次风机系统流程示意图见图 2-3。

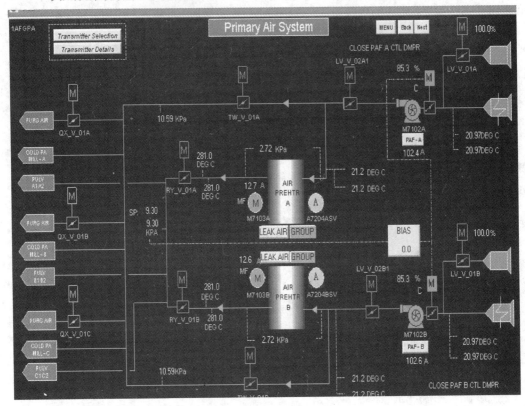

图 2-3　一次风机系统流程示意图

一、空气预热器

锅炉设置了两台 50％容量、三分仓回转式空气预热器。整个空气预热器的转子由若干个分隔板分成多个扇形区，整个受热面由排列整齐的金属波形板组成。烟气自上而下，一次风、二次风自下而上，逆流换热。整个转子通过转子轴，由转子下轴承（支撑轴承）支撑，并由位于热端的上轴承（导向轴承）起定位作用。其驱动装置主要由主电动机、气动马达、液力耦合器、减速箱、传动齿轮等组成。

每台空气预热器配备了一台主电动机和一台气动马达，通过液力耦合器与减速箱相连，驱动空气预热器的转子。使用液力耦合器主要是为了减小启动力矩，使启动电流比较平坦。气动马达作为电动马达的后备保护，当电动马达故障不能启动时，气动马达用来盘动空气预热器转子；当空气预热器检修或进行水冲洗时，也用气动马达来盘动转子。

空气预热器旋转的转子与静止的壳体之间有间隙，工作和停运状态下的膨胀量及烟风间的压差将使空气预热器存在较大的漏风。由于分隔仓、分隔板与上、下端板间的间隙及烟气与空气侧的压差，会使空气通过这一径向间隙进入烟气侧（即所谓的径向漏风），因此在空气预热器的冷端和热端都设置了径向密封。空气预热器热端的径向密封采用可调式的扇形板。

为减少空气预热器热端的漏风，设有漏风控制系统，可实现间隙调节，扇形板定时向下跟踪转子的变形，以减小其与转子径向密封面之间的间隙，维持间隙在给定值 $-0.2 \sim +0.3mm$ 范围内以减少漏风；空气预热器漏风控制系统还具有过电流调节功能，当因密封间隙过小摩擦增大，达到过电流设定值且持续 $0.5s$ 时，系统自动提升该空气预热器所有扇形板至电流恢复正常值后，继续提升 $6s$ 停止。

空气预热器的受热面始终反复流经烟气和空气，当炉内燃烧空气欠佳时，特别是在锅炉启动阶段煤油混烧时，未能燃尽的油渣或油质残碳会沉积在热端的受热面上，待它转入空气侧时与高温空气接触，使受热面上沉积的可燃物可能产生燃烧，导致受热面因超温而烧坏。

为及时发现沉积在空气预热器的未完全燃烧燃料再次燃烧，空气预热器还设有红外热点检测装置。该装置利用红外线信号来检测空气预热器内部温度，温度检测是通过位于空气预热器风道入口截面上的四个特制红外探头摆动扫描完成的。当检测到温度超限达 $150℃$ 时则发出报警。

为及时清除沉积在空气预热器的未完全燃烧的燃料，空气预热器设置吹灰系统。吹灰汽源有两路，锅炉负荷低于 30% 时，采用辅助蒸汽作为汽源；锅炉负荷大于 30% 时，采用屏式过热器的蒸汽作为汽源。在锅炉启动和低负荷运行阶段，是采用油枪升温升压或煤油混烧，因此应投入空气预热器连续吹灰，以防止空气预热器热端受热面积油燃烧。

若空气预热器受热面易积油积灰而引起二次燃烧，则空气预热器出口二次风温就会有较大变化或二次风温较高，空气预热器监视系统就会发出报警，两台空气预热器还各设置了一套消防水系统，用于空气预热器灭火。水源来自全厂消防水系统。

空气预热器受热面处于锅炉的尾部，尤其是空气预热器的冷端，烟气温度较低，已接近烟气的露点，极易造成空气预热器的积灰和低温腐蚀，堵塞空气预热器，导致空气预热器的进出口压差增大，影响锅炉及其辅机的安全、稳定运行。因此在其热端和冷端都设置了冲洗水管道，水源为补给水，用于在锅炉停运阶段对空气预热器受热面的冲洗。

（一）设备规范（见表 2-1）

表 2-1　　　　　　　　　　　　空气预热器设备规范

设备名称	项　　目	单　位	规　　　　　范
空气预热器本体	型　号		三分仓回转容克式 29-VI（T）-1880
	一次风出口风温	℃	324
	二次风出口风温	℃	337
	烟气进口温度	℃	379
	烟气出口温度	℃	126
	主电动机运行时转速	r/min	1.17
	气动马达运行时转速	r/min	0.32
主电动机	型　号		Y160L-4
	额定功率	kW	15kW
	额定电压	V	380

续表

设备名称	项　目	单　位	规　　范
主电动机	额定电流	A	30.3
	额定转速	r/min	1460
	绝缘等级	级	B
	接线方式		△
	生产厂家		河北电机股份有限公司
	生产日期		1997 年 11 月
气动马达	型　号		YJ7-16
	额定功率	kW	7
	额定气压	MPa	0.5
	额定转速	r/min	200
	生产厂家		湖北黄石风动机械厂配件分厂
	生产日期		1997 年 12 月
主减速器	型　号		29-Ⅵ-WA（正）POSG 29-Ⅵ-WA（反）NEG
	主电动机输出转速	r/min	11.175
	气动马达输出转速	r/min	3.43
	生产厂家		石家庄轴承专用设备厂
	生产日期		1998 年 1 月
冲洗水泵	型　号		10SHU
	形　式		离心泵
	扬　程	m	54
	流　量	m³/h	468
	转　速	r/min	1470
	数　量	台	1
	生产厂家		沈阳第二水泵厂
	生产日期		1998 年 9 月
冲洗水泵电动机	型　号		Y315S-4
	额定功率	kW	110
	额定电压	V	380
	额定电流	A	201
	额定转速	r/min	1490
	绝缘等级	级	B
	接线方式		△
	生产厂家		江苏清江电机厂
	生产日期		1998 年 4 月

设备名称	项 目	单 位	规 范
导向轴承油泵	型 号		CBF-E18
	形 式		齿轮泵
	扬 程	MPa	1.6
	流 量	L/min	18
	转 速	r/min	2500
	数 量	台	1
	生产厂家		阜新液压件厂
	生产日期		1995 年 12 月
支撑轴承油泵	型 号		SPF20R46G10W21
	形 式		螺杆泵
	扬 程	MPa	1
	流 量	L/min	20
	转 速	r/min	1750
	数 量	台	1
	生产厂家		天津工业泵总厂
	生产日期		1997 年 10 月
轴承油泵电动机	型 号		Y90S
	额定功率	kW	1.1
	额定电压	V	380
	额定电流	A	2.7
	额定转速	r/min	1400
	绝缘等级	级	F
	接线方式		Y
	生产厂家		天津大明电机公司
	生产日期		1997 年 10 月
漏风间隙控制装置	推杆型号		200025
	推杆推力	kN	20
	行 程	mm	250
	升降速度	mm/s	0.25
	生产厂家		牡丹江电站辅机厂
	生产日期		1998 年 4 月
漏风间隙控制电动机	电动机型号		TYD110-2 单相永磁低速同步
	额定功率	kW	0.04
	额定电压	V	220
	额定电流	A	0.5
	额定转速	r/min	60

设备名称	项　　目	单　位	规　　　范
漏制风电间动隙控机	绝缘等级	级	E
	生产厂家		哈尔滨呼兰阀门电机厂
	生产日期		1998 年 4 月
着火探测装置	型　号		FDD-HL-3
	测温范围	℃	0～300
	消耗功率	W	300
	电　压	V	220
	频　率	Hz	50
	吹灰气源	MPa	0.4
	通气量	m³/min	0.5
	生产厂家		哈尔滨第一轻工机械厂
	生产日期		1998 年 4 月

（二）空气预热器联锁与保护

（1）支撑轴承油温超过 50℃或导向轴承油温超过 60℃，发出报警信号；

（2）过滤器压差达到 0.35MPa，发出报警信号；

（3）空气预热器主电动机电流大于 16A，发出报警信号；

（4）油冷器冷却水电磁阀随油泵启停而自动开启或关闭；

（5）空气预热器出口烟气温度高于 170℃时，发出声光报警信号；

（6）空气预热器主电动机跳闸并且转子停转后，发出"空气预热器停止"声光报警信号；

（7）空气预热器漏风间隙控制装置故障，将所有扇形板均提升到安全位置（2 号锅炉空气预热器进行柔性密封改造，无此项操作），并发出报警信号；

（8）主电动机跳闸后气动马达自启；

（9）主电动机启动后气动马达自停。

（三）空气预热器启动

（1）启动前的检查：

1）检查空气预热器烟风侧出入口挡板在开位；

2）检查漏风间隙控制装置扇形板在上限位置（2 号锅炉空气预热器进行柔性密封改造，无此项操作），吹灰器已退到位；

3）确认空气预热器减速机和导向轴承油位在探针高低刻度线之间；

4）确认气动马达压缩空气压力大于 0.5MPa，油雾器油位在 1/2～2/3 之间。

（2）发出空气预热器组启动指令，确认：

1）气动马达启动；

2）5min 后主电动机启动；

3）气动马达停止。

（3）投入空气预热器着火探测装置；

（4）一次风机启动后，开启一次风机至空气预热器密封风阀门，关闭送风机至空气预热器密封风阀门；

（5）机组负荷达到 210MW 且空气预热器入口烟气温度达到 250℃时，将漏风间隙控制装置投入自动（2 号锅炉空气预热器进行柔性密封改造，无此项操作）。

（6）轴承润滑油泵：

1）手动方式：将现场电控柜上"手动—自动"转换开关切到"手动"位置，启动油泵。

2）自动方式：将现场电控柜上"手动—自动"转换开关切到"自动"位置，确认：

a. 油温高于 38℃时，油泵自动启动；

b. 油温低于 33℃时，油泵自动停止。

（四）空气预热器漏风间隙控制装置的操作

（1）通知热工人员投入装置各电源；

（2）手动运行：

1）把控制盘上的"就地-集控"转换开关切换至"集控"位；

2）把控制盘上的"自动-断-手动"转换开关切换至"手动"位；

3）通过控制盘上的提升、下放按钮进行操作。

（3）自动运行：

1）把控制盘上的"就地-集控"转换开关切换至"集控"位；

2）按下显示/设定盘"复位"按钮，"温度低"指示灯灭；

3）手动分别按下"下放"按钮 1min 左右，将按钮复归，按下间隙控制盘"复位"按钮，所有红色指示灯熄灭，否则重新下放复位或通知检修，直到正常；

4）把控制盘上的"自动-断-手动"转换开关切换至"自动"位。

（4）就地手动操作：

1）把控制盘上的"就地-集控"转换开关切换至"就地"位；

2）通过每只扇形板就近处的控制器进行操作。

（五）空气预热器着火探测装置的操作

（1）开启着火探测装置吹灰压缩空气截止阀门，压力正常；

（2）将控制柜下门的门把手逆时针转动约 30°，即可通过自动开关联锁装置把电源开关 QM 合上；

（3）将仪表盘上的 1S2、2S2 开关置于"通"位，温度调节器显示 A、B 空气预热器探头温度；

（4）通知热工人员进行温度报警值、断偶温度值、吹灰时间和吹灰周期设定；

（5）将吹灰方式开关 1S1、2S1 置于"自动"位。

（六）空气预热器运行监视

（1）转子运转平稳无异常摩擦声或撞击声，电流无大幅度摆动；

（2）支撑、导向轴承处无漏油、冒烟、着火现象；

（3）空气预热器减速机和导向轴承油位正常；

（4）轴承温度在 35～55℃ 范围内；

（5）烟气进出口和一、二次风出口温度不超过设计值 30℃；

（6）烟气、一次风、二次风进出口压差在 0.31～1.5kPa 之间。

（七）空气预热器停止

（1）漏风间隙控制装置切至"手动"位，将扇形板提至第二上限位置；

（2）空气预热器停止后，继续监视排烟温度，每小时记录一次，防止锅炉尾部再燃烧；

（3）空气预热器入口烟气温度 50℃ 时，依次发出停止空气预热器主电动机和气动马达指令。

（八）空气预热器水冲洗

（1）空气预热器进口烟气温度降至 50℃ 时进行清洗；

（2）通知检修人员打开一次风机机壳和送风管道放水堵板；

（3）通知除灰控制室运行人员，启动渣浆泵，开启空气预热器排灰罐灰出、入口阀门，监视渣浆池水位；

（4）开启一次风机出口挡板，关闭烟气入口和一次风、二次风出口挡板；

（5）开启冲洗水泵入口阀门，启动冲洗水泵，开启出口阀门；

（6）就地手动调整 A 空气预热器气动马达气源旁路阀门，使空气预热器做低速旋转；

（7）开启 A 空气预热器冷、热端阀门，压力不低于 0.49MPa，30min 后关闭冷、热端阀门，停止气动马达；

（8）重复（6）和（7）对 B 空气预热器进行冲洗；

（9）关闭冲洗水泵出口阀门，停止冲洗水泵，关闭冲洗水泵入口阀门；

（10）开启烟气入口和一次风、二次风出口挡板，启动空气预热器主电动机，进行通风烘干；

（11）一次风机机壳和送风管道放水堵板不再淌水后，通知检修人员关闭放水堵板。

（九）空气预热器碱冲洗

（1）关闭碱液箱放水阀门，开启空气预热器冲洗水泵入口阀门、碱液箱至空气预热器冲洗水泵截止阀门，碱液箱水位达到 3/4 时，关闭碱液箱至空气预热器冲洗水泵截止阀门；

（2）向碱液箱加入 250kg NaOH 片，缓慢开启碱液箱加热蒸汽阀门，注意管道振动情况；

（3）碱液温度达到 50℃ 时，关闭碱液箱加热蒸汽阀门；

（4）碱洗前进行水冲洗一遍；

（5）关闭空气预热器排灰罐灰入口阀门，开启空气预热器灰斗至碱液箱截止阀门；

（6）关闭空气预热器冲洗水泵入口阀门，开启碱液箱至空气预热器冲洗水泵截止阀门；

（7）启动空气预热器冲洗水泵，开启出口阀门；

（8）重复（6）和（7）对 A 空气预热器进行碱冲洗；

（9）开启 B 空气预热器冷、热端阀门和空气预热器排灰罐灰入口阀门，关闭空气预热器灰斗至碱液箱截止阀门；

（10）碱液箱液位降至1/3时，开启空气预热器冲洗水泵入口阀门，同时关闭碱液箱至空气预热器冲洗水泵截止阀门；

（11）对空气预热器进行水冲洗一遍。

（十）空气预热器事故处理

1. 空气预热器故障

（1）一台空气预热器故障的处理。

1）当一台空气预热器主电动机故障时，而气动马达能维持其转动，根据制粉系统出力或排烟温度不高于200℃来降低锅炉负荷，联系检修人员尽快恢复；

2）当气动马达无法维持转动时，手动盘电动机；

3）故障侧空气预热器扇形板提升至上限位置；

4）关闭空气预热器烟气进口挡板；

5）若短时间不能恢复应请示总工程师停炉。

（2）两台空气预热器同时故障的处理。

1）两台空气预热器主电动机同时故障，而气动马达能维持转动，迅速降低锅炉负荷，监视锅炉排烟温度不高于200℃，同时联系检修迅速消除故障，若短时间不能恢复应请示总工程师停炉；

2）当两台空气预热器主电机同时故障，而气动马达无法维持其运转，立即停止锅炉运行，提升扇形板至"上限"位置，手动盘电动机，关闭空气预热器烟气进口挡板。

2. 空气预热器着火

（1）现象。

1）空气预热器出口烟气温度不正常地升高，一侧燃烧时两侧烟气温度偏差增大；

2）一、二次风温不正常地升高；

3）从空气预热器观察孔处有可能发现着火点；

4）空气预热器电动机电流摆动大，外壳温度升高或烧红。

（2）原因。

1）油枪雾化不好，燃油时间过长；

2）空气预热器吹灰不及时；

3）炉膛负压过大，使未燃尽的油、煤进入空气预热器；

4）燃烧不完全，大量可燃物在空气预热器内积存；

5）锅炉启、停时对炉膛、烟道通风不彻底；

6）空气预热器转子停转；

7）暖风器投入不及时，空气预热器低温腐蚀堵塞。

（3）处理。

1）从温度显示或其他方法得到有第一个着火迹象时，立即检查空气预热器；

2）假如温度继续升高或明显着火时，立即停止引、送风机及一次风机；

3）关闭空气预热器出、入口挡板，停止暖风器；

4）打开排灰门，投入水冲洗和空气预热器消防水的所有喷嘴；

5）假如有可能隔离着火区域，停止空气预热器的转动，用水直接浇在火焰上；

6）如果有几处燃烧，要连续转动转子，以确保水浇在燃烧区域；

7）若金属已经燃烧，要不惜大量用水，以降低温度，不能用泡沫、化学物或蒸汽等闷熄火焰。

二、引风机

引风系统是由引风机、引风机出入口烟气挡板、电除尘器、空气预热器和空气预热器入口烟气挡板等组成。引风系统的作用是将炉膛里燃烧所产生的烟气经除尘、脱硫后排出，同时维持炉膛负压运行。

燃烧后的烟气，在引风机的作用下，经屏式过热器、高温过热器、高温再热器、低温过热器、低温再热器、空气预热器和省煤器进入后烟道。后烟道出来的烟气再经四台静电除尘器除尘后被引风机通过烟囱排入大气。为克服烟气流经各受热面、烟道及静电除尘器的阻力，并使炉膛出口处维持微负压，引风机的抽力应足够大。

（一）设备规范（见表 2-2）

表 2-2　　　　　　　　　　　引风机设备规范

设备名称	项　目	单　位	规　　范
风机	型　号		SAF28-15-1
	形　式		动叶可调轴流式
	压力 Δp_t	Pa	4500
	流　量	m³/s	306
	转　速	r/min	985
	叶片级数		1
	叶片调节范围	(°)	−30～+25
	介质温度	℃	123
	生产厂家		上海鼓风机厂
	生产日期		1998 年 6 月
引风机电动机	型　号		YKK71011-6
	额定功率	kW	2000
	额定电压	kV	6
	额定电流	A	231
	额定转速	r/min	995
	绝缘等级	级	F
	接线方式		Y
	允许温升	℃	80
	生产厂家		哈尔滨电机有限责任公司
	生产日期		1998 年 9 月
冷却风机	型　号		4-723.2A
	形　式		离心式
	全　压	Pa	1160
	流　量	m³/h	2476

续表

设备名称	项 目	单 位	规 范
冷却风机	转 速	r/min	2900
	数 量	台	2
	生产厂家		上海鼓风机厂
	生产日期		1998 年 6 月
冷却风机电动机	型 号		Y9GL-2
	额定功率	kW	2.2
	额定电压	V	380
	额定电流	A	4.7
	额定转速	r/min	2840
	绝缘等级		B
	接线方式		Y
	生产厂家		常州庆丰电机厂
	生产日期		1998 年 11 月
液压润滑油泵	型 号		
	形 式		齿轮泵
	扬 程	bar	35
	流 量	l/min	25
	转 速	r/min	1450
	数 量	台	2
	生产厂家		
	生产日期		
液压润滑油泵电动机	型 号		
	额定功率	kW	2.2
	额定电压	V	380
	额定电流	A	2.7
	额定转速	r/min	1450

（二）性能指标（见表 2-3）

表 2-3 引风机性能指标

项 目	单 位	TB	BMCR	100％TRL	75％TRL	50％TRL
流 量	m³/s	305.99	255.40	236.63	168.05	219.52
静压升	Pa	4318	3329	2688	1586	1330
动压升	Pa	171	124	106	56	99
全压升	Pa	4504	3464	2863	1647	1438
效 率	％	80.4	87.6	84.4	62.3	65.7
轴功率	kW	1887	997	778	442	663
入口温度	℃	123	123	122	104	91

（三）联锁与保护

（1）满足下列任一条件，引风机跳闸并发出报警信号：

1）引风机机械轴承温度高于 110℃；

2）电动机绕组温度高于 135℃；

3）电动机轴承温度高于 90℃；

4）风机轴承振动大于 0.11mm/s；

5）引风机失速保护（3000Pa）动作延时 15s；

6）从 BMS 来的跳闸指令。

（2）液压油压力低于 0.8MPa 时，备用油泵联启。

（3）满足下列任一条件，引风机动叶控制自切到"手动"方式：

1）引风机出口挡板关闭；

2）引风机失速保护动作；

3）引风机停止。

（4）所有引风机跳闸 5min 且炉膛压力不低时，自动开启引风机出、入口挡板，全开引风机动叶。

（5）两台引风机在运行，一台引风机跳闸，自动隔离此台引风机，关闭其动叶和出口挡板。

（6）炉膛压力小于－250Pa 时，闭锁引风机动叶开度的增大。

（7）炉膛压力大于 250Pa 时，闭锁引风机动叶开度的减小。

（8）当两台引风机控制都在"手动"方式时，炉膛压力控制在"手动"方式。

（9）油温小于 30℃时，启动加热器，高于 40℃时，停止加热器。

（10）满足下列任一条件，报警栏发出报警信号：

1）润滑油流量小于 3L/min；

2）引风机机械轴承温度大于 90℃；

3）引风机电动机轴承温度大于 65℃；

4）引风机电动机绕组温度大于 100℃；

5）引风机电流超过 225A；

6）油箱油位低；

7）引风机出入口压差小于 1600Pa；

8）液压油压力小于 0.8MPa；

9）风机轴承振动大于 0.063mm/s；

10）引风机运行时 1 号冷却风机跳闸；

11）引风机运行时 2 号冷却风机跳闸。

（四）引风机启动

1. 启动前的准备

（1）按《烟风系统启动前检查、操作卡》CB01 相应部分进行检查。

（2）将油站控制置于"远方"位置。

（3）启动油泵：

1）自动方式：选择 1 号油泵或 2 号油泵，所对应的引风机启动指令发出后，油泵自启。

2）手动方式：直接发出启动 1 号油泵或 2 号油泵指令。

（4）启动冷却风机：启动引风机指令联启或单独发出冷却风机启动指令。

2. 启动允许条件

（1）油位大于最小值；

（2）至少一台油泵在运行；

（3）油站控制在"远方"位置；

（4）液压油压力大于 2.5MPa；

（5）润滑油流量大于 3L/min；

（6）引风机机械轴承温度小于 90℃；

（7）引风机电动机轴承温度小于 65℃；

（8）引风机电动机绕组温度小于 100℃；

（9）对应的空气预热器已运行；

（10）空气预热器二次风出口挡板 1、2 已开启；

（11）空气预热器烟气入口挡板 1、2、3、4 已开启；

（12）引风机入口挡板 1、2 已开启；

（13）引风机出口挡板已关闭；

（14）引风机动叶已关闭；

（15）1 号冷却风机已运行；

（16）2 号冷却风机已运行。

3. 第一台引风机的启动

（1）发出引风机启动指令，确认：

1）引风机启动，转速升至正常；

2）引风机出口挡板 A1、A3、A5、A7 开启。

（2）根据炉膛负压调整引风机动叶开度。

4. 第二台引风机的启动

（1）将运行引风机的工况点（风量和风压）向下调至风机喘振线最低点以下；

（2）启动步骤与第一台引风机相同；

（3）同步调整两台引风机的叶片开度，直至需要的工况点。

（五）引风机运行监视

（1）液压油压力为 2.5MPa，润滑油压力为 0.4～0.6MPa；

（2）油泵出口压力为 2.5～3.5MPa，滤油器两端压差小于 0.35MPa；

（3）油温为 30～50℃，油位在 1/3～1/2，润滑油回油窗油量正常；

（4）风机运行平稳无异声，风机、风道不振动，电动机电流在规定范围内。

（六）两台风机中停运一台风机

（1）将机组降负荷至 60%MCR；

（2）将两台引风机的工况点同时调低到喘振线的最低点以下；

（3）将预停风机动叶关到最小开度，开大运行风机的动叶至所需的工况点；

（4）关闭停运引风机出口挡板 A1、A3、A5、A7；

（5）发出引风机停止指令，引风机停止；

（6）引风机入口烟气温度低于 50℃ 且不转动时可以停止油泵，发出油泵停止指令；

（7）停止冷却风机：引风机入口烟气温度低于 50℃ 可以停止冷却风机，发出冷却风机停止指令。

三、送风机

送风系统是由送风机、送风机出口风门、风量测量装置、空气预热器、二次风管总调节门和二次风箱系统等组成。送风系统的作用是向炉膛提供满足燃料燃烧所必需的空气。

锅炉燃烧所需的空气由两台送风机供给，经送风机出口风门送至两台三分仓回转式空气预热器加热，从空气预热器出来的二次风经送至前、后墙燃尽风箱和对应各煤粉层的二次风箱。从各二次风箱引出的风分别为辅助风、燃尽风和周界风。辅助风的作用是为燃料的着火和燃烧提供充足的氧量。燃尽风的作用是为燃料的燃尽阶段提供氧气，并改变火焰中心高度。周界风的作用是为燃料着火初期提供氧气，卷吸高温烟气和使燃料更易着火，并冷却燃烧器喷口，避免烧坏，还可防止火焰偏斜。

在两台送风机入口风道上布置暖风器，通过调节暖风器供汽调节阀开度，来保证冬季送风机进口温度，防止空气预热器发生低温腐蚀。

（一）设备规范（见表 2-4）

表 2-4　　　　　　　　　　　　送风机设备规范

设备名称	项　目	单位	规　范
送风机	型　号		FAF19-9-1
	形　式		动叶可调轴流式
	压力 Δp_t	Pa	3979
	流　量	m³/s	134.6
	转　速	r/min	1470
	叶片级数	级	1
	叶片调节范围	度	−30～+25
	介质温度	℃	24
	生产厂家		上海鼓风机厂
	生产日期		1998 年 6 月
送风机电动机	型　号		YKK50012-4
	额定功率	kW	850
	额定电压	kV	6

设备名称	项　目	单位	规　范
送风机电动机	额定电流	A	1996 年 4 月
	额定转速	r/min	1489
	绝缘等级	级	F
	接线方式		Y
	允许温升	℃	80
	生产厂家		哈尔滨电机有限责任公司
	生产日期		1998 年 9 月
液压润滑油泵电动机规范与引风机相同			

（二）性能指标（见表 2-5）

表 2-5　　　　　　　　　　送风机性能指标

项　目	单位	TB	BMCR	100％TRL	75％TRL	50％TRL
流　量	m³/s	134.55	117.00	106.94	81.37	106.66
静压升	Pa	3979	3064	2727	1396	808
动压升	Pa	231	174	146	84	145
全压升	Pa	4371	3360	2975	1339	1854
比　功	J/kg	3732	2879	2552	1328	911
效　率	％	80.5	86.3	86.4	63.9	47.5
轴功率	kW	719	450	364	189	236

（三）联锁与保护

（1）满足下列任一条件，送风机跳闸并发出报警信号：

1）送风机机械轴承温度高于 110℃；

2）电动机绕组温度高于 135℃；

3）电动机轴承温度高于 90℃；

4）风机振动大于 0.11mm/s；

5）从 BMS 来的跳闸指令；

6）送风机失速保护（3000Pa）动作延时 15s；

7）送、引风机联锁开关置"ON"位，对应引风机已跳闸。

（2）液压油压力低于 0.8MPa 时，备用油泵联启。

（3）满足下列任一条件，送风机动叶控制自切到"手动"方式：

1）炉膛压力控制在"手动"方式；

2）送风机失速保护动作；

3）主燃料跳闸（MFT）；

4）送风机已跳闸。

（4）两台送风机在运行时，一台送风机跳闸，自动隔离另一台送风机，关闭其动叶和出口挡板。

（5）炉膛压力小于-250Pa 时，闭锁送风机动叶开度减小。

（6）炉膛压力大于 250Pa 时，闭锁送风机动叶开度增大。

（7）当所有引风机跳闸 5min 且炉膛压力不高时，开启送风机出口挡板，增加送风机动叶开度。

（8）当两台送风机控制都在"手动"方式时，空气量控制在"手动"方式。

（9）锅炉点火后，偏差限制系统已激活，当燃料量大于空气量时，自动减少燃料量，闭锁送风机动叶开度的减小，增加风量。

（10）满足下列任一条件，氧量控制自切到"手动"方式：

1）空气流量控制在"手动"方式；

2）空气量小于 30%。

（11）油温小于 30℃时，启动加热器，高于 40℃时，停止加热器。

（12）满足下列任一条件，报警栏发出报警信号：

1）润滑油流量小于 3L/min；

2）送风机机械轴承温度大于 80℃；

3）送风机电动机轴承温度大于 60℃；

4）送风机电动机绕组温度大于 100℃；

5）送风机电流超过 90A；

6）油箱油位低；

7）送风机出入口压差小于 1500Pa；

8）液压油压力小于 0.8MPa；

9）风机轴承振动大于 0.063mm/s。

（四）送风机启动

1. 启动前的准备

（1）按《烟风系统启动前检查、操作卡》CB01 相应部分进行检查。

（2）将油站控制置"远方"位置。

（3）启动油泵：

1）自动方式：选择 1 号油泵或 2 号油泵，所对应的送风机启动指令发出后，油泵自启。

2）手动方式：直接发出 1 号油泵或 2 号油泵启动指令。

2. 启动允许条件

（1）油箱液位大于最小值；

（2）至少一台油泵在运行；

（3）油站在"远方"位置；

（4）液压油压力大于 2.5MPa；

（5）润滑油流量大于 3L/min；

（6）送风机机械轴承温度小于 80℃；

（7）送风机电动机轴承温度小于 60℃；

（8）送风机电动机绕组温度小于100℃；

（9）对应的空气预热器已运行；

（10）空气预热器二次风出口挡板1、2已开启；

（11）空气预热器烟气入口挡板1、2、3、4已开启；

（12）引风机入口挡板1、2已开启；

（13）送风机出口挡板已关闭；

（14）送风机动叶关到最小开度。

3. 第一台送风机的启动

（1）发出送风机启动指令，确认：

1）送风机启动，转速升至正常；

2）送风机出口挡板开启。

（2）根据风量调整送风机动叶开度。

4. 第二台送风机的启动

（1）将运行送风机的工况点（风量和风压）向下调至风机喘振线最低点以下；

（2）启动步骤与第一台送风机相同；

（3）同步调整两台送风机的叶片开度，直至需要的工况点。

（五）送风机运行监视

（1）液压油压力为2.5MPa，润滑油压力为0.4～0.6MPa；

（2）油泵出口压力为2.5～3.5MPa，滤油器两端压差小于0.35MPa；

（3）油温为30～50℃，油位在1/3～1/2，润滑油回油窗油量正常；

（4）风机运行平稳无异声，风机、风道不振动，电动机电流在规定范围内。

（六）两台风机中停运一台风机

（1）将机组降负荷至60%MCR；

（2）将两台送风机的工况点同时调低到喘振线的最低点以下；

（3）将预停风机动叶关到最小开度，开大运行风机动叶开度至所需的工况点；

（4）关闭停运送风机出口挡板；

（5）发出送风机停止指令，确认送风机停止；

（6）送风机不转动时可以停止油泵，发出油泵停止指令。

四、一次风机

一次风系统是由一次风机、一次风机出口风门、总一次风量测量装置、空气预热器，空气预热器出口一次风门、冷一次风门、一次风道系统等组成。其作用是为煤粉的磨制和输送提供足够的风量和风压。

两台一次风机出口的冷一次风分为两路，一路经空气预热器加热后送至磨煤机。另一路则作为冷一次风也送至磨煤机，用于调节磨煤机的一次风温。

与送风系统相同，在两台一次风机入口风道上布置暖风器，通过调节暖风器供汽调节阀开度，来保证冬季一次风机进口温度，防止空气预热器发生低温腐蚀。

（一）设备规范（见表 2-6）

表 2-6 一次风机设备规范

设备名称	项 目	单 位	规 范
一次风机	型 号		1854B/1182
	形 式		离心式
	全 压	Pa	14270
	流 量	m³/s	78.3
	转 速	r/min	1480
	调节方式		入口导叶
	介质温度	℃	24
	生产厂家		上海鼓风机厂
	生产日期		1998 年 9 月
一次风机电动机	型 号		YKK5602-4
	额定功率	kW	1400
	额定电压	kV	6
	额定电流	A	157.2
	额定转速	r/min	1491
	绝缘等级	级	F
	接线方式		Y
	允许温升	℃	80
	生产厂家		哈尔滨电机有限责任公司

（二）性能指标（见表 2-7）

表 2-7 一次风机性能指标

项 目	单位	TB	BMCR	100%TRL	75%TRL	50%TRL
风机流量 Q	m³/s	78.30	52.20	51.02	36.70	58.50
能量头 Y	J/kg	11 628.50	8818.30	8403.69	5325.92	3154.53
风机静压 $p_静$	Pa	14 070	10 540	10 039	6280	3684
风机动压 $p_动$	Pa	402.20	179.70	171.30	88.73	225.20
风机轴功率 P	kW	1186.00	741.80	719.20	563.50	607.70
风机效率 η	%	88.50	71.50	68.80	40.00	35.00

注 TB 为最大工况点；BMCR 为锅炉最大连续出力工况；TRL 为额定工况。

（三）联锁与保护

（1）满足下列任一条件，一次风机跳闸并发出报警信号：

1）从 BMS 来的跳闸信号。

2）风机轴承温度大于 90℃。

3）电动机轴承温度大于 90℃。

4）电动机绕组温度大于 135℃。一次风机停止运行时，一次风机控制自切到"手动"方式，出口挡板、控制挡板自动关闭。

5）两台一次风机控制均在"手动"方式时，设定值（SP）自动跟踪输出值（OP）值。

（2）满足下列任一条件，发出报警信号：

1）风机轴承温度大于 60℃；

2）电动机轴承温度大于 80℃；

3）电动机绕组温度大于 100℃；

4）一次风机电流超过 145A。

（四）一次风机启动

1. 启动允许条件

（1）下列条件全部满足后，"允许启动首台一次风机"信号建立：

1）两台一次风机处于停止状态；

2）"任一煤层启动许可"信号建立。

（2）下列条件全部满足后，"一次风机启动许可"信号建立：

1）一次风机出口挡板已关闭；

2）一次风机入口控制挡板已关闭；

3）风机轴承温度小于 60℃；

4）电动机轴承温度小于 80℃；

5）电动机绕组温度小于 100℃。

2. 启动

（1）发出一次风机启动指令，确认：

1）一次风机启动；

2）出口挡板 A1 开启；

3）冷一次风挡板开启。

（2）调整入口控制挡板开度，保持一次风压力在 10～11kPa。

（3）只有一台一次风机运行时，关闭另一台一次风机冷、热一次风挡板。

（五）一次风机运行监视

（1）风机轴承温度小于 60℃；

（2）电动机轴承温度小于 80℃；

（3）电动机绕组温度小于 100℃；

（4）风机运行平稳无异声，风机、风道不振动，电动机电流在规定范围内；

（5）电动机轴承和机械轴承油位在 1/2～2/3，油质合格，轴承振动在允许范围内。

（六）一次风机停止

（1）关闭入口控制挡板；

（2）关闭出口挡板 A1 和冷、热一次风挡板；

（3）发出一次风机停止指令，确认一次风机停止。

五、暖风器

暖风器布置在送风机、一次风机入口风道上，通过调节暖风器供汽调节阀开度，来保证冬季送风机、一次风机进口温度，防止空气预热器发生低温腐蚀。

（一）设备规范（见表 2-8）

表 2-8　　　　　　　　　　　　　暖风器设备规范

设备名称	项　目	单　位	规　范
一次风暖风器	型　号		SAH-I-3NO$_1$-100
	面　积	m^2/台	272
	生产厂家		无锡华通电力设备有限公司
	生产日期		1998 年 5 月
二次风暖风器	型　号		SAH-I-3NO$_4$-200
	面　积	m^2/台	645
	生产厂家		无锡华通电力设备有限公司

（二）联锁与保护

（1）暖风器出口风温低于 10℃，发出报警信号；

（2）暖风器蒸汽压力高于 0.5MPa，发出报警信号；

（3）暖风器金属温度低于 65℃，发出报警信号。

（三）启动前的检查

（1）按《暖风器投入操作票》OB07 进行检查；

（2）辅助蒸汽母管压力大于 0.4MPa，温度高于 260℃。

（四）暖风器的投入

（1）关闭暖风器疏水至凝汽器入口截止阀；

（2）开启疏水管在凝汽器入口处的放水阀；

（3）开启暖风器各疏水调节阀前后截止阀；

（4）关闭暖风器疏水调节阀旁路阀；

（5）开启疏水至定期排污扩容器；

（6）微开暖风器蒸汽调节阀门，对暖风器和蒸汽管道进行预暖；

（7）暖风器蒸汽管疏水阀门见汽后关闭；

（8）将各暖风器疏水阀控制投入"自动"位，按照 $t_空 \geq 2t_平 - t_排$ 调整疏水温度设定值最低不低于 50℃，以保证暖风器出口空气温度，$t_平$ 值最低不低于 65℃；

（9）将疏水排入定期排污扩容器；

（10）水质合格后开启至凝汽器手动阀，关闭至定期排污扩容器手动阀，将暖风器疏水倒至凝汽器。

（五）暖风器监视与调整

（1）暖风器供汽压力高于 0.5MPa 时，立即减小进汽量防止出现超温、超压的现象；

（2）暖风器空气出口温度在 10～20℃，风机启动时应特别注意；

（3）定期检查暖风器后风道，如发生泄漏、结霜、结冰应及时处理；

（4）定期检查蒸汽、疏水管道振动情况和系统阀门漏泄情况，应及时处理。

（六）暖风器停用

（1）开启暖风器疏水母管放水阀进行放水；

（2）开启暖风器疏水调节阀门，将暖风器疏水由凝汽器倒至定期排污扩容器；

（3）关闭辅助蒸汽调节阀、暖风器供汽母管及各分支供汽截止阀；

（4）如停用后再次投入暖风器出现结冻，可以停止相应风机进行暖冻。

六、火检探头冷却风机

（一）设备规范（见表 2-9）

表 2-9　　　　　火检探头冷却风机设备规范

设备名称	项　目	单　位	规　范
火检探头冷却风机	型　号		9-19
	形　式		离心式
	压　力	Pa	7182～7109
	流　量	m³/h	2262～3619
	转　速	r/min	2900
	生产厂家		天津鼓风机厂
	生产日期		1999 年 6 月
火检探头冷却风机电动机	型　号		Y160M1-2
	额定功率	kW	11
	额定电压	V	380
	额定电流	A	21.8
	额定转速	r/min	2930
	绝缘等级	级	B
	接线方式		△
	生产厂家		天津大明电机股份公司
	生产日期		1999 年 6 月

（二）联锁与保护

（1）风机入口过滤器两端压差大于 300Pa，发出"过滤器堵塞"报警；

（2）探头风管末端/炉膛压差小于 1524Pa，A 风机自动启动；

（3）A 风机启动 10s 后，探头风管末端/炉膛压差仍小于 1524Pa，自动启动 B 风机；

（4）如果 120s 后，探头风管末端/炉膛压差还小于 1524Pa，发出"丧失探头冷却风"报警信号。

（三）启动

（1）确认各层火检探头冷却风管和压力表截止阀已开启；

（2）风机入口滤网清洁、完整；

（3）选择"A 风机"或"B 风机"；

（4）风机电源开关送电后，被选择风机自动启动；

（5）探头冷却风管压力在 3kPa 以上。

（四）停止

拉开风机电源开关后自动停止。

（五）切换

（1）清扫备用风机入口滤网；

（2）选择备用风机，发出启动指令；

（3）备用风机启动正常后，选择停运风机，发出停止指令；

（4）探头冷却风压力正常，清扫停运风机滤网。

第四节　制　粉　系　统

煤粉系统是锅炉设备的一个重要系统，其任务是将原煤破碎、干燥，并磨制成为具有一定细度和水分的煤粉，送入锅炉内进行燃烧。每台锅炉共配有 24 个浓淡分离型煤粉燃烧器，与之配套的是 3 台法国阿尔斯通生产的 BBD4060 型双进双出磨煤机。

该锅炉配置了 3 套正压直吹式双进双出钢球磨煤机制粉系统。每台磨煤机通过两个煤粉分离器引出的 4 根送粉管道将磨好的煤粉送至同一层的 4 个煤粉燃烧器。锅炉的 3 套制粉系统，则对应锅炉的 6 层 24 个煤粉燃烧器。机组满负荷运行时，3 套制粉系统运行。

每台磨煤机配有 1 台辅助电动机，以适应检修、惰化、筛球等需要。

每套制粉系统由原煤斗、给煤机、磨煤机、磨煤机减速器、煤粉分离器、一次风风粉管道、密封风机、润滑油站及相关驱动设备与连接管道等组成。

磨煤机系统示意图见图 2-4。

一、工作原理

双进双出钢球磨煤机制粉系统，是由两个独立对称的回路所构成。每个回路的流程为：原煤依靠自重从原煤斗进入给煤机，经给煤机进入混料箱，经高温旁路风干燥后与分离器的回粉汇合，再通过落煤管进到磨煤机进煤管的螺旋输送装置中。螺旋输送装置随磨煤机筒体同步旋转，使原煤通过中空轴进入磨煤机。磨煤机是利用圆筒的滚动，将钢球带到一定的高度，通过落下的钢球对煤的撞击，以及由于钢球与钢球之间、钢球与滚筒衬板之间的研压而将煤磨碎。

热的一次风通过中空轴内的中心管进到磨煤机筒体，完成对煤的干燥，并把磨好的煤粉沿着进煤的反方向带出磨煤机，煤粉、一次风和混料箱出来的旁路风混合在一起，进到磨煤机上部的分离器内。煤粉分离器内装有可调叶片，可以根据要求通过改变分离器内导向叶片的倾角调节煤粉的细度。粗粒的煤粉靠重力的作用落回到中空轴入口，与原煤混合在一起重新进行研磨；磨好的煤粉悬浮在一次风中，从分离器出口输送到燃烧

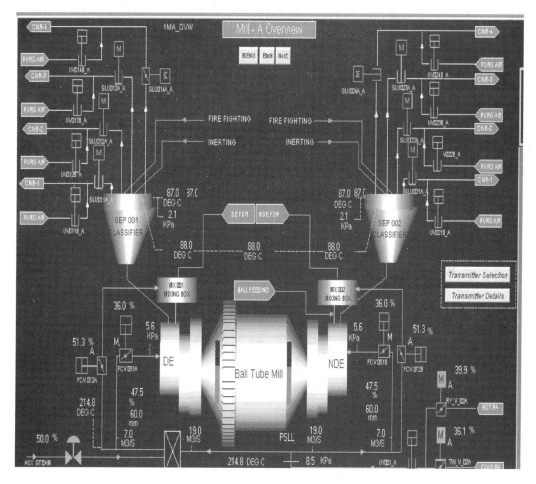

图 2-4 磨煤机系统示意图

器，喷进炉膛燃烧。磨煤机处于正压下工作，为防止煤粉泄漏，系统中配备了密封风机，用以产生高压空气，送往磨煤机转动部件的轴承。

双进双出钢球磨煤机的出力与给煤量是单独控制的。磨煤机的出力通过调整磨煤机的通风量来实现。当磨煤机的出力增加时，先要增加磨煤机的通风量，然后调整给煤机的转速增加给煤量。由于此时筒体内存有大量的煤粉，通过调整一次风阀门的开度增加一次风量，就可以使磨煤机出口的风、粉量同时增加，并始终保持煤粉浓度不变。在此方式下，由于风、粉量的同步变化，磨煤机出口风煤比较为稳定。

当锅炉在低负荷下运行时，磨煤机中的通风量和给煤量都较少，会导致煤粉管内气粉混合物的流速降低，可能造成煤粉沉积。为了使管路中输粉通畅，在锅炉低负荷运行时，应补充一定量的旁路风，使煤粉管道内始终保持最佳风速。在低负荷运行时，磨煤机的负荷风比较低且保持不变，而旁路风的风量比较高，可以使管路中的风量和风速较高，避免了煤粉的沉积。

双进双出钢球磨煤机设置压差式煤位测量装置，通过煤位测量装置指示的煤位，来调节给煤量，保证磨煤机内煤量相对稳定。磨煤机还配备有空气炮，用来处理煤斗堵煤。

轴承密封风：由于磨煤机处于正压下工作，为防止煤粉泄漏，每台磨煤机配备了两台密封风机，用以产生高压空气，送往磨煤机转动部件的轴承，防止煤粉漏出。

辅助电动机：可使磨煤机在停机期间和维修操作时以额定速度的1‰进行旋转，可实现任意位置停机。

加球系统：钢球在工作一段时间后会变小，变小的钢球会改变磨煤机的出力和煤粉细度，加球系统可以在不停磨煤机的情况下加入钢球，每台磨煤机均配有加球系统。

消防水灭火系统：当有火警信号时，可向磨煤机内喷水。

吹扫风：启、停磨煤机时对风管进行吹扫，防止风管堵塞。风源取自冷一次风。

惰化系统：在磨煤机启停时，向磨煤机内注入水蒸气进行惰化，以防磨煤机内积粉爆炸。

二、设备规范（见表 2-10）

表 2-10　　　　　　　　　　　　　制粉系统设备规范

设备名称	项　目	单　位	规　范
磨煤机	型　号		BBD4060bis
	形　式		双进双出钢球磨煤机
	数　量	台	3
	煤粉细度 T200	％	80
	煤粒尺寸	m	0.09
	转　速	r/min	16.6
	出口温度	℃	85～95
	风煤比	kg/kg	1.70
	最大钢球装载量	t	90
	钢球尺寸	mm	$\phi30/\phi40/\phi50$
	各种钢求量比例	％	33.3/33.3/33.3
	钢球耗损	g/t	100
	磨煤机出力	t/h	71.2
磨煤机主电动机	型　号		CR560×4
	额定功率	kW	1530
	额定电压	kV	6
	额定电流	A	176.6
	额定转速	r/min	1486
	绝缘等级	级	F
	接线方式		Y
	允许温升	℃	70
	热启次数	次	2
	冷启次数	次	3

设备名称	项 目	单 位	规 范
磨煤机 主电动机	生产厂家		意大利 ANSALDO
	生产日期		1997 年
主减速器	型 号		JH710B
	输入转速	r/min	1486
	输出转速	r/min	113
	减速比		11.4 大小齿轮比 7.9
	生产厂家		四川齿轮箱厂
	生产日期		1997 年
辅助 减速器	型 号		H35H06
	输入转速	r/min	1456
	输出转速	r/min	13.8
	减速比		112
	生产厂家		FLENDER
	生产日期		1997 年
辅助 电动机	型 号		BAF160L/4E-11
	额定功率	kW	15
	额定电压	V	380
	额定电流	A	35
	额定转速	r/min	1456
	绝缘等级	级	F
	接线方式		Y
	生产厂家		FLENDER-ATB
	生产日期		1997 年
空心轴 密封风机	型 号		SAF8-19NO85D
	形 式		离心式
	压 力	Pa	16 500
	流 量	m³/h	11 800
	转 速	r/min	2960
	生产厂家		武汉鼓风机厂
空心轴 密封风 机电动机	型 号		01HG12
	额定功率	kW	75
	额定电压	V	380
	额定电流	A	132
	额定转速	r/min	2963
	绝缘等级	级	F

设备名称	项 目	单 位	规 范
空心轴密封风机电机	接线方式		Y
	生产厂家		ALSTHOM
	生产日期		1997 年
给煤机	型 号		600 型电子秤量
	给煤能力	t/h	6～55
	承受压力	MPa	0.35～0.7
	调节方式	Hz	5～50，变频调节
	生产厂家		沈阳重型机械厂
	生产日期		1998 年 12 月
皮带电动机	型 号		YSPA132M-8B5
	额定功率	kW	2.2
	额定电压	V	380
	额定电流	A	6.33
	额定转速	r/min	715
	绝缘等级	级	F
	接线方式		Y
	生产厂家		大连电机厂
	生产日期		1998 年 4 月
刮板电动机	型 号		Y90S-6B5
	额定功率	kW	0.75
	额定电压	V	380
	额定电流	A	2.3
	额定转速	r/min	910
	绝缘等级	级	F
	接线方式		Y
	生产厂家		大连电机厂
	生产日期		1998 年 4 月
空心轴润滑油站	油箱容积	L	1400
	电加热器功率	kW	4.5
	油 号		ISOVG460
	喷洒流量	L/min	2×30
	冷油器油温降	℃	入口 55℃，出口 40℃
	冷却水流量	m³/h	10
	冷却水温升	℃	入口 35℃，出口 39℃
	生产厂家		EMH
	生产日期		1997 年 5 月 3 日

设备名称	项 目	单 位	规 范
低压油泵	型 号		E0554102S
	形 式		螺旋泵
	扬 程	bar	8
	流 量	L/min	110
	转 速	r/min	1000
	数 量	台	1
	生产厂家		FLUAVIS
	生产日期		1997 年
低压油泵电动机	型 号		AT160M06
	额定功率	kW	7.5
	额定电压	V	380
	额定电流	A	16.5
	额定转速	r/min	960
	绝缘等级	级	B
	接线方式		Y
	生产厂家		GEC-ALSTHOM
	生产日期		1997 年
高压顶轴油泵	型 号		R153-153-153-153A
	形 式		一拖四活塞泵
	扬 程	MPa	12
	流 量	L/min	4×10.7
	转 速	r/min	1000
	数 量	台	1
	生产厂家		HAWE
	生产日期		1997 年
高压顶轴油泵电动机	型 号		AT200L06
	额定功率	kW	18.5
	额定电压	V	380
	额定电流	A	39.5
	额定转速	r/min	965
	绝缘等级	级	B
	接线方式		Y
	生产厂家		GEC-ALSTHOM
	生产日期		1997 年
调中心油泵	型 号		R56-19-19-19A
	形 式		一拖二活塞泵

设备名称	项　目	单　位	规　范
调中心油泵	扬程	bar	70
	流量	L/min	2×4
	转速	r/min	1000
	数量	台	1
	生产厂家		HAWE
	生产日期		1997 年
调中心油泵电动机	型号		AT132S06
	额定功率	kW	3
	额定电压	V	380
	额定电流	A	7.30
	额定转速	r/min	965
	绝缘等级	级	B
	接线方式		Y
	生产厂家		GEC-ALSTHOM
	生产日期		1997 年
主减速器润滑油站	型号		XYZ-1256
	油泵流量	L/min	125
	扬程	MPa	0.4
	油箱容积	L	1.6
	生产厂家		常州华立液压润滑设备厂
	生产日期		1996 年 12 月
主减速器润滑油泵电机	型号		YU132S4A
	额定功率	kW	5.5
	额定电压	V	380
	额定电流	A	11.84
	额定转速	r/min	1430
	绝缘等级	级	F
	接线方式		△
	生产厂家		YUEMA
	生产日期		1996 年 12 月
大齿轮润滑油泵	型号		FG5
	形式		可调节单体泵
	扬程	bar	大于 2.5
	数量	台	1
	流量	L/24h	0~18
	油箱容积	L	200
	生产厂家		BEKA
	生产日期		1997 年

设备名称	项 目	单 位	规 范
大齿轮润滑油泵电动机	型 号		FLSC80L
	额定功率	kW	0.55
	额定电压	V	380
	额定电流	A	1.7
	额定转速	r/min	1000
	绝缘等级	级	E
	接线方式		
	生产厂家		LERCY-SOMER
	生产日期		1997 年
粗粉分离器	形 式		双锥筒
	直 径	mm	2900
	生产厂家		沈阳重型机械厂
原煤仓	有效容积	m³	420
	数 量	个/每炉	6
空气炮	型 号		ZJ-019
	压缩空气压力	MPa	0.7
	数 量	台/1 原煤仓	1
	生产厂家		郑州空气炮厂
	生产日期		1998 年 10 月

三、联锁与保护（见表 2-11）

表 2-11　　　　　　　　　　　制粉系统联锁与保护

名 称	设定值	单 位	作 用
一次风管速度低	18	m/s	报警
一次风管速度高	28	m/s	报警
一次风管温度高	110	℃	报警
一次风管温度低	80	℃	报警
半侧磨煤机（简称半磨）总一次风流量高	24	m³/s	报警
半磨总一次风流量低	16	m³/s	报警
分离器出口温度高	110	℃	手动跳闸磨煤机
分离器出口温度高	100	℃	报警
分离器出口温度高	75	℃	高高报警（HH 报警）
分离器出口温度高	70	℃	高报警（H 报警）
大齿轮润滑油压低	2.5	bar	报警
磨煤机入口一次风压力低	6	kPa	报警

名　　称	设定值	单位	作　　用
磨煤机入口一次风压力高	10	kPa	报警
热一次风箱压力低	9	kPa	报警
热一次风箱压力高	12	kPa	报警
磨煤机煤位高	95	mm	报警
磨煤机煤位低	70	mm	报警
密封风机入口负压低	−450	Pa	报警
密封风机出口压力低	7	kPa	报警；启动备用密封风机
密封风机电流高	120	A	报警
空心轴淋油量低	7.5	L/min	报警
磨煤机润滑油过滤器差压高	0.2	MPa	报警
空心轴温度高	60	℃	HH 报警
空心轴温度高	55		H 报警
冷油器出口温度高	50	℃	报警
磨煤机润滑油箱温度高	40	℃	报警
磨煤机润滑油箱温度低	30	℃	报警
吹扫空气压力高	500	kPa	报警
吹扫空气压力低	150	kPa	压差室吹扫结束
减速机润滑油量低	100	L/min	报警
减速机润滑油温度高	60	℃	报警
主减速机润滑油箱油位低			报警
主减速机润滑油箱油位高			报警
主减速机润滑油压力高	0.4	MPa	报警
主减速机润滑油压力低	0.15	MPa	报警，启动备用泵
主减速机润滑油压力非常低	0.1	MPa	报警，停止润滑油系统磨跳闸
主减速机润滑油过滤器差压高	0.15	MPa	报警，切换过滤器
离合器空气压力低	0.26	MPa	报警
离合器空气压力非常低	0.2	MPa	磨的自动启动条件
主电动机绕组温度高	100	℃	报警
主电动机绕组温度高	130	℃	磨煤机跳闸（手动）
主电动机冷却水流量非常低	15	m³/h	报警
主电动机轴承温度高	70	℃	报警
主电动机轴承温度高	100	℃	磨煤机跳闸（手动）
主电动机电流高	175	A	报警
主驱动轴转速非常低	0	r/min	辅助电机启动条件

四、启动前的检查

（1）按《制粉系统启动前检查、操作卡》CB03 进行检查；

（2）磨煤机所有就地设备控制置于"远方"位（给煤机、减速机润滑油站、大齿轮油泵开关）；

（3）磨煤机大罐内、系统中的风、粉管道内的温度正常；

（4）原煤斗空气炮、疏松机、一次风速测量装置好用；

（5）锅炉闭式冷却水、消防水、压缩空气压力正常；

（6）油箱油质、油温合格，油位正常，无泄漏；

（7）阀门、挡板动作灵活，限位装置良好，人孔门全部关闭，防爆门正常关闭；

（8）一次风压力为 10～11kPa，风温至少在 150℃以上。

五、启动前的准备

（1）投入磨煤机润滑油系统；

（2）投入主减速机润滑油系统；

（3）停止辅助电动机；

（4）磨煤机消防系统处于备用状态；

（5）将一台密封风机置于"正常"位，另一台置于"备用"位；

（6）手动吹扫一次风管完毕；

（7）如启停磨煤机负荷低于 210MW 或燃烧不稳时应投入对应的油枪。

六、程序启动

（一）全磨无煤启动

（1）允许条件：

1）"煤层投运允许"信号建立；

2）"煤层点火许可"信号建立；

3）主电动机已停止；

4）磨煤机控制置"自动"位。

（2）将磨煤机组启动选择开关置"全磨"位。

（3）将磨煤机煤位选择开关置于"噪声测量"位。

（4）发出启动指令，确认：

1）开启所有一次风管截止阀；

2）开启两台给煤机出口插板；

3）启动一台密封风机，手动开启出口调节挡板，出口压力达到 9kPa 以上，将密封风与一次风压差设定为 5kPa，投入"串级"位；

4）启动主电动机；

5）启动大齿轮润滑油泵；

6）开启相应的二次风挡板；

7）开启磨煤机的隔离风门、冷热风门；

8）快速开启旁路风门，总一次风流量在 18m³/s 时，将旁路风门置于"自动"位；

9）开启负荷风门至 5％；

10）暖磨 9min 或分离器出口温度达到 75℃；

11）启动两台给煤机，转速不低于 15％；

12）噪声信号低于 35％超过 2min 时，将磨煤机煤位选择开关置于"压差测量"位，将给煤机转速置于"串级"位；

13）按排空磨煤机的启动曲线进行调整；

14）将冷、热风门置于"自动"位。

（二）全磨有煤启动

（1）启动条件和启动顺序与全磨无煤启动基本相同。

（2）不同点如下：

1）热态磨煤机的预暖时间显著缩短；

2）没有充满时间；

3）运行人员可以随时增加磨煤机的负荷。

（三）半磨启动

（1）启动条件和启动顺序与全磨启动基本相同。

（2）不同点如下：

1）磨煤机组启动选择开关置"驱动端"或"非驱动端"位；

2）控制风门和相应二次风门的开启、给煤机的投入只在对应端进行；

3）注意监视另一侧的分离器出口温度。

（四）另半磨启动

（1）启动条件：

1）半磨在运行；

2）所对应的"煤层点火许可"信号建立。

（2）选择开关置"非驱动端"或"驱动端"位。

（3）适当提高运行侧的总一次风量。

（4）发出启动指令，确认：

1）开启相应的所有一次风管截止阀；

2）开启相应的二次风挡板；

3）快速开启相应的旁路风门，总一次风流量在 18m³/s 时，将旁路风门置于"自动"位；

4）开启负荷风门至 5％；

5）启动相应的给煤机，转速不低于 15％。

七、手动启动（以 NDE 侧半磨启动为例）

（1）磨煤机控制置于"手动"位；

（2）"煤层投运允许条件"信号建立；

（3）"煤层点火许可"信号建立；

（4）磨煤机选择开关切至"NDE 侧半磨"位；

（5）开启 NDE 侧 1～2 个的一次风管截止阀（简称"一次风管 PC 阀"）；

（6）投入磨煤机及分离器消防蒸汽（掺烧褐煤时有此步骤）；

（7）开启 NDE 侧给煤机出口阀；

（8）启动一台密封风机，手动开启出口调节挡板，出口压力达到 9kPa 以上，将密封风与一次风压差设定为 5kPa，投入"串级"位；

（9）启动磨煤机的主电动机；

（10）启动大齿轮润滑油泵；

（11）开启磨煤机的隔离风门、冷热风门；

（12）快速开启旁路风门，总一次风流量在 18m³/s 时，将旁路风门置于"自动"位；

（13）开启相应的二次风挡板；

（14）启动 NDE 侧给煤机，给煤后即采用双进单出运行方式，并通过冷、热风门、旁路风门和负荷风门严格控制分离器出口温度不超过规定值 95℃（掺烧褐煤时不超过 75℃）；

（15）当所有 PC 阀全开并给煤正常后（煤量大于 15t/h，一次风速正常）停止磨煤机及分离器消防蒸汽。

八、监视与调整

（1）润滑油箱油位在高低油位线之间；

（2）螺旋输送器无异声，主电动机冷却器不漏水；

（3）分离器、PC 阀、吹扫阀、一次风管、密封圈、给煤机、落煤管、罐体不漏粉；

（4）一次风管风速为 21～25m/s，如出现低报警，停磨煤机后进行检查、吹管，吹管时间不得小于 2min，防止堵管；

（5）一次风管温度为 80～110℃，如与对应的分离器温度偏差较大，立即查找原因，防止一次风管着火；

（6）磨煤机一次风隔离阀后压力保持在 8～9kPa；

（7）磨煤机空心轴温度小于 55℃，润滑油冷油器出口油温在 40～45℃；

（8）磨煤机润滑油箱油温为 40～50℃；

（9）分离器出口温度在 85～95℃，一次风入口温度在 240～371℃（掺烧褐煤时，启停磨煤机、无煤位时控制在 130℃ 以下，正常运行时不超 280℃）；

（10）磨煤机在单进双出的运行方式下，如分离器出口温度有偏差，适当调整两侧负荷风挡板和旁路风挡板开度；

（11）磨煤机在双进双出运行方式下，如分离器出口温度偏差较大，可以适当调整给煤量或负荷风和旁路风挡板的开度来消除温差；

（12）磨煤机在单侧运行，采用双侧给煤机运行方式下，开启非运行侧旁路风门对给煤进行干燥，双侧总风量的和为 20m³/s；

（13）磨煤机单侧运行，采用对侧给煤机运行方式下，开启对侧的旁路风门，双侧总风量的和为 20m³/s；

（14）煤位在 75～95mm，煤位电耳信号在 10%～30%；

（15）定期听罐体声音，对比压差和噪声煤位信号，及时调整给煤量，防止跑粉和堵塞磨煤机；

（16）低压油泵出口压力为 0.6～0.8MPa，过滤器压差不超过 0.2MPa；

（17）调中心油泵出口压力大于 0.8MPa，顶轴油泵出口压力大于 0.8MPa；

（18）大齿轮雾化空气压力大于 0.25MPa，密封圈密封风压力在 0.6～0.8MPa；

（19）大齿轮润滑油泵工作正常，油桶油位正常；

（20）密封风与一次风压差设定值可根据磨煤机负荷和密封风出口压力在 3～5kPa 进行调整；

（21）密封风机电流禁止超过 126A，如风机超电流或出口止回阀有异声，可调整给煤机密封风挡板开度；

（22）主电动机绕组温度小于 100℃，主电动机轴承温度小于 70℃，冷却水压力低于 0.4MPa；

（23）主减速机温度小于 65℃，主减速机润滑油量大于 90L/min；

（24）小齿轮轴承温度小于 75℃，大小齿轮结合面无异声，轴承振动正常；

（25）原煤斗煤位大于 3.75m；

（26）压差测量探针应定期自动进行吹扫；

（27）磨煤机消防蒸汽压力最低不低于 0.2MPa。

九、程序停止

（一）全磨（部分吹扫）停止

（1）将磨煤机选择开关置"全磨"位。

（2）停止给煤机，关闭给煤机出口插板。

（3）调整冷、热一次风挡板，降低总一次风量，直至接近最低允许值。

（4）逐渐关小负荷风挡板开度，降低磨煤机出力。

（5）噪声信号高于 50％或给煤机全部停止 10min 后，发出停止指令，确认：

1）一次风隔离阀、旁路风门、负荷风门、冷、热风门、一次风管截止阀关闭；

2）主电动机停止，30s 后密封风机停止；

3）相应的二次风门关闭，否则手动关闭。

（6）手动吹扫一次风管。

（二）全磨（完全吹扫）停止

（1）停止顺序与部分吹扫相同；

（2）噪声信号高于 90％或给煤机全部停止 25min（掺烧褐煤时 35min）后停止。

（三）全磨（清理分离器）停止

（1）逐渐减小热风挡板开度，降低分离器温度；

（2）将两侧给煤机转速设置最低值 15％；

（3）分离器温度达到 60℃，停止半侧给煤机运行；

（4）停止另半侧给煤机，全关热风门，降低分离器温度至 50℃；

（5）给煤机停止 20min（掺烧褐煤时 35min）后，停止磨煤机；

（6）手动吹扫一次风管；

（7）如果磨煤机内有压力，开启 PC 阀（每个分离器开两个，应对角开），观察磨煤机内压力是否降低，如压力仍高，禁止清理分离器；

（8）如磨煤机内没有压力，通知检修人员打开分离器人孔门，利用炉膛负压抽冷风冷却分离器，分离器温度降至 40℃时，通知检修人员；

（9）检修人员进入分离器前，关闭 PC 阀，如关闭 PC 阀后，磨煤机内有压力，无法工作，可以开启 PC 阀；

（10）由于热风门关闭不严，利用磨煤机通风冷却效果不好，同时对锅炉燃烧影响巨大，严禁采用此方法进行降温。

（四）半磨（部分吹扫、完全吹扫）停止

（1）停止顺序与全磨部分吹扫、完全吹扫的顺序基本相同；

（2）不同点是：负荷风门和相关二次风门的关闭、给煤机的停止只在对应端进行。

（五）半磨程序停止（另半磨在运行）

（1）将选择开关置"驱动端"或"非驱动端"位。

（2）降低该侧磨煤机出力。

（3）发出停止指令，确认：

1）投入对应侧磨煤机和分离器消防蒸汽（掺烧褐煤时有此步骤）；

2）停止对应侧给煤机；

3）关闭对应侧负荷风门、旁路风门；

4）关闭相应二次风挡板；

5）关闭对应侧一次风管截止阀；

6）开启对应侧旁路风门；

7）启动对应侧给煤机，磨煤机双机单侧运行方式；

8）停止对应侧磨煤机和分离器消防蒸汽（掺烧褐煤时有此步骤）。

（4）手动吹扫一次风管。

十、跳闸停止

（一）全磨跳闸停止

1. 跳闸条件

（1）在就地按事故按钮；

（2）MFT；

（3）下列任一条件满足时，磨煤机的许可记忆控制在"退出"位：

1）一次风压力低（710Pa）；

2）空心轴温度超过 70℃；

3）主蒸汽流量小于 468t/h 时，"煤层启动许可信号"丢失，对应的煤粉层延时 85s（取消）；

4）减速机或磨煤机润滑油系统记忆控制在"退出"位。

（4）辅助电动机在运行；

(5) 从磨煤机组来的停止指令；

(6) 主电动机启动后，30min 内没有一台给煤机运行（取消）；

(7) 密封风机控制记忆在"退出"位 1min 后；

(8) 密封风与一次风压差低（1500Pa）5s 后。

2. 跳闸顺序

(1) 给煤机停止，出口插板关闭；

(2) 旁路风门，负荷风门，一次风隔离阀，冷、热风门关闭；

(3) 主电动机停止，30s 后密封风机停止；

(4) 辅助电动机启动；

(5) 相应二次风挡板关闭；

(6) 一次风管截止阀关闭。

(二) 半磨跳闸

(1) 停止条件、停止顺序与全磨停止条件、停止顺序基本相同；

(2) 不同点是：负荷风门和相应二次风门的关闭、给煤机的停止只在对应端进行。

十一、手动切除 （以 NDE 侧半磨为例）

(1) 磨煤机控制置"手动"位；

(2) 磨煤机选择器置"NDE 侧半磨"位；

(3) 投入磨煤机和分离器消防蒸汽（掺烧褐煤时有此步骤）；

(4) 发出"切除 NDE 侧给煤机"指令；

(5) 关闭 NDE 侧所有的一次风管截止阀；

(6) 若 DE 侧半磨未运行，关闭一次风隔离阀；

(7) 若 DE 侧半磨在运行，不关闭一次风隔离阀；

(8) 关闭 NDE 侧负荷风挡板和旁路风挡板；

(9) 关闭 NDE 侧相应的燃料风挡板；

(10) 若 DE 侧半磨在运行，不停止磨煤机主电动机；

(11) 若 DE 侧半磨未运行，停止磨煤机主电动机；

(12) 停止磨煤机和分离器消防蒸汽（掺烧褐煤时有此步骤）；

(13) 启动辅助电动机；

(14) 手动吹扫一次风管。

十二、停磨的注意事项

(1) 停止第一半磨煤机运行时，停止侧的总一次风量在停止信号发出前禁止低于 $18m^3/s$；

(2) 磨煤机未经吹扫停止时，必须用辅助电动机驱动磨煤机，保持 6h 以上，避免磨煤机内着火；

(3) 磨煤机吹扫 10min 后停止，可以避免下次启动时跑粉和机组负荷变化过大；

(4) 磨煤机检修或机组停运时，磨煤机完全吹扫后停止；

(5) 机组停运磨煤机 10h 后停止主减速机和磨煤机润滑油系统；

（6）辅助电动机或消防蒸汽系统不备用时，磨煤机内煤粉吹扫干净后停止；

（7）机组停运给煤机需要检修时，给煤机停止前必须排空；

（8）停运磨煤机期间监视制粉系统各测点温度变化情况，发现异常和火险，应及时处理。

十三、制粉系统的故障处理

（一）一次风管着火

1. 现象

（1）一次风管变红、冒烟、变形；

（2）一次风管温度升高。

2. 原因

（1）一次风管堵粉；

（2）一次风温度过高。

3. 处理

（1）先停止该侧煤粉层，再停止磨煤机；

（2）开启着火一次风管截止阀；

（3）开启分离器蒸汽消防截止阀；

（4）一次风管着火点熄灭后，关闭蒸汽消防截止阀。

（二）磨煤机堵煤

1. 现象

（1）磨煤机罐体钢球声很小，噪声信号小于 10%，煤位超过 95mm；

（2）磨煤机入口压力不正常地升高，磨煤机出力下降；

（3）螺旋输送器处有异声；

（4）磨煤机电流逐渐升高。

2. 原因

（1）给煤量过大，煤位过高；

（2）短时间大量难磨岩石进入；

（3）原煤过湿堵塞入口。

3. 处理

（1）立即停止给煤机；

（2）增加磨煤机通风量；

（3）如煤位还不能正常，则停止磨煤机。

（三）磨煤机轴瓦温度高

1. 现象

（1）磨煤机轴瓦温度高；

（2）润滑油箱温度高。

2. 原因

（1）密封风压力低，煤粉进入轴瓦；

（2）磨煤机过负荷；

（3）润滑油流量或压力低；

（4）润滑油温度高；

（5）润滑油变质。

3. 处理

（1）调整润滑油系统运行参数；

（2）调整密封风压；

（3）降低磨煤机负荷；

（4）化验润滑油；

（5）严密监视轴瓦温度，如超过规定值，立即停止磨煤机。

（四）制粉系统自燃及爆炸

1. 现象

（1）磨煤机出口温度急剧上升；

（2）磨煤机爆炸时有巨响；

（3）一次风压和磨煤机压差剧烈波动，筒体温度急剧升高。

2. 原因

（1）制粉系统内积煤与积粉；

（2）磨煤机断煤或出口温度过高；

（3）煤粉过细，水分过低；

（4）煤种挥发分过高；

（5）煤中含有易燃易爆物；

（6）有外来火源。

3. 处理

（1）发现磨煤机着火、爆炸时，应紧急停止磨煤机；

（2）采用措施稳定锅炉燃烧；

（3）严密关闭磨煤机的进出口风门；

（4）停止密封风机；

（5）首先投入消防蒸汽进行灭火；

（6）如灭火不成功，可用消防水进行灭火，注意应开启着火部位的消防水阀门；

（7）故障设备恢复运行前，应由检修人员对设备内部进行清理检查，确认火源已消除，各部件完整无损，方可投入运行。

十四、辅助系统的控制

（一）磨煤机润滑油系统

1. 润滑油箱加热器的控制

（1）油箱油温低于 30℃时，启动加热器；

（2）油箱油温高于 40℃时，停止加热器。

2. 发出启动指令后的确认内容

（1）油温不低于15℃时，低压油泵自动启动；

（2）高压油泵入口压力不低于0.1MPa，温度不低于35℃，高压调中心油泵、高压顶轴油泵自动启动。

3. 系统自动停止应满足的条件

（1）主、辅电动机全部停止时，发出停止磨煤机润滑油系统指令；

（2）油箱油位低于-370mm；

（3）低压油泵停止；

（4）高压顶轴油泵或高压调中心油泵入口压力低于0.05MPa（2s后）；

（5）高压顶轴油泵启动5s后出口压力低于0.8MPa（2s后）；

（6）调中心油泵启动5s后出口压力低于0.8MPa（2s后）；

（7）在磨煤机运行时，可停止高压调中心油泵，但在启动磨煤机时，必须启动高压调中心油泵。

（二）大齿轮润滑油系统

1. 启动

（1）主电动机在运行；

（2）辅助电动机在运行。

（3）启动指令发出，确认：

1）油泵启动；

2）润滑油送至所有的喷嘴；

3）每10s开启雾化空气电磁阀；

4）5s后关闭雾化空气电磁阀；

5）如油泵在"远方"位，按照运行30min、停止20min设定周期工作；

6）如油泵在"就地"位，油泵将连续运行。

2. 停止

满足下列任一条件，系统自动停止：主、辅电动机都停止。

（三）主减速机润滑油系统

1. 启动

（1）将电加热器控制开关置于"自动"位，油温低于30℃时自动启动，高于40℃时自动停止；

（2）将选择开关置"DCS"位；

（3）将油泵控制开关置于"2号运行/1号备用"位或"1号运行/2号备用"位；

（4）发出主减速机润滑油启动指令，油泵启动；

（5）将冷油器冷却水电磁阀控制开关置于"自动"位，油温高于45℃时自动开启，低于25℃时自动关闭。

2. 停止

（1）将选择开关置"远方"位（"远方"位时主、辅电动机必须已停止）；

（2）发出主减速机润滑油停止指令；

（3）油泵停止。

（四）给煤机

1. 启动

（1）启动信号：

1）对应半侧磨煤机端启动顺序控制指令；

2）全磨启动顺序控制指令；

3）在给煤机单独控制器上发出启动指令。

（2）启动条件：

1）给煤机出口插板已开启；

2）对应的原煤斗煤位正常；

3）给煤机入口插板已开启。

（3）启动顺序：

1）启动给煤机皮带电动机；

2）启动给煤机刮板电动机。

2. 停止

（1）停止信号：

1）给煤机就地单独控制器上发出停止指令；

2）给煤机单独控制器上发出停止指令；

3）主电动机跳闸；

4）对应端磨煤机停止顺序控制指令；

5）"就地/远方"选择开关置"远方"位，给煤机启动时出口插板未开启；

6）相应一次风管截止阀关闭。

（2）停止顺序：

1）停止皮带电动机；

2）关闭给煤机出、入口插板；

3）1min 后停止刮板电动机。

（五）水消防系统

1. 启动

（1）单独控制器上发出开启消防水控制阀门指令；

（2）开启需消防设备的阀门。

2. 停止

（1）单独控制器上发出停止指令；

（2）消防水控制阀门关闭；

（3）关闭消防设备的阀门。

3. 投入条件

（1）主电动机已停止；

（2）一次风隔离阀已关闭；

（3）汽水锁汽器前、后手动截止阀开启，旁路阀关闭；

（4）各管道疏水手动截止阀门已开启；

（5）辅助蒸汽联箱至系统的总阀已开启 10min。

4．投入

（1）发出启动指令；

（2）确认所有一次风管截止阀开启；

（3）确认消防蒸汽各分阀开启；

（4）2min 后各分阀和所有一次风管截止阀关闭；

（5）发出启动指令 10min 后，自动停止系统控制回路或在控制器上发出停止命令。

（六）添加钢球系统

1．要求

（1）磨煤机处于旋转状态下添加；

（2）每天每台磨煤机加球量按前一天磨煤机运行小时数乘以 20 个进行；

（3）加球装置内钢球少于 2 次所加的数量时，通知部门领取钢球；

（4）磨煤机出力明显不足时要求检修人员进行一次性补球，补球量由发电部确定。

2．操作步骤

（1）在就地单独控制器上关闭球锁室出口阀；

（2）在就地单独控制器上开启球锁室入口阀；

（3）将要加的钢球全部放入球锁室；

（4）在就地单独控制器上关闭球锁室入口阀；

（5）在就地单独控制器上开启球锁室出口阀；

（6）球锁室内的钢球放尽后，重复（1）～（5）步骤。

（七）大齿轮油箱的更换

（1）齿轮油箱低油位报警，必须更换充满油的油箱并且油温必须大于 10℃；

（2）如油泵启动出现困难，可将油泵从正常位置升高 100mm 后重新启动，然后放回正常位置。

（八）空气炮

（1）压缩空气压力大于 0.7MPa 时，立即关闭空气炮手动截止阀。

（2）开启空气炮压缩控制手动截止阀。

（3）将就地电源开关置"ON"位。

（4）CRT 空气炮控制开关至"AUTO"位，当给煤量低于 5t/h 时自动开启空气炮电磁阀；否则 CRT 操作空气炮的启动按钮（star）或就地按下需要操作空气炮的按钮，保持 1s，均能实现该路既时放炮。

（5）必须间隔 2min 后才能再次操作空气炮。

（6）停炉或长时间不用空气炮时必须关闭空气炮压缩空气截止阀。

（九）辅助电动机

1. 启动

（1）启动信号：

1）在控制器上发出启动指令；

2）磨煤机的三种停止顺序控制指令。

（2）启动条件：

1）主电动机已停止

2）速度探测器探测驱动轴转速低；

3）所有润滑油系统在运行；

4）空心轴温度正常；

5）气动离合器压缩空气手动阀开启。

（3）启动顺序：

1）发出启动指令 30s 后，辅助电动机启动，释放制动器；

2）电动机启动 2s 后，气动离合器启动或手动啮合离合器。

2. 停止

（1）停止信号：

1）在单独控制器上发出停止指令；

2）磨煤机的三种启动顺序控制指令；

3）减速机或空心轴润滑油系统记忆控制在"退出"位；

4）空心轴温度超过规定值。

（2）停止顺序：

1）辅助电动机停止；

2）合上制动器；

3）气动离合器停止或手动脱落离合器；

4）关闭气动离合器压缩空气手动阀。

（十）压差测量系统

1. 吹扫信号

（1）在单独吹扫控制器上发出吹扫指令（首次启动）；

（2）空心轴密封风机启动指令（首次启动）；

（3）正常运行后吹扫指令每 30min 自动发出。

2. 吹扫顺序

（1）吹扫驱动端第一根管：

1）驱动端第一根测量管上二通电磁阀开启；

2）测量气动阀关闭，吹扫气动阀开启；

3）2s 后吹扫空气总调节阀开启；

4）10s 后吹扫空气总调节阀关闭；

5）3s 后吹扫气动阀关闭。

（2）第二根管、非驱动端第一、第二根管吹扫顺序与上述相同；

（3）以后每隔 30min 吹扫驱动端，每隔 30min 吹扫非驱动端。

（十一）大齿轮润滑油系统

1. 磨煤机启动

大齿轮润滑油系统运行。

2. 磨煤机停止

大齿轮润滑油系统停止。

（十二）煤层投运允许条件

1. 锅炉侧的条件

（1）下列条件全部满足后，"任一煤层投运许可"信号建立：

1）锅炉风量大于 30%（当任一煤层投运后，可以取消）；

2）燃烧器摆角输出指令小于 65%；

3）汽包压力大于 3.4MPa（取消）；

4）二次风温平均值大于 177℃（取消）；

5）无主燃料跳闸指令；

6）探头冷却风压力满足。

（2）下列任一条件满足后，"一次风机许可"信号建立：

1）两台一次风机全部运行；

2）一台一次风机运行且投运煤层不超过三层。

2. 磨煤机侧条件

（1）磨煤机主电动机轴承温度不高；

（2）磨煤机主减速机润滑记忆控制在"投入"位，空心轴润滑油记忆控制在"投入"位；

（3）所有的一次风管吹扫风挡板关闭。

（十三）煤层点火许可条件

下列任一条件得以满足，其相应的"煤层点火许可"信号建立：

（1）对 A1 煤层（对应于 A 磨煤机 NDE 侧半磨）：

1）AA 油层投运；

2）少油层在服务并且 A2 给煤机指令大于 30%；

3）A 磨煤机 DE 侧给煤机转速大于 30% 且主蒸汽流量大于 468t/h。

（2）对 A2 煤层（对应于 A 磨煤机 DE 侧半磨）：

1）少油层在服务；

2）AA 油层投运；

3）BB 油层投运且 B 磨煤机 NDE 侧给煤机转速大于 30%；

4）A 磨煤机或 B 磨煤机 NDE 侧给煤机转速大于 30% 且主蒸汽流量大于 468t/h。

（3）对 B1 煤层（对应于 B 磨煤机 NDE 侧半磨）：

1）BB 油层投运；

2）少油层在服务并且 A2 给煤机指令大于 30％；

3）AA 油层投运且 A 磨煤机 DE 侧给煤机转速大于 30％；

4）A 磨煤机或 B 磨煤机 DE 侧给煤机转速大于 30％且主蒸汽流量大于 468t/h。

（4）对 B2 煤层（对应于 B 磨煤机 DE 侧半磨）：

1）BB 油层投运；

2）CC 油层投运且 C 磨煤机 NDE 侧给煤机转速大于 30％；

3）B 磨煤机或 C 磨煤机 NDE 侧给煤机转速大于 30％且主蒸汽流量大于 468t/h。

（5）对 C1 煤层（对应于 C 磨煤机 NDE 侧半磨）：

1）CC 油层投运；

2）BB 油层投运且 B 磨煤机 DE 侧给煤机转速大于 30％；

3）B 磨煤机或 C 磨煤机 DE 侧给煤机转速大于 30％且主蒸汽流量大于 468t/h。

（6）对 C2 煤层（对应于 C 磨煤机 DE 侧半磨）：

1）CC 油层投运；

2）C 磨煤机 NDE 侧给煤机转速大于 30％且主蒸汽流量大于 468t/h。

第五节 燃 烧 系 统

一、炉前燃油系统

燃烧系统的主要设备是炉膛和燃烧器。该机组锅炉采用的是四角布置燃烧器的固态排渣炉膛。采用摆动燃烧器，可以调整火焰中心位置。

锅炉燃烧过程要组织得好，除了从燃烧机理和热力条件加以保证，使煤粉气流能迅速着火和稳定燃烧外，还要使煤粉与空气均匀地混合，燃料与氧化剂要及时接触，才能使燃烧猛烈，燃烧强度大，并能以最小的过量空气系数达到完全燃烧，提高燃烧效率，保证锅炉的安全经济运行。在煤粉炉中，这一切都与燃烧器的结构、布置及流体动力特性有关。燃烧器的作用就是将燃料与燃烧所需空气按一定的比例、速度和混合方式经燃烧器喷口送入炉膛，保证燃料在进入炉膛后能与空气充分混合、及时着火、稳定燃烧和燃尽。

（一）设备规范（见表 2-12）

表 2-12　　　　　　　　　　　　　燃油系统设备规范

设备名称	项　　目	单　位	规　　范
供油泵	型　号		80AYⅡ50×50
	形　式		离心泵
	扬　程	MPa	2.7
	流　量	m³/h	45
	转　速	r/min	2950
	数　量	台	3
	生产厂家		沈阳第二水泵厂
	生产日期		1997 年

设备名称	项 目	单 位	规 范
供油泵电动机	型 号		YB280S-2
	额定功率	kW	75
	额定电压	V	380
	额定电流	A	139.9
	额定转速	r/min	2970
	绝缘等级	级	F
	接线方式		△
	生产厂家		沈阳防爆电机总厂
	生产日期		1997 年
加热器	型 号		BES700-3.5/-75-4.5/25-41
	加热面积	m²	75
	数 量	台	3
	入/出口油温	℃	50/80
油罐	容 积	m³	1000
	数 量	台	3
机械雾化油枪	形 式		机械雾化
	出 力	kg/h	50
	油 压	MPa	1.5
	数 量	只	8

（二）联锁与保护

当下列任一条件满足时，油跳闸阀将自动关闭：

（1）主燃料跳闸（MFT）；

（2）油泄漏试验要求；

（3）油燃料跳闸（OFT）；

（4）任一油枪油角阀开启后，再循环电磁阀自动关闭；

（5）雾化蒸汽压力低于 0.3MPa，发出报警信号；

（6）雾化蒸汽压力高于 1.2MPa，发出报警信号；

（7）燃油母管压力低于 0.8MPa，发出报警信号；

（8）燃油温度超过 40℃，发出报警信号；

（9）"泄漏试验完成"信号使油跳闸阀自动开启。

（三）投入前的检查

（1）按《炉前燃油系统启动前检查、操作卡》CB02 进行检查；

（2）供油调节阀前燃油压力为 1.8MPa，温度为 20℃～40℃。

（四）炉前油系统的投入

（1）开启炉前回油再循环电磁阀；

（2）下述两组条件中有一组全部满足时，开启油跳闸阀：

1）第一组条件：

a. 调节阀前燃油压力高于 1.8MPa;

b. 所有油枪已切除;

c. 无关闭油跳闸阀指令。

2) 第二组条件:

a. 所有油枪已切除;

b. 油再循环阀已开启。

(3) 调整供油调节阀,调节阀后油压不低于 0.5MPa;

(4) 开启压缩空气母管至各油枪执行器前的手动阀;

(5) 开启辅助蒸汽联箱至炉前油系统蒸汽管手动阀,适当开启蒸汽管疏水阀进行暖管,使雾化蒸气压力达到 0.7MPa,温度达到 170℃以上。

(五) 油管路泄漏试验

(1) 发出"启动泄漏试验"指令,确认再循环阀关闭;

(2) 再循环阀关闭后 30s 内,油压达不到"泄漏试验压力确定"定值 (1.4MPa),发出"泄漏试验升压失败"信号;

(3) 油母管内油压升高至"泄漏试验压力确定"定值 (1.4MPa),关闭油跳闸阀;

(4) 跳闸阀确认关闭后,开始进行 2min 计时,显示"泄漏试验在进行中"信号;

(5) 在计时周期内,若油母管内压力下降至"泄漏试验压力低"定值 (0.56MPa),则发出"泄漏试验保压失败"信号,否则将发出"泄漏试验完成"信号。

(六) 油层的操作

(1) 油枪启动前必须满足下列所有条件:

1) 油枪就地控制箱"就地/远方"选择开关置"远方"位;

2) 油枪手动油角阀已开启;

3) 油枪手动雾化蒸汽阀已开启;

4) 油枪在"退出"位。

(2) 下列条件全部满足后,"油层启动备好"信号建立:

1) 油层没投运。

2)"油层启动许可"信号建立,要求下述所有条件都满足:

a. 无主燃料跳闸。

b. 油温超过 20℃。

c. "无油燃料跳闸"信号建立,要求下述所有条件都满足:

(a) 油压高于 0.5MPa;

(b) 油压低于 2.1MPa;

(c) 无关闭油跳闸阀指令。

d. 油跳闸阀已开启。

e. 探头冷却风与炉膛差压大于 1524Pa。

f. 锅炉风量大于 30% 且燃烧器摆角输出指令小于 65%,或任一煤层投运且燃烧器摆角输出指令小于 65%。

（3）在油层启动画面上选择"自动方式"。

（4）在油层启动画面上选择"层方式"。

（5）按下"启动油层"按键，确认油枪按 1 号角、3 号角、2 号角、4 号角顺序自动投入（间隔 15s），每个油枪按如下程序投入运行：

1）油枪推进。

2）点火器推进。

3）雾化蒸汽阀开启。

4）油喷嘴阀开启，点火器开始打火。

5）若该角油火检指示"有火焰"，则发出"油枪启动成功信号"。

6）在油枪点火周期计时结束后，若该角油火检指示"无火焰"，则发出"油枪启动不成功信号"且报警。

7）当油枪启动不成功且无 MFT 的情况下，自动吹扫油枪 1min 后退出油枪。

（6）油层的四个角油枪至少有三个角投入运行时，确证该油层已投入运行，同时发出下列信号：

1）"炉膛内有火"信号。

2）"丧失燃料跳闸备好"记忆信号。

3）"跳闸后吹扫备好"闭锁信号。

4）"煤层点火许可"信号。

（7）油层的切除：

1）当有"油层启动不成功"信号发出或按下相应的"层切除"按键后，则发出"切除油层指令"。

2）每隔 30s 分别切除 1、3、2、4 号角油枪。

3）在"切除每角油枪指令"发出后，油枪按下述程序切除：

a. 同时关闭油角阀和油角雾化蒸汽阀；

b. 油角阀和油角雾化蒸汽阀全部关闭后，若无 MFT，则发出油角吹扫指令，开启油角吹扫蒸汽阀；

c. 若此时吹扫点火能量不满足，同时还将自动推进点火器，打火 15s；

d. 油枪吹扫完成后，关闭吹扫蒸汽阀，退出油枪。

（8）在油层启动画面上选择"角方式"：

1）选择单个油枪，按下其"启动""停止"按键；

2）油枪的启动、停止程序与"层方式"下的单个油枪启动、停止程序相同；

3）在油层启动画面上选择"手动方式"，选择油枪，按照油枪启动、停止步骤分别发出指令。

（七）监视与调整

（1）有油枪投入或切除时，及时调整调节阀开度，保持油压在 0.8～1.37MPa。

（2）油温在 20～40℃，雾化蒸汽压力在 0.4～1.2MPa，温度在 170～280℃。

（3）增、减燃油量首选调整燃油压力，如超出燃油压力调整范围，再投、停油枪。

（4）尽量投入同一层的油枪，容易配风。

（5）油层二次风挡板开度可以根据燃油压力和油枪大小在 50%～90%范围内调整。

（6）油层相邻辅助风挡板开度根据油层投入情况，可以在 20%～50%范围内进行调整。

（7）观察燃油压力、流量、油枪数量和着火情况，对比判断油枪是否堵塞，及时处理。

（8）定期检查油枪备用情况，防止漏油着火。

（9）启停炉燃油期间，观察未投用油枪漏油情况，及时关闭供油手动阀，但每层只能关闭一只油枪，以保证油层备用，并做好记录。

（10）炉前燃油系统处于备用期间，4 个燃油雾化蒸汽疏水阀应微开，禁止关闭。

（八）雾化蒸汽备用汽源操作方法

（1）在启动炉停运或压火、只有一台机组运行时，如果机组跳闸后准备热启，燃油雾化蒸汽可以采用锅炉本体吹灰汽源。

（2）关闭燃油雾化蒸汽手动截止阀，开启吹灰蒸汽管至雾化蒸汽手动截止阀。

（3）手动开启吹灰阀和吹减阀。

（4）雾化蒸汽压力和温度正常后，可以投入油枪点火。

（5）机组全部油枪退出后，关闭吹减阀和吹灰阀。

（6）关闭吹灰蒸汽管至雾化蒸汽手动截止阀，开启燃油雾化蒸汽手动截止阀。

（九）燃油系统的吹扫

（1）通知油区，停止供油泵。

（2）关闭各油枪供油管、蒸汽管上手动截止阀。

（3）开启供、回油管上所有阀门。

（4）缓慢开启炉前蒸汽管至供油管手动截止阀，对整个系统进行蒸汽吹扫。

（5）油泵房确认合格后结束吹扫，恢复系统正常状态。

二、双强少油系统

（一）设备规范（见表 2-13）

表 2-13　　　　　　　　　　　双强少油系统设备规范

设备名称	项　目	单　位	规　范
双强少油燃烧器	型　号		XSQ 型
	形　式		双强少油点火燃烧器
	油　压	MPa	0.8～1.2
	单只油枪出力	kg/h	150
	数　量	只	4
	油配风压力	kPa	3
	油配风风速	m/s	15～25
	火焰探头冷却风量	m^3/h	4×90
	单只油枪点燃煤粉量	t/h	6～8（最大 10）
	生产厂家		徐州燃控技术股份有限公司

（二）联锁与保护

（1）满足以下所有条件，少油启动允许：

1）锅炉已进行全炉膛吹扫；

2）无 MFT；

3）无 OFT；

4）分散控制系统（DCS）点火允许；

5）双强燃烧器未运行（油角阀和吹扫阀关到位）；

6）程序控制方式；

7）油压不低于 0.3MPa；

8）原油层启动条件。

（2）只有 A2 层煤粉投入运行的情况下，取消全炉膛灭火保护。

（3）有一个 PC 阀开、主电动机运行并且隔离风门开为该层在服务。

（4）少油层油枪有一个油角阀开并且相应火检显示正常即为少油层在服务。

（5）油角点火成功后，若 A2 层各角火检消失达 2s 以上时，保护关相应的 PC 阀；禁止强制逻辑。

（6）点火器启动 15s 后，若该角仍无火检指示，则角点火失败。

（7）取消一次风机启动条件中汽包压力（3.447MPa）和二次风温（177℃）的限制条件。

（8）少油层 4 只少油在服务（只要有一次同时投入）参与丧失燃料的保护。

（9）下列任一条件满足时，A1 层点火能量确定：

1）AA 油层在服务；

2）少油层在服务并且 A2 给煤机负荷大于 50%（给煤机指令大于 30%）；

3）机组负荷大于 40% 并且 A2 给煤机负荷大于 50%（给煤机指令大于 30%）。

（10）下列任一条件满足时，B1 层点火能量确定：

1）BB 油层在服务；

2）少油层在服务并且 A2 给煤机负荷大于 50%（给煤机指令大于 30%）；

3）AA 层在服务并且 A2 给煤机负荷大于 50%（给煤机指令大于 30%）；

4）机组负荷大于 40% 并且 A2 或 B2 给煤机负荷大于 50%（给煤机指令大于 30%）。

（三）双强少油系统投入前检查

（1）检查油系统工作票已全部结束，供油系统正常；

（2）检查压缩空气系统正常，压力大于 0.4MPa；

（3）检查燃烧器温度测量系统正常投入；

（4）燃烧器摆角在水平位置；

（5）打开少油点火系统燃油主管路供油手动截止阀；

（6）打开少油点火系统燃油各支管路手动截止阀；

（7）打开吹扫支管路手动截止阀；

(8) 检查就地点火控制柜电源是否正常;

(9) 检查设备是否完好,工作是否正常;

(10) 检查自立式稳压阀后油压,确认1MPa;

(11) 确认油配风支管路手动调节蝶阀已打开(开启30%~100%,根据实际投运情况进行调整);

(12) 检查磨煤机具备启动条件;

(13) A磨煤机DE侧煤斗双强少油点火用煤发热量保证大于4500kcal/kg,挥发分大于25%。

(四)双强少油系统投入与切除

(1) 油枪控制"就地/程控"选择置"程控"位。

(2) 关闭油再循环阀,调节供油压力至0.8~1.2MPa。

(3) 调节双强少油点火系统油配风一次风压力大于3kPa(无测点)。

(4) 将A2、AA、AB层点火燃烧器的二次风门开启20%~40%。

(5) 油角投入:

1) 在油层启动画面上选择"自动方式"。

2) 在油层启动画面上选择"角方式"。

3) 选择预启动的油角,点击"启动"按键,确认:

a. 启动点火器;

b. 点火器工作指示灯亮,油角阀打开;

c. 如果油火检有火,油角阀开到位15s后发出点火成功信号;

d. 点火指令40s后,如果油角阀没有开到位或火检检测无火,发出点火失败信号;

e. 油角阀开到位后15s,如监测无火,自动关闭油角阀。

(6) 油层层投入:

1) 在油层启动画面上选择"自动方式";

2) 在油层启动画面上选择"层方式";

3) 按下"启动油层"按键,确认四个油枪按角启动程序投入运行。

(7) 油角的切除:

1) 在油层启动画面上选择"自动方式"。

2) 在油层启动画面上选择"角方式"。

3) 选择预停止的油角,点击"停止"按键,确认:

a. 油角阀关到位后,开启点火器打火;

b. 打开吹扫阀,吹扫20s后自动关闭吹扫阀。

(8) 油层的切除:

1) 在油层启动画面上选择"自动方式";

2) 在油层启动画面上选择"层方式";

3) 按下"停止油层"按键,确认每个油枪按角停止程序投入运行。

（五）监视与调整

（1）油枪投入或切除时，及时调节燃油压力在 0.8～1.2MPa 范围内，尽量控制在 1MPa 左右；

（2）监视油温在 20～40℃；

（3）压缩空气压力大于 0.4MPa；

（4）油配风一次风压力大于 3kPa（无测点）；油配风风速为 15～25m/h；

（5）燃烧器温度不大于 650℃（HH 报警）；燃烧器温度大于 500℃（H 报警），适当增加燃料风及油配风开度；

（6）观察燃油系统压力和流量的变化情况，及时分析判断油枪的运行状况，发现问题及时处理。

（六）机组冷态启动、停止及稳燃操作补充规定

随着少油点火的成功改造，机组启动和停止与原规程和少油规程有如下不同之处：

1. 机组冷态启动

（1）汽包上水完毕，汽包壁温利用上水至汽包水位 200～400mm，保持 10～20min 后锅炉全面放水。重复上水和放水方式将汽包壁温加热至 80～100℃ 或更高，点火前禁止采用串水方式（即保持汽包水位，边上水边放水）提高汽包壁温。在汽包上下壁温差不超限的情况下尽量提高上水温度。

（2）启动引、送风机，进行锅炉炉膛吹扫不少于 5min；小油点火期间总风量控制在 100～120m³/s。

（3）投入 A 磨煤机小油暖风器，暖风器后温度控制到 80～100℃ 或更高。

（4）启动一台一次风机，切换空气预热器密封风，打开冷一次风至双强少油点火系统油配风通道各阀门（各支路手动蝶阀、主路手动蝶阀），调整油配风主路电动调节阀（电源在热工配电间，名称为"1 号炉少油油配风电动调门"，编号为 4CF04G）建立双强油配风通道。

（5）为提高一、二次风温，冬季（10 月至次年 5 月）投入运行一次风机和送风机入口暖风器运行，控制暖风器出口风温为 30～50℃，如投入过大影响 A 磨煤机小油暖风器，则优先保证小油暖风器。暖风器压力控制在 0.4～0.45MPa，禁止超过 0.5MPa。

（6）按双强少油点火规程启动 A2 层的双强少油枪。

（7）手动投入 A2 层一个燃烧器：与手动启动磨煤机顺序相同，不同之处为只开一个 PC 阀，磨煤机总风量为 5m³/s；（每增加一个燃烧器要增加 5m³/s 的风量，保证粉管风速为 20～30m/s）。

（8）在煤粉着火 20min 后（或根据燃烧状况）逐渐开启周界风门至 10%～20%。

（9）根据分离器出口温度调节暖风器供汽量。

（10）分离器出口温度达 60℃ 以上，可投给煤机给粉。单根粉管给煤量最高不超 10t/h（暂定，厂家未提供）。

（11）根据升温升压速度调节给煤量，启动初期采用间断给煤方式运行，投入第三个燃烧器后连续给煤。

（12）燃烧器少于四角运行时，每 20min 进行一次燃烧器对角切换。

（13）停止某一粉管运行后，立即进行吹扫粉管的工作，吹扫后停止相应的小油枪运行，防止出现喷口结焦现象。

（14）锅炉启动初期加强就地看火，发现油枪燃烧不好时应立即汇报监盘人员，采取增强着火措施。

（15）发现对应已投用的油枪、粉管火检不正常，应立即查明原因，必要时停止该油枪运行，不得随意强制火检。

（16）发现负压摆动大，应减少进入炉膛的煤粉量，直至负压不再大幅度摆动或减至最低粉量，然后投用相应油枪。

（17）投用粉层时，如负压摆动大，炉膛火检闪烁，炉内火焰发暗，应先退出该粉层，再投入相应油枪助燃，然后投入粉层。

（18）任一粉管无点火能力支持时禁止投入该粉管运行。

（19）对角投入小油枪及相应粉管运行，保证炉膛受热均匀。

（20）掌握原油枪投、停时机。燃烧较弱，就地观火火焰发暗，1h 后燃烧不好，主要是烟气温度温升率小于 $1℃/min$，且烟气温度小于 $200℃$，应投入 $1\sim2$ 只机械雾化油枪稳燃。如所有机械雾化油枪备用不足 2 只，停止给煤或停止制粉系统，待燃烧好转（炉膛观火见亮）或机械雾化油枪至少 2 只可投入正常后再给煤或启制粉系统。当升温升压速度较快（温升率大于 $2℃/min$ 或压升率大于 $0.03MPa/min$）时可考虑逐渐退出机械雾化油枪。

（21）当一次风温达 $160\sim180℃$ 后，退出小油暖风器运行。

（22）邻层点火能量确定后，炉膛出口烟气温度达 $450℃$、炉膛火焰明亮，根据升温升压及煤粉燃烧情况投入相邻粉层，投入顺序为先投 B1 层，后投 A1 层（如汽温、壁温较高可先投 A1 层，后投 B1 层）。

（23）机组负荷达到 220MW 及压力上涨较快后停止油枪运行。

（24）双强少油停止后，保持油配风主路手动蝶阀全开，各支路手动蝶阀开度：2 号角 35%，1、3、4 号角 50%，油配风主路调节阀关闭，当小油投入时开启油配风主路调节阀。

2. 机组停运

（1）机组负荷降到 220MW 后投入双强少油燃烧器；

（2）根据原规程要求减负荷（A2 层最后停运）；

（3）停 A2 层过程中，可以根据实际情况单个一次风管停运；

（4）机组停运过程中 A2 层暖风器不用投入运行；

（5）A2 层进行吹管时注意燃烧情况的变化，否则投入 AA 层机械雾化油枪，防止锅炉炉膛爆炸的发生。

3. 机组稳燃操作

（1）A2 层煤粉投入运行的情况下，投入双强少油燃烧器进行稳燃；

（2）在 A2 层煤粉停运的情况下，投入原油层进行稳燃。

三、小油暖风器

（一）将暖风器由关闭状态旋转操作至打开状态（退出暖风器）的步骤

（1）关闭状态（为暖风器投入状态）。

1）加热器处于与风道垂直的位置（暖风器投运状态）。

2）执行器的指示针指向关闭位置（0 位）。

3）加热器的进汽法兰与进汽系统的法兰处于连接紧固的状态。

（2）拆卸前应由运行人员关闭该小油暖风器的进气阀并打开疏水阀，当疏水温度降至 50℃以下时关闭疏水阀，然后由检修人员松开并卸下进汽管法兰上的所有螺栓。

（3）顺时针（人站在手轮盘侧时的顺时针方向）旋转执行器操作盘，至指针位置到打开处（指示盘指示 90°），此时加热器处于与风道平行的位置（暖风器不投运状态）。

（二）将暖风器由打开状态旋转操作至关闭状态（投入暖风器）的步骤

（1）打开状态（为暖风器不投运的状态）。

1）此时，加热器处于与风道平行的位置（暖风器不投运的状态）。

2）执行器的指示针指向打开位置（指示盘指示 90°）。

3）每组前封板上的进汽管与进汽系统无连接。

（2）逆时针（人站在手轮盘侧时的逆时针方向）旋转执行器操作盘，至指针位置到关闭处。此时加热器处于与风道垂直的位置（暖风器投运的状态）。

（3）将进汽法兰与系统供汽法兰中间夹好密封垫后，用螺栓连接紧固。

（4）运行人员可以按照正常步骤投入暖风器。

（三）注意事项

（1）在执行所有以上操作前必须关闭进汽、疏水系统，使进汽系统压力为零，即进汽管无蒸汽运行，方可执行以上操作，并按照该步骤执行。

（2）该暖风器可在机组运行中执行打开或关闭操作，操作时应缓慢，注意观察风压变化。

（3）旋转操作后，对于裸露在外的蒸汽管口加装临时封堵措施，以免杂物进入蒸汽管造成暖风器堵塞。

第三章 汽轮机系统

本章主要介绍采用一次中间再热的 350MW 汽轮机组的蒸汽系统、水系统、油系统、真空系统等。蒸汽系统主要介绍了主蒸汽系统、再热蒸汽系统、抽汽系统、旁路系统、轴封蒸汽系统、辅助蒸汽系统等，水系统主要介绍了凝结水系统、给水及除氧系统、循环冷却水系统等，油系统主要介绍了汽轮机润滑油系统及抗燃油系统。

第一节 主、再热蒸汽及旁路系统

把进入汽轮机高压缸的蒸汽称为主蒸汽，把高压缸排汽送到锅炉的再热器重新加热后进入中压缸的蒸汽称为再热蒸汽。主蒸汽系统是指从锅炉过热器联箱出口至汽轮机高压主汽阀进口的主蒸汽管道、阀门、疏水管等设备、部件组成的工作系统。再热蒸汽系统是指汽轮机高压缸排汽经锅炉再热器至汽轮机中压缸之间的蒸汽管道和与此管道相连的用汽管路及疏水系统。

主、再蒸汽及旁路系统流程示意图见图 3-1。

一、主蒸汽系统

（一）系统概述

350MW 机组的高压缸设有两个自动主汽阀及四个调速汽阀，主蒸汽由锅炉过热器出口联集箱经两根支管接出，汇流成一根母管送往汽轮机，在汽轮机主汽阀前用斜插三通分为两根管道，分别接至汽轮机高压缸的左右两侧主汽阀。主汽阀直接与汽轮机调速汽阀蒸汽室相连接。主汽阀的主要作用是在汽轮机正常停机或事故停机时迅速切断进入汽轮机的主蒸汽，防止水、其他杂物或无用的蒸汽通过主汽阀。一个主汽阀连接两个调速汽阀，用于调节进入汽轮机的蒸汽流量，以适应机组负荷变化的需要。锅炉过热器出口管道上设置水压试验用堵阀，在锅炉水压试验时隔离锅炉和汽轮机。

从锅炉出口到汽轮机房只用一根主蒸汽管道，在进入汽轮机自动主汽阀前才一分为二，这种布置方式有利于减小进入汽轮机两侧的蒸汽温度偏差，减小汽缸的温差应力、轴封摩擦，并且有利于减小主蒸汽的压降，以及由于管道布置阻力不同产生的压力偏差。同时还可以节省管道投资费用。另外，为了减小蒸汽的流动阻力损失，在主汽阀前的蒸汽管道上不装设电动隔离阀，因为汽轮机进口处的自动主汽阀具有可靠的严密性，也不装设流量测量装置，主蒸汽流量根据主蒸汽压力与汽轮机调节级后的蒸汽压力之差

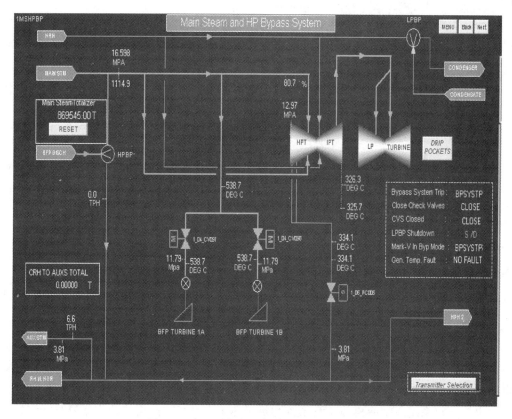

图 3-1 主、再蒸汽及旁路系统流程示意图

确定。

（二）保护系统

在锅炉过热器的出口主蒸汽管道上设有一只弹簧安全阀和两只电磁泄压阀。弹簧安全阀可以为过热器提供超压保护。两只电磁泄压阀，作为过热器超压保护的附加措施，可以避免弹簧安全阀过于频繁动作或拒动作，所以电磁泄压阀的设定值低于弹簧安全阀的动作压力。当主蒸汽压力达到电磁泄压阀的设定值时，电磁泄压阀会自动开启泄压。电磁泄压阀也可在集控室内进行远动操作。电磁泄压阀前装设一只隔离阀，供泄压阀隔离检修用。所有安全阀都装有消声器。

（三）主蒸汽管道疏水

蒸汽遇冷凝结成的水称为疏水，疏水主要来源于冷态蒸汽管道的暖管；蒸汽长期停滞在某管段或附件上而冷却凝结；蒸汽经过较冷的管段或部件；蒸汽带水或减温减压器喷水过量等。若蒸汽管道中的疏水不能及时排出，运行时会引起水冲击，使管道或设备发生振动，甚至使管道破裂或设备损坏，若疏水进入汽轮机，还会引起汽轮机进水事故，损坏整个机组。所以，必须及时将蒸汽管道的疏水排出。用于收集和疏泄全厂疏水的管道系统及其设备，称为汽轮机的疏水系统。

主蒸汽管道上设有疏水系统。其作用：①在机组启动期间使蒸汽迅速流经主蒸汽管道，加快暖管升温，提高启动速度。②机组启动前或停机后，及时排除管道内的凝结水。主蒸汽管道上设有三个疏水点。一点位于主蒸汽管道末端靠近分支处，另外两点分别位于主汽阀前。每根疏水支管上沿疏水流经方向设置一个手动截止阀和一个电动阀。疏水最终排至本体疏水扩容器。当汽轮机的负荷低于额定负荷的 10% 运行时，疏水阀自动开启，以确保汽轮机本体及相应管道的可靠疏水。当汽轮机的负荷高于额定负荷的 10% 运行时，疏水阀自动关闭。

二、再热蒸汽系统

（一）系统概述

350MW 机组的再热蒸汽系统冷热段均采用双管-单管-双管布置方式，即汽轮机高压缸排汽先经高压缸两侧两根排汽管引出，后汇集到一根单管，到再热器减温器前再经双管，把排汽送至锅炉再热器入口联箱，从锅炉再热器出口联箱出来的高温再热蒸汽先经两根支管接出，后汇流成一根单管通向汽轮机中压缸，在汽轮机中压联合汽阀前用一个斜插三通分为两根管道，高温再热蒸汽通过这两根管道送至汽轮机中压联合汽阀，这种双管－单管－双管布置方式能够有效地降低压损，保障蒸汽的做功能力。此外，还能消除进入汽轮机中压缸的高温再热蒸汽的温度偏差。

中压联合汽阀是由一个中压主汽阀和两个中压调节汽阀组成的组合式阀门。中压主汽阀的作用是当汽轮机跳闸时快速切断从锅炉再热器到汽轮机中压缸的高温再热蒸汽，以防止汽轮机超速。

再热蒸汽系统包括冷再热蒸汽系统和热再热蒸汽系统。冷再热蒸汽系统是指汽轮机高压缸排汽口至锅炉低温再热器入口联箱间的管道和阀门，同时还包括管道上的疏水、排汽系统。热再热蒸汽系统是指从锅炉再热器出口输送高温再热蒸汽到汽轮机中压缸联合汽阀进口的管道和阀门，同时还包括管道上的疏水、排气系统。

（二）冷再热蒸汽系统

在高压缸排汽口与高压旁路出口间的主管道上装有气动止回阀。在止回阀后的冷再热蒸汽管道上接出若干支管，它们分别通往辅助蒸汽系统、2 号高压加热器，以便在机组低负荷时，向辅助蒸汽系统供给冷再热蒸汽，作为备用汽源。气动止回阀则用于防止高压旁路运行期间其排汽倒入汽轮机高压缸和汽轮机事故停机主汽阀关闭后，再热蒸汽、二段抽汽倒流回汽轮机。止回阀采用气动控制能够保证该阀门动作可靠迅速。

为了保护再热器的安全，防止再热器超压超温，在再热器进口联箱前的两根冷再热蒸汽管道上，分别装有弹簧安全阀和喷水减温器，喷水减温器减温水来自给水泵中间抽头。但采用再热器喷水减温会降低整个热力循环的热效率，所以不宜作正常减温手段。

此外，汽轮机在暖管、冲转及停机过程中，冷再热蒸汽管道里会产生蒸汽凝结水，不及时排出凝结水，有可能引起汽轮机进水。为了防止进水事故的发生，在高压缸排汽管道的最低位置处也设有疏水管道及相应的疏水截止阀。当机组负荷小于 15% 或汽轮机跳闸时，疏水阀自动开启，排放疏水。而当负荷大于 15% 时疏水阀自动关闭。疏水最终排至本体疏水扩容器。

（三）热再热蒸汽系统

在锅炉再热器出口的双管上各设有一只弹簧安全阀及消声器，为再热器提供超压保护。再热器出口安全阀的整定值低于再热器进口安全阀，以便超压时再热器出口安全阀的开启先于再热器进口安全阀，保证安全阀动作时有足够的蒸汽通过再热器，防止再热器管束超温。

在机、炉侧再热蒸汽管道上均设有疏水系统。当机组负荷小于15％或汽轮机跳闸时，疏水阀自动开启，排放疏水。而当负荷大于15％时疏水阀自动关闭。疏水最终排至疏水扩容器。调节阀前的截止阀用于隔离疏水调节阀，在机组启动前必须打开；在机组正常运行时，也必须保证全开。

三、旁路系统

（一）系统概述

机组在某些事故情况下或启、停机的某一阶段，全部或部分蒸汽不进入汽轮机做功，而是通过与汽轮机并列的减温减压器，将降低参数后的蒸汽送入低一级参数的管道或凝汽器的系统，称为汽轮机旁路系统。

350MW 机组采用高、低压两级串联的旁路系统，新蒸汽不进入汽轮机高压缸，而是经降压减温后直接进入再热器冷段的系统，称为高压旁路。再热器出来的蒸汽不进入汽轮机的中低压缸，而是经降压减温后直接排入凝汽器的系统，称为低压旁路。

（二）旁路系统的作用

旁路系统是为了适应再热式机组启停、事故情况下的一种调节和保护系统。根据不同机组的设计要求和运行特点，旁路系统的作用各不相同，但其主要作用可归纳如下：

（1）保证锅炉最小蒸发量。旁路系统的基本功能就是协调单元式机组机炉之间的不平衡流量，汽轮机空载汽耗仅为额定值的5％～7％，但锅炉满足水动力循环可靠性及燃烧稳定性要求的最低负荷一般为额定负荷的30％左右，设置旁路系统可以使锅炉和汽轮机独立运行。

（2）保护再热器。正常工况时，汽轮机高压缸的排汽通过再热器将蒸汽再热至额定温度，并使再热器得以冷却保护。在机组启停、停机不停炉、电网事故甩负荷等工况下，汽轮机高压缸没有排汽冷却再热器，则由高压旁路将降压减温后的蒸汽引入再热器使其得以保护。

（3）加快机组的启动时间，改善启动条件，延长使用寿命。通过旁路系统可在汽轮机冲转前维持主蒸汽和再热蒸汽参数达到一个预定的水平，以及各种启动方式的需要；而在汽轮机启动过程中，旁路系统又可以迅速地调整新汽温度，以适应汽缸温度的要求，从而加快启动速度，缩短并网时间，这既可多发电，节省运行费用，也容易适应调峰需要。

（4）锅炉安全阀的作用。在机组甩负荷或锅炉超压时，旁路系统可及时排走多余蒸汽，减少安全阀的启跳次数，有助于保证安全阀的严密性，延长其使用寿命。

（5）回收工质和部分热量，降低排汽噪声。

（6）保证蒸汽品质。在汽轮机冲转前，旁路系统已经对蒸汽进行了循环清洗，这样就避免了品质不合格的蒸汽进入汽轮机。

（三）系统原理

高、低压旁路，均配有减温减压调节阀。减压调节阀通过节流降压的原理，降低蒸汽的压力。减温调节阀则是通过控制减温水的喷入量，调节蒸汽温度。喷水隔离阀具有关断作用，在旁路停用时关闭减温水。

旁路系统采取向蒸汽中喷洒减温水的方式达到降低蒸汽温度的目的。为确保减温水能顺利进入旁路实施减温，其压力应高于所需要减温的蒸汽的压力。高压旁路的减温对象是高温高压的主蒸汽，因此，高压旁路的减温水来自比主蒸汽压力更高的给水泵出口，作为一级减温。而低压旁路的减温对象是较低压力的再热蒸汽，故低压旁路的减温水使用压力比之稍高的凝结水泵出口水作为二级减温。

一般经低压旁路减温减压后的蒸汽压力、温度还比较高，如果直接排入凝汽器，将造成凝汽器的温度升高、真空降低，因此在凝汽器喉部设三级减温装置，其作用主要是在汽轮机启动及甩负荷时，将来自汽轮机低压旁路的蒸汽减温减压至凝汽器所能接收的允许值。三级减温水来源于凝结水泵出口的主凝结水。

当旁路系统投入时，减温减压器的喷水必须同时投入，否则将导致进入凝汽器内的蒸汽温度超过允许值，对凝汽器造成损害。因此，减温减压器的喷水系统中的喷水控制阀应与低压旁路阀动作信号联锁，当低压旁路阀动作时，喷水控制阀也应相应动作，喷入减温水。

（四）两级串联旁路系统的运行

旁路系统是机组增加启动灵活性及增加电网调度可靠性的一种重要手段。旁路系统的动作响应时间越快越好，要求在 1～2s 内完成旁路开通动作，在 2～3s 内完成关闭动作。

当发生下列任一情况时，高压旁路阀快速自动关闭：

（1）高压旁路阀后的蒸汽温度超限。

（2）在 MARK V 发出旁路停止或跳闸指令。

（3）高压旁路阀的控制、执行机构失电。

当发生下列任一情况时，低压旁路系统应立即关闭：

（1）低压旁路阀后的蒸汽温度超限。

（2）在 MARK V 发出旁路停止或跳闸指令。

（3）凝汽器压力太高。

旁路系统具有联锁保护手段。当旁路喷水调节阀打不开时，旁路阀应关闭。高压旁路喷水调节阀不能超前旁路阀开启，而应稍滞后开启。高压旁路阀关闭时，其喷水调节阀则应同时或超前关闭。当低压旁路阀打开时，其喷水阀应稍超前开启。

投入旁路时，先投低压旁路，再投入高压旁路。停运时则相反，先关高压旁路，待再热器出口压力降至负压后再关闭低压旁路。

第二节 抽 汽 系 统

抽汽系统是指汽轮机各段抽汽的管道及设备。其作用是采用汽轮机未做完功的各段抽汽加热进入锅炉的给水（凝结水），提高机组的热经济性。

抽汽系统示意图见图 3-2、图 3-3。

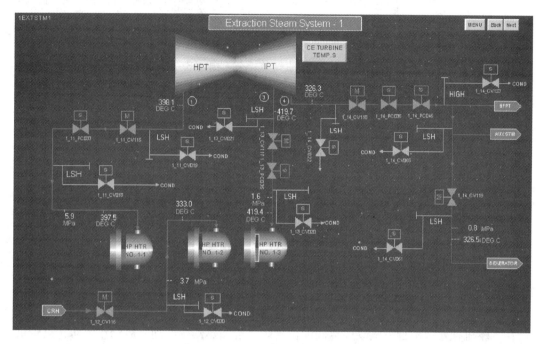

图 3-2　高压抽汽段示意图

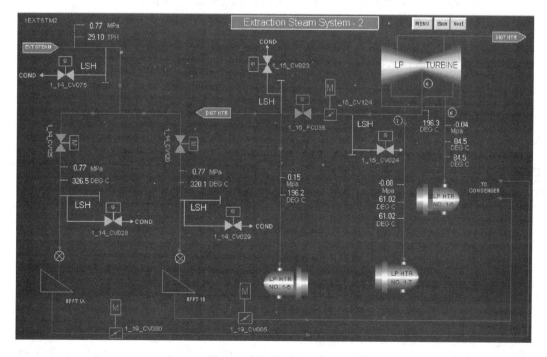

图 3-3　低压抽汽段示意图

一、系统概述

350MW 机组的抽汽系统具有八段非调整抽汽。一段抽汽从汽轮机的第 6 级抽出，送至 1 号高压加热器；二段抽汽从再热蒸汽冷段（汽轮机第 9 级）引出，为 2 号高压加热器供汽；三段抽汽从汽轮机第 12 级引出，供给 3 号高压加热器；四段抽汽从汽轮机第 15 级引出，分别供给除氧器、给水泵汽轮机和辅助蒸汽系统；五段抽汽从汽轮机第 17 级引出，送至 5 号低压加热器；六段抽汽从汽轮机第 18 级引出，送至低温热网加热器；七段抽汽从汽轮机第 19 级引出，送至 6 号低压加热器；八段抽汽从汽轮机第 20 级引出，送至 7 号低压加热器。

抽汽系统设置了具有保护功能的电动隔离阀和止回阀，用于防止系统中的汽、水介质倒流进入汽轮机，造成汽轮机超速或水冲击。

汽轮机各段抽汽管道将汽轮机与除氧器或各级加热器等用汽设备相连。当汽轮机甩负荷或跳机时，机内蒸汽压力急剧降低，致使除氧器和各级加热器内的饱和水闪蒸成蒸汽，与各抽汽管道内滞留的蒸汽一同返回汽轮机。这些返回的蒸汽在汽轮机内会继续做功，在发电机已跳闸的情况下，可能会造成汽轮机超速。另外，加热器内泄漏，加热器疏水不畅，在加热器水位保护失灵的情况下，也可能使水倒入汽轮机，发生水冲击事故。

为避免这些事故的发生，抽汽管道上安装电动隔离阀和气动止回阀。气动止回阀安装在汽轮机抽汽口附近，电动隔离阀的位置则靠近加热器。电动隔离阀作为防止汽轮机进水的一级保护，气动止回阀作为防汽轮机超速保护并兼做防止汽轮机进水的二级保护。电动隔离阀的另一个作用是在加热器切除时，切断加热器的汽源。

四段抽汽管道连接着除氧器，还接有众多设备（包括备用高压汽源），当机组突降负荷、甩负荷或停机时，发生闪蒸倒流造成汽轮机超速的可能性更大，因此在四段抽汽总管靠近汽轮机抽汽口位置串联安装了两个气动止回阀，起到了双重保护的作用。

四段抽汽去除氧器的蒸汽支管上，在靠近除氧器侧再安装一个电动隔离阀和一个止回阀，防止除氧器里的蒸汽倒流进入汽轮机。

四段抽汽去辅助蒸汽系统的支管上，沿汽流方向安装电动隔离阀和止回阀，以防止辅助蒸汽系统的高压蒸汽进入抽汽系统。

四段抽汽去给水泵汽轮机的管路在给水泵汽轮机前被分成两根支管，每一支管上安装一个电动隔离阀、一个止回阀和一个流量测量喷嘴，止回阀的作用是防止汽源切换时，高压蒸汽串入抽汽系统。

6、7 号低压加热器各分为两半，布置在凝汽器 A、B 的喉部，四根七段抽汽和四根八段抽汽管道布置在凝汽器内部。因此，在七、八段抽汽管道上，不设止回阀和隔离阀。这两段抽汽压力较低，汽水倒流的危害性较小，且这时蒸汽已接近膨胀终点，容积流量很大，抽汽管道较粗，阀门的尺寸大，不易制造。

各段抽汽管道具有完善的疏水措施，防止在机组启动、停机及加热器故障时有水积聚。抽汽系统中的每个电动隔离阀和气动止回阀前后均设有疏水阀，疏水排至疏水扩容器。各疏水支管上沿疏水流向设置手动截止阀和气动截止阀。

二、设备规范

（一）低压加热器设备规范（见表3-1）

表 3-1　　　　　　　　　　　低压加热器设备规范

项　目		单位	规　范		
加热器			5 号	6 号	7 号
形　式			卧式，具有疏水冷却段，U形管式		
型　号			JD-917-1-3	JD-813-1-2	JD-907-1-1
换热面积		m^2	917	813	907
设计压力	管侧	MPa	3.65	3.65	3.65
	壳侧	MPa	0.293	0.075	0.075
设计温度	管侧	℃	150	150	150
	壳侧	℃	210	100	70
工作压力	管侧	MPa	1.24	1.72	1.72
	壳侧	MPa	0.259	0.06	0.022 1
工作温度	管侧	℃	126.4	88.6	60.6
	壳侧	℃	198/128.6	95.7	62.4
工作介质	管侧		凝结水	凝结水	凝结水
	壳侧		蒸汽/水	蒸汽/水	蒸汽/水
数　量		台	1	1	1
抽汽段数			5	7	8
抽汽级数		级	T17、G17	T19、G19	T20、G20
蒸汽流量		kg/h	61 205	32 293	35 125
蒸汽压力		MPa	0.259	0.059 6	0.022 3
蒸汽焓值		kJ/kg	2863.7	2609.7	2515.9
蒸汽温度		℃	198	85.8	62.4
疏水流量		kg/h	61 205	93 498	128 623
疏水焓值		kJ/kg	371.1	274.5	261.3
疏水温度		℃	88.6	65.6	62.4
凝结水流量		kg/h	844 800	844 800	716 177
凝结入口焓值		kJ/kg	351.2	255.0	141.1
凝结水出口焓值		kJ/kg	531.8	351.2	253.4
凝结水入口温度		℃	83.6	60.6	33.3
凝结水出口温度		℃	126	83.6	60.2
凝结水压降		MPa	0.043	0.069	0.062
加热器端差		℃	2.2	2.2	2.2
安全阀动作值		MPa	0.28		
生产厂家			上海电力设备有限公司		

（二）高压加热器设备规范（见表 3-2）

表 3-2   高压加热器设备规范

项　目		单位	规　范		
加　热　器			1 号	2 号	3 号
形　式			卧式，具有内置式疏水及蒸汽冷却段，U 形管式		
型　号			JG-971-1-3	JG-1250-1-2	JG-1175-1-1
换热面积	蒸冷段	m²	93.2	103.1	107.7
	凝结段		788.2	887.7	779.3
	疏冷段		76.86	210.7	224.6
	总面积		971	1250	1175
设计压力	管侧	MPa	23.0	23.0	23.0
	壳侧	MPa	7.0	4.42	1.88
设计温度	管侧	℃	300	300	300
	壳侧	℃	450/290	350/265	450/210
工作压力	管侧	MPa	20.003	20.003	20.003
	壳侧	MPa	6.81	4.16	1.82
工作温度	管侧	℃	277.8	248.8	204.7
	壳侧	℃	393.8/277.2	329.96/248.8	427.94/203.1
工作介质	管侧		给水	给水	给水
	壳侧		蒸汽/水	蒸汽/水	蒸汽/水
数　量		台	1	1	1
抽汽段数			1	2	3
抽汽级数		级	6	9	12
蒸汽流量		kg/h	76 774	97 929	51 681
蒸汽压力		kg/cm²	61.56	38.96	16.57
蒸汽焓值		kJ/kg	3161.5	3046.8	3314.7
蒸汽温度		℃	393.8	330	427.9
疏水流量		kg/h	76 774	174 704	229 385
疏水焓值		kJ/kg	1104.1	897.2	745.5
疏水温度		℃	253.8	209.7	175.9
给水流量		kg/h	1 133 301	1 133 301	1 133 301
给水入口焓值		kJ/kg	1081	881.2	733.9
给水出口焓值		kJ/kg	1220.4	1081.0	881.2
给水入口温度		℃	248.8	204.7	170.9
给水出口温度		℃	277.8	248.8	204.7
给水压降		MPa	0.013	0.069	0.072
蒸冷段压降		MPa	0.020	0.020	0.020
疏冷段压降		MPa	0.007 2	0.020	0.021
加热器空重		t	62.5	46.7	40.0
加热器运行重		t	67.0	55.2	47.2

项 目	单 位	规 范		
加热器满水重	t	76.7	68.8	59.7
加热器端差	℃	−0.6	0	−1.7
安全阀动作值	MPa	6.93	4.30	1.88
生产厂家		上海电力设备有限公司		

（三）低压加热器疏水泵及电动机规范（见表 3-3）

表 3-3 低压加热器疏水泵及电动机规范

设备名称	项 目	单 位	规 范
疏水泵	形 式		立式离心泵
	型 号		Verticai 1100 VLT
	扬 程	m	226.5
	流 量	m³/h	46.8/150.8
	转 速	r/min	1450
	数 量	台	2
	生产厂家		FLOWSERVE
疏水泵电动机	型 号		RVE4
	额定电压	V	380
	额定电流	A	214
	额定转速	r/min	1485
	绝缘等级		B
	接线方式		Y

三、联锁与保护

（一）低压加热器联锁保护

（1）汽轮机跳闸，联锁关闭各抽汽隔离阀、止回阀，联开管道疏水阀。

（2）5 号低压加热器水位达 ＋38mm 时，发高报警（H 报警）。

（3）5 号低压加热器水位达 ＋88mm 时，发高高报警（HH 报警），5 号低压加热器跳闸：

1）关闭五段抽汽隔离阀、止回阀，联开管道疏水阀；

2）开启 5 号低压加热器旁路阀；

3）关闭 5 号低压加热器凝结水出口阀。

（4）5 号低压加热器水位达 −38mm 时，发低报警（L 报警）。

（5）6 号低压加热器水位达 ＋38mm 时，发 H 报警。

（6）6 号低压加热器水位达 ＋88mm 时，发 HH 报警，联开 6、7 号低压加热器旁路阀，关闭凝结水 6 号低压加热器出口阀。

（7）低压加热器热井水位达 612mm 时，发 L 报警。

(8) 低压加热器热井水位达 1412mm，发 H 报警，低压加热器热井水位达 1612mm，发 HH 报警，联开 6、7 号低压加热器旁路阀，关闭凝结水 6 号低压加热器出口阀，联关 6 号低压加热器和区域热网加热器到低压加热器热井疏水阀。

(9) 低压加热器疏水泵入口滤网压差达 10kPa，发压差 H 报警。

(10) 低压加热器疏水泵跳闸，备用泵联动。

(二) 高压加热器联锁保护

(1) 水位达＋38mm 时，发出 H 报警。

(2) 高压加热器水位达＋88mm 时，发出 HH 报警，同时高压加热器保护动作，高压加热器跳闸。

(3) 高压加热器水位达－38mm 时，发出 L 报警。

(4) 1 号高压加热器水位达＋88mm 时，发出 HH 报警，同时高压加热器保护动作，1 号高压加热器跳闸。

1) 关闭一段抽汽隔离阀、止回阀；

2) 开启抽汽管道上所有疏水阀；

3) 1 号高压加热器给水旁路阀开启，关闭 1 号高压加热器给水出口电动阀。

(5) 2 号高压加热器水位达＋88mm，发出 HH 报警，同时高压加热器保护动作，2 号高压加热器跳闸。

1) 关闭二段抽汽隔离阀、止回阀；

2) 开启抽汽管道上的所有疏水阀；

3) 关闭 1 号高压加热器到 2 号高压加热器疏水调节阀；

4) 2 号高压加热器给水旁路阀开启，关闭 2 号高压加热器给水出口电动阀。

(6) 3 号高压加热器水位达＋88mm 时，发出 HH 报警，同时高压加热器保护动作，3 号高压加热器跳闸：

1) 关闭三抽隔离阀、止回阀；

2) 开启抽汽管道上的所有疏水阀；

3) 关闭 2 号高压加热器到 3 号高压加热器疏水调节阀；

4) 3 号高压加热器给水旁路阀开启，关闭 3 号高压加热器给水出口电动阀。

(7) 高压加热器水位低至－38mm 时，发出 L 值报警。

(8) 除氧器水位达 3280mm 时，发出除氧器高三值报警（HHH 报警），关闭 3 号高压加热器到除氧器疏水阀。

四、高、低压加热器的投运

(一) 低压加热器通水

(1) 投运前按系统检查卡、启动通则检查完毕；

(2) 低压加热器注水完毕；

(3) 开启 6 号低压加热器出口电动阀，联开 7 号低压加热器入口阀，7、6 号低压加热器通水；

(4) 开启 5 号低压加热器出口电动阀，联开 5 号低压加热器入口阀，5 号低压加热器通水。

（二）高压加热器通水

（1）投运前按系统检查卡、启动通则检查完毕。

（2）缓慢开启 3 号高压加热器出口注水阀，向 3 号高压加热器注水，放空气阀见水后关闭，注满水后全开注水阀升压。

（3）当水侧压力与系统压力相同时，开启 3 号高压加热器出口电动阀，联开 3 号高压加热器入口阀，并关闭注水阀。3 号高压加热器出入阀全开后，注意给水流量不应发生变化，3 号高压加热器通水。

（4）3 号高压加热器通水后，按上述步骤依次使 2 号高压加热器、1 号高压加热器通水。

（三）低压加热器启动

1. 低压加热器随机滑启

（1）机组并网后，开启五段抽汽止回阀、电动阀，开启低压加热器连续排气至凝汽器手动阀；

（2）注意低压加热器水位变化，低负荷时 6 号低压加热器和低压加热器热井疏水导入凝汽器；

（3）负荷至 105MW 时，启动低压加热器疏水泵 A（或 B），将低压加热器疏水导入凝结水管道。

2. 低压加热器运行中投入

（1）低压加热器通水正常；

（2）稍开 5 号低压加热器进汽电动阀、连续排气阀，使低压加热器出口水温升不大于 3℃/min，当凝结水温度发生变化时，关闭启动排气阀，注意低压加热器水位变化；

（3）其他操作与滑启相同。

（四）高压加热器启动

1. 高压加热器随机滑启

（1）确认给水泵已连续向锅炉上水，高压加热器已通水；

（2）确认汽轮机主汽阀已开启，发电机带低负荷；

（3）开启三段抽汽电动阀，开启启动排气阀、汽侧连续排气阀，3 号高压加热器投入，当给水温度发生变化时，关闭启动排气阀；

（4）按上述步骤依次投入 2、1 号高压加热器；

（5）当 3 号高压加热器疏水压力大于除氧器压力 0.2MPa 时，将高压加热器疏水倒至除氧器。

2. 机组运行中高压加热器投入

（1）按高压加热器通水步骤，给水走高压加热器；

（2）开启一、二、三段抽汽止回阀，逐渐开启一、二、三段抽汽电动阀，控制给水温升速度不大于 1.85℃/min（111℃/h）；

（3）关闭一、二、三段抽汽止回阀及电动阀前后疏水阀；

（4）高压加热器进汽阀全开后，注意各疏水自动调节阀动作情况，水位应正常。

（五）高、低压加热器投入注意事项

（1）注水过程中高、低压加热水位不应升高，否则立即停止注水；

（2）只有在水侧通水良好后才能投入汽侧；

（3）高压加热器投汽顺序为3、2、1号，其操作顺序不准随意更改；

（4）严禁高、低压加热器高水位或无水位运行；

（5）高压加热器保护动作不正常时，严禁投入高压加热器运行。

五、高、低压加热器停运

（一）低压加热器停止

1. 低压加热器随机滑停

（1）负荷降至105MW时，检查低压加热器抽汽管道疏水应开启，停止低压加热器疏水泵运行，低压加热器疏水导入凝汽器；

（2）机组打闸前关闭5号低压加热器进汽电动阀，关闭5号低压加热器连续排气阀；

（3）机组打闸后，确认五段抽汽止回阀关闭。

2. 低压加热器运行中停止

（1）适当减少机组负荷，注意除氧器压力和温度的变化；

（2）缓慢关闭5号低压加热器进汽电动阀，注意低压加热器出口水温变化不超过2℃/min；

（3）开启管道疏水，关闭低压加热器连续排气阀。

（二）高压加热器的停运

1. 高压加热器随机滑停

（1）当负荷较低，3号高压加热器汽侧压力不足以将疏水导入除氧器，水位不稳时，停止高压加热器运行；

（2）汽轮机打闸后，确认高压加热器自动跳闸，抽汽电动阀及抽汽止回阀自动关闭。

2. 高压加热器运行中停止

（1）根据实际情况适当调整机组负荷；

（2）逐渐关闭一段抽汽电动阀，控制给水温度下降速度不大于1.85℃/min（111℃/h），并注意高压加热器水位的变化；

（3）关闭1号高压加热器汽侧连续排汽阀；

（4）一段抽汽电动阀全关后，关闭一段抽汽止回阀；

（5）按上述步骤依次停止2、3号高压加热器汽侧运行；

（6）关闭3号高压加热器疏水至除氧器手动阀；

（7）关闭1号高压加热器给水入口电动三通阀，注意锅炉给水流量不应发生变化，再关闭1号高压加热器给水出口电动阀，1号高压加热器给水走旁路；

（8）按上述步骤依次停止2、3号高压加热器水侧，2、3号高压加热器给水走旁路。

3. 高压加热器停止注意事项

水侧运行时，必须使水位保护投入良好。

六、加热器事故解列情况

（1）汽水管道及阀门等爆破，危及人身安全时；

（2）加热器水位升高处理无效，满水而加热器保护拒动作时；

（3）全部水位指示失灵而无法监视水位时；

（4）发现加热器压力不正常地升高，立即检查是否存在进汽阀不严或上级疏水阀不严的现象，并及时处理；

（5）管道及本体严重泄漏而无法继续运行时；

（6）机组运行期间停止加热器运行，检查进汽阀关闭严密，防止加热器干烧，引起超压。

第三节 凝结水系统

凝汽器至除氧器之间输送凝结水的管路和与此相关的设备与支路称为主凝结水系统。主凝结水系统的主要作用是将凝结水从凝汽器热水井送至除氧器，同时通过精处理装置进行除盐净化和各换热器加热。此外，主凝结水系统还对凝汽器热水井水位和除氧器水箱水位进行必要的调节，以保证整个系统安全可靠运行。

凝结水系统流程示意图见图 3-4、图 3-5。

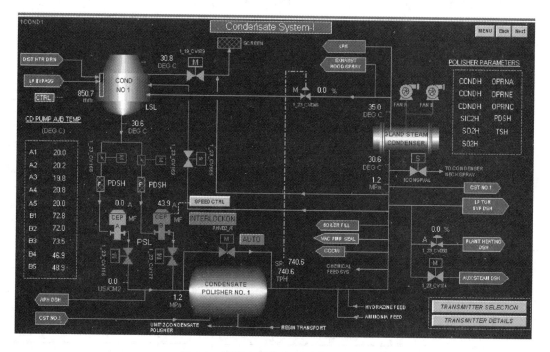

图 3-4 凝结水系统流程示意图（一）

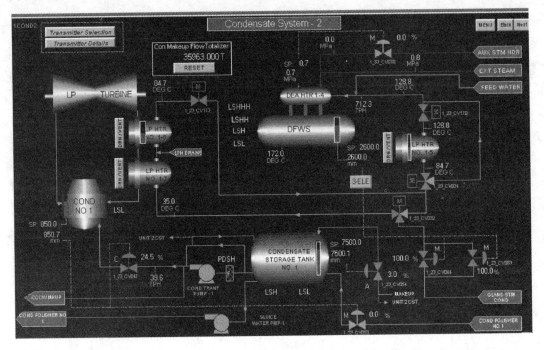

图 3-5　凝结水系统流程示意图（二）

一、系统概述

凝结水系统包括凝汽器、凝结水泵、凝结水精处理装置、轴封加热器、低压加热器、凝结水补水箱和凝结水补水泵。为保证系统在启动、停机、低负荷和设备故障时运行的安全可靠性，系统设置了为数众多的阀门和阀门组。

凝结水泵将凝汽器热井中的凝结水打入凝结水精处理装置，经精处理除盐后品质合格的凝结水依次流经轴封加热器、7 号低压加热器、6 号低压加热器、5 号低压加热器，最后进入除氧器。

二、设备规范（见表 3-4）

表 3-4　　　　　　　　　　　　　　　　凝结水系统设备规范

设备名称	项　目	单　位	规　范
凝结水泵	形　式	—	立式多级离心泵
	型　号		BDC300-425/D2S
	扬　程	m	221.40
	流　量	m³/h	812
	转　速	r/min	1480
	数　量	台	2
	生产厂家		FLOWSERVE 公司（英国）
	型　号		VEFLOSN
	额定功率	kW	900

设备名称	项 目	单 位	规 范
凝结水泵电动机	额定电压	kV	6
	额定电流	A	79
	额定转速	r/min	1470
	绝缘等级		F
	温升等级		B
	冷却方式		空冷
凝汽器	冷凝管材料		TP304
	有效换热面积	m²	16 446
	冷却水管总长	mm	10 795
	冷却水管数量	根	19 558
	冷却水管壁厚	mm	0.5
	冷凝管的内径	mm	25
	循环水流动组态	通道	2
	循环水在管中最大允许流速	m/s	2.4
	设计入口冷却水温	℃	18.5
	水侧正常运行压力	MPa	0.28
	水室设计压力	MPa	0.42
	凝汽器压力	MPa	0.004 9
	冷却水量	m³/h	38 200
	热井有效容积	m³	60
	凝汽器无水质量	kg	404 000
	凝汽器运行时质量	kg	880 000
	凝汽器汽侧灌水时质量	kg	1 380 000
	生产厂家		上海电力设备有限公司
凝结水输送泵	形 式		离心泵
	型 号		HPK-S80-315
	扬 程	m	30.7
	流 量	m³/h	67.3
	转 速	r/min	1450
	数 量	台	1
	生产厂家		上海凯斯比水泵厂

续表

设备名称	项　目	单　位	规　范
凝结水输送泵电动机	型　号		Y160M-4THR_B
	额定功率	kW	11
	额定电压	V	380
	额定电流	A	22.6
	额定转速	r/min	1460
	接线方式		△
凝泵坑排水泵	形　式		离心泵
	型　号		4N6G
	扬　程	m	50
	流　量	m³/h	50
	转　速	r/min	2980
	数　量	台	1
	生产厂家		沈阳第二水泵厂
凝泵坑排水泵电动机	型　号		Y180m
	额定功率	kW	22
	额定电压	V	380
	额定电流	A	
	额定转速	r/min	

三、联锁与保护

（1）运行凝结水泵跳闸，备用凝结水泵联动启动；

（2）凝汽器水位低于 800mm 时，联开凝汽器补水调节阀；

（3）凝汽器水位高于 1300mm 时，联开高水位溢流阀；

（4）由凝结水再循环阀保持凝结水流量不低于 90t/h；

（5）凝结水泵推力瓦温度为 75℃时，发 H 报警，90℃时发 HH 报警；

（6）凝结水泵电动机电流为 77A 时，发电流高报警；

（7）凝汽器喉部温度为 80℃时，联开喉部喷水阀，低于 75℃时，联关喉部喷水阀；

（8）凝结水储水箱水位为 8m 时发高水位报警，低于 6m 时发低水位报警。

四、系统的投运

（1）投运前按系统检查卡、启动通则检查完毕；

（2）联系化学运行人员启动除盐水泵，储水箱补水调节阀投自动；

（3）启动凝结水输送泵；

（4）凝汽器水位投自动；

（5）启动凝结水泵：

1）开启凝结水泵入口阀；

2）5号低压加热出口阀或旁路阀开启；

3）凝汽器热水井水位≥800mm；

4）凝结水系统充水完毕；

5）最小流量再循环阀开启；

6）启动凝结水泵电动机；

7）开启凝结水泵出口电动阀；

8）凝结水泵运行正常后，投入联锁。

五、凝结水泵变频启动

（1）检查凝结水泵变频装置进线隔离开关 Q1 在"合闸"位，凝结水泵变频装置出线隔离开关 Q2 在"合闸"位，凝结水泵变频装置旁路隔离开关 Q3 在"分闸"位；

（2）检查凝结水泵变频装置无故障报警，凝结水泵 6kV 开关在"热备用状态"；

（3）确认凝结水泵变频装置变频指令在最低 30%，在 DCS 上启动凝结水泵；

（4）在 DCS 上启动凝结水泵变频装置，检查凝结水泵电流正常，凝结水泵运转正常；

（5）开启凝结水泵出口阀；

（6）根据需要调整凝结水泵变频装置出力。

六、凝结水泵变频停止

（1）凝结水泵停止前，将凝结水泵变频装置减至最低 35%；

（2）关闭凝结水泵出口阀；

（3）在 DCS 上停止凝结水泵变频装置；

（4）在 DCS 上停止凝结水泵；

（5）凝结水泵变频状态备用时，凝结水泵无法联锁启动，只能手动启动。

七、运行监视

（1）凝汽器最高运行温度不应超过 80℃；

（2）运行凝结水泵入口滤网压差低于 8kPa；

（3）凝结水泵密封水、盘根冷却水畅通；

（4）热水井水位在 800～850mm 范围；

（5）凝结水储水箱水位在 7m±1m；

（6）凝汽器换热端差在 2.8～12℃范围内；

（7）在疏水导入凝汽器之前应开启缓冲罐喷水。

八、系统的停止

（1）断开凝结水泵的联锁；

（2）关闭凝结水泵出口电动阀；

（3）发出凝结水泵停止指令，关闭电动机轴承油室冷却水阀；

（4）视实际情况关闭密封水阀、空气阀；

（5）检查凝结水系统各相关用户所处状态正常。

九、注意事项

（1）非检修状态时，两台凝结水泵入口阀均处于全开状态。

（2）正常运行时，备用泵的密封水阀、空气阀处于开启状态。

（3）在一台运行，另一台凝结水泵做检修措施时，在关闭入口阀前，应先关闭出、入口空气阀，掌握适当时机关闭密封水阀，保证密封水阀关闭。入口阀也关闭。恢复措施时操作相反。

（4）检修前，要确认凝结水泵入口阀关闭严密后，方可允许检修人员开启滤网上盖或进行其他检修工作。

第四节 给 水 及 除 氧 系 统

一、系统概述

主给水除氧系统是指除氧器及除氧器与锅炉省煤器之间的设备、管路及附件等。其主要作用是将除氧器水箱中的主凝结水通过给水泵提高压力，经过高压加热器进一步加热后，输送到锅炉的省煤器入口，作为锅炉的给水。此外，给水系统还向锅炉再热器的减温器、过热器的一、二级减温器，以及汽轮机高压旁路装置的减温器提供减温水，用以调节上述设备出口蒸汽的温度。

350MW 机组的给水除氧系统包括一台除氧器、三台给水泵和三台高压加热器，以及给水泵的再循环管道、各种用途的减温水管道和管道附件等。

主给水除氧系统的主要流程为：除氧器水箱→前置泵→给水泵→3 号高压加热器→2 号高压加热器→1 号高压加热器→省煤器进口联箱。

溶解于给水系统中的气体，或是由补充水带入，或是由凝汽器、部分低压加热器及管道附件等的不严密处漏入。当水和气体接触时总有一部分会溶于水中。这样，给水溶解气体中的氧气，会腐蚀热力设备及汽水管道，影响其可靠性和寿命，而水中二氧化碳会加速氧的腐蚀。而所有不凝结气体在换热设备中均会使热阻增加、传热效果恶化，从而降低机组的热经济性。所以现代火力发电厂均要求对给水系统进行除氧。

除氧器的作用是除去给水中的不凝结气体，以防止或减轻这些气体对设备和管路系统的腐蚀。同时还防止这些气体在加热器中析出后，附在加热管束表面，影响传热效果。除氧器配有一定容积的水箱，它还兼有补偿锅炉给水和汽轮机凝结水流量之间不平衡的作用。

除氧器作为汽水系统中唯一的混合式加热器，能方便地汇集各种汽、水流，因此它除了起加热给水、除去给水中的气体等作用外，还有回收工质的作用。除氧器配置一台除氧循环泵，以便在机组启动前，使除氧器水箱中的化学除盐水能被均匀迅速地加热并除氧，缩短启动时间。

350MW 机组的给水系统采用单元制。单元制给水系统具有管道短，阀门少，阻力小,可靠性高,便于集中控制等优点。

给水系统配置两台 50％ 容量的汽动给水泵,一台 50％ 容量的电动调速给水泵。给水泵的作用是提升给水压力,以便能进入锅炉后克服其中受热面的阻力,在锅炉出口得到额定压力的蒸汽。给水泵出口处是整个系统中压力最高的部位。为了提高泵的抗汽蚀性能,每台给水泵前均配置有前置泵,汽动给水泵前置泵由给水泵汽轮机经变速拖动,电动调速给水泵前置泵由电动机拖动,并与给水泵串联运行。

由于给水泵及其前置泵是同时启停的,因此在前置泵出口至给水泵进口之间的管道上不设隔离阀门。给水泵的出口管道上依次装有止回阀、电动闸阀。给水泵出口设置止回阀的作用是当工作给水泵和备用给水泵在切换,工作给水泵停止运行时,防止压力水倒流,引起给水泵倒转。

三台给水泵出口均设置独立的再循环装置,其作用是保证给水泵有一定的工作流量,以免在机组启停和低负荷时发生汽蚀。给水泵启动时,再循环装置自动开启,流量达到允许值后,再循环装置全关,当给水泵流量小于允许值时,再循环装置自动开启。再循环管道进入除氧器给水箱前,经过一个止回阀,防止水箱内水倒入备用给水泵。

三台给水泵出口管道在闸阀后合并成一根给水总管,通往 3 号高压加热器。给水系统设置三台全容量、卧式、双流程的高压加热器。高压加热器进一步将给水加热,以提高循环经济性。为了保证在加热器故障时锅炉仍能不间断供水,高压加热器系统设置了自动旁路保护装置,以便加热器故障时及时切断加热器水流,给水经旁路继续向锅炉供水。

机组高压加热器采用的是小旁路给水系统。小旁路系统是每台加热器有一个旁路。这种旁路形式的优点是如果一台加热器故障,不必同时切除高压加热器组,使给水温度不会下降过多,保证了机组的运行热经济性。

正常运行时,高压加热器的疏水采用逐级自流的方式,即 1 号高压加热器的疏水流入 2 号高压加热器,2 号高压加热器的疏水流入 3 号高压加热器,最后从 3 号高压加热器接入除氧器。每条疏水管道上设有气动疏水调节阀,用于控制高压加热器正常水位。每个调节阀前后都设置手动截止阀,以备该级加热器切除或疏水调节阀因故障需隔离检修时关断用。3 号高压加热器疏水管道上的调节阀后还安装止回阀,以防止除氧器内的水汽倒入 3 号高压加热器,造成振动。

由于疏水在进入下一级加热器时会迅速降压汽化,因此所有疏水调节阀的布置尽量靠近下一级接受疏水的高压加热器,以减少两相流动的管道长度,并且,疏水调节阀后管径放大一级,以减少流动阻力。

高压加热器水位高Ⅰ值时报警,高Ⅱ值时开紧急放水阀,高Ⅲ值时解列高压加热器运行。造成高压加热器水位高有以下三种情况:

（1）高压加热器的管子破裂或管板焊口泄漏,给水进入壳体造成水位升高。

（2）正常疏水调节阀故障,疏水不畅造成壳体水位升高。

（3）下一级高压加热器或除氧器水箱高水位后事故关闭上一级来的疏水调节阀。

给水系统流程示意图见图 3-6。

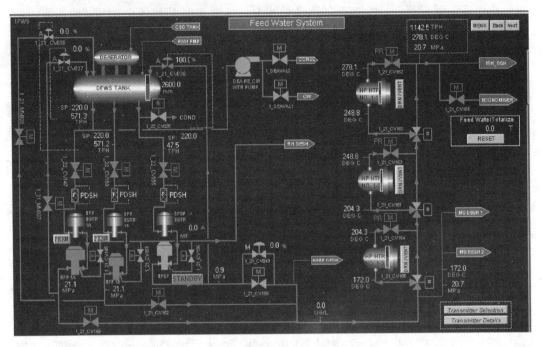

图 3-6　给水系统流程示意图

二、电动给水泵

(一) 设备规范 (见表 3-5)

表 3-5　　　　　　　　　　　　　电动给水泵设备规范

设备名称	项　目	单位	描　　述
给水泵	形　式		卧式卡盘型桶式壳体泵
	级　数		6
	转动方向		顺时针 (从电动机处向泵侧看)
	止推轴承		双动作倾斜垫止推轴承
	生产厂家		Weir 泵有限公司
给水泵电动机	类　型		鼠笼式
	额定功率	kW	5446
	额定电压	kV	6
	额定电流	A	597
	绝缘等级		F
	温　升		B 级
	生产厂家		TECO 电气欧洲有限公司
	类　型		卧式卡盘型桶式壳体泵

续表

设备名称	项 目	单位	描 述
给水泵电动机	级 数		1
	转动方向		从电动机向泵处看，顺时针
	轴 承		驱动端，滚柱轴承 非驱动端，斜滚柱轴承
	生产厂家		Weir 泵有限公司
给水泵耦合器	类 型		卧式、变速液力耦合器
	型 号		R17k. 2-E 型
	最大输出转速	r/min	5000
	调节范围		4：1（向下）
	转 差 率	%	2.27
	齿 轮 比		103/30；
	油的级别		ISO VG32
	生产厂家		Voith Turbo Gmbh&Co.（中国香港）
	最大温度	℃	169
	最大轴转速	r/min	5000
	生产厂家		John Crane（英国公司）
	最大静压力	MPa	1.3
	最大动压力	MPa	0.84
	最大温度	℃	195
	最大轴转速	r/min	3159
	生产厂家		John Crane（英国公司）

（二）给水泵性能指标（见表3-6）

表 3-6 给水泵性能指标

设备名称	项 目	单位	最 大	V. W. O（阀门全开）	保证值
给水泵	给水温度	℃	168.8	168.8	165.1
	密 度	kg/m³	0.900 4	0.900 4	0.904 1
	流 量	m³/h	726	650	583
	泄漏流量	m³/h	180	180	180
	出口绝对压力	MPa	20.25	20.23	19.66
	入口绝对压力	MPa	1.79	1.82	1.8
	净正吸入头阻力	m	32	29	25.9
	输入功率	kW	4461	4031	3514
	转 速	r/min	5000	4900	4770
	效 率	%	83.5	82.5	80.5

续表

设备名称	项 目	单位	最 大	V.W.O （阀门全开）	保证值
前置泵	给水温度	℃	168.8	168.8	165.1
	流 量	m³/h	726	640	583
	泄漏流量	m³/h	180	180	180
	出口压力	MPa	1.83	1.86	1.83
	入口压力	MPa	0.99	0.99	0.92
	输入功率	kW	207	193	182
	转 速	r/min	1480	1480	1480
	效 率	%	83.5	82	80.5

（三）电动给水泵联锁与保护

1. 电动给水泵报警、跳闸条件（见表3-7）

表 3-7 电动给水泵报警、跳闸条件

项 目	单位	报警值	跳闸值	备注
给水泵进口流量	t/h		180	延时 10s
机械密封水回水温度	℃	90		
机械密封过滤器压差	MPa	0.05		
除氧器水位	mm	2100	1450	
润滑油压力	MPa	0.15	0.1	
润滑油过滤器压差	MPa	0.06		
勺管排油温度	℃	110	130	
工作油供油温度	℃	75	85	
给水主泵轴承温度	℃	75	90	
给水主泵推力轴承温度	℃	85	100	
润滑油箱温度	℃	60	70	
油箱油位	mm	50		低于正常值
润滑油供油温度	℃	55	60	
润滑油冷油器入口温度	℃	70	75	
耦合器任一轴承温度	℃	85	95	
前置泵任一轴承温度	℃	80	90	
主电动机任一轴承温度	℃	85	100	
主电动机绕组温度	℃	130	140	
耦合器输入轴 "X" 或 "Y" 方向振动	mm	0.083	0.121	
耦合器输出轴 "X" 或 "Y" 方向振动	mm	0.083	0.121	
给水主泵轴 "X" 或 "Y" 方向振动	mm	0.05	0.07	
主电动机开关保护动作			主泵	
运行中前置泵入口阀误关			主泵	

2. 联锁与保护

(1) 任一汽动给水泵跳闸时，联锁启动电动给水泵，并联开启出口电动阀；

(2) 流经泵体给水流量小于 180t/h 时，联锁打开再循环阀；

(3) 运行时，润滑油压≤0.15MPa 时，发报警信号并联锁启动辅助油泵；

(4) 润滑油压≥0.18MPa 且无报警信号时，允许启动给水泵；

(5) 润滑油压≥0.31MPa 时，联锁停止辅助油泵；

(6) 前置泵入口滤网压差达 20kPa，发压差高报警；

(7) 油箱加热器在油温小于 15℃时自动启动，大于 20℃时自动停止。

（四）电动给水泵的运行

1. 启动前的准备

(1) 投运前按系统检查卡、启动通则检查完毕；

(2) 确认闭式水系统运行；

(3) 确认给水泵出口电动阀、旁路阀调节阀、抽头阀关闭，再循环手动阀开启，自动再循环阀投"自动"位；

(4) 给水泵辅助油泵运行，检查轴承油流正常；

(5) 确认泵组润滑油压大于 0.18MPa；

(6) 根据要求调整油温。

2. 通水

(1) 确认除氧器水位正常；

(2) 开启给水泵入口阀；

(3) 给水系统放空气阀见水后关闭。

3. 启动条件

(1) 除氧器水位高于 2100mm；

(2) 前置泵入口阀开启、出口阀关闭；

(3) 无泵振动大、温度高报警信号；

(4) 给水泵出口电动阀、电动调节阀关闭；

(5) 给水泵抽头阀关闭；

(6) 给水泵耦合器勺管指示在"零"位（转速最低）；

(7) 自动再循环阀投"自动"位；

(8) 给水泵组润滑油压≥1.8MPa；

(9) 无给水泵跳闸条件；

(10) 锅炉省煤器入口阀开启。

4. 启动

(1) 电动给水泵启动条件满足。

(2) 发出启动指令，确认：

1) 辅助油泵启动，润滑油压≥1.8MPa 后给水泵电动机开关合上，主泵启动；润滑油压≥0.31MPa 时，辅助油泵自动停止。

2）电动给水泵冷油器冷却水电动阀自动开启。

3）开启电动给水泵出口调节阀。

（3）手动增加给水泵转速输出指令，注意给水泵再循环阀动作情况。

（4）锅炉上水期间采用手动调节。

（5）当汽包水位正常时，采用偏差调节方式。

（6）将给水泵控制切至水位调节，开启出口电动阀。

（7）给水流量大于 30％额定流量时，汽包水位三冲量调节自动投入。

5．电动给水泵水位自动控制投入

（1）三冲量调节：

1）选择"FW CV FORCE CLOSE"按键，在操作栏中执行"Frc-cls"；

2）选择"MBFP LEVEL-CTRL"按键，在操作栏中执行"LVL-CTRL"；

3）选择"3ELE/1ELE DRM LVL SEL"按键，在操作栏中执行"AUTO-CHG"；

4）选择 MFBP SPEED SP 中的"SPD"按键，在操作栏中执行"CAS"。

（2）单冲量调节：

1）选择"FW CV FORCE CLOSE"按键，在操作栏中执行"NORMAL"；

2）选择"MBFP LEVEL CTRL"按键，在操作栏中执行"DP-CTRL"；

3）选择"3ELE/1ELE DRM LVL SEL"按键，在操作栏中执行"FRC-1ELE"；

4）设定压差值；

5）选择 MFBP SPEED SP 中的"SPD"按键，在操作栏中执行"CAS"。

6．运行监视

（1）保持再循环截止阀开启；

（2）润滑油压力为 0.25MPa；

（3）润滑油滤网压差小于 0.06MPa（压差指示器正常）；

（4）机械密封水回水温度正常，小于 90℃；

（5）给水泵轴承温度小于 90℃；

（6）电动机轴承温度小于 85℃；

（7）勺管排油温度为 60～110℃；

（8）勺管供油温度为 35～75℃；

（9）润滑油回油温度为 45～65℃；

（10）润滑油供油温度为 35～55℃；

（11）耦合器油箱温度为 45～65℃；

（12）前置泵入口滤网压差小于 20kPa（无报警）；

（13）就地勺管指示与 GUS 站指示相同。

7．停止

（1）将电动给水泵转速控制站切"手动"控制，缓慢降低电动给水泵转速，检查电动给水泵负荷已全部转移到其他给水泵；

（2）当电动给水泵的流量小于 180t/h 时，确认再循环阀自动开启；

（3）关闭电动给水泵出口电动阀；

（4）发出电动给水泵停运指令，确认：

1）给水泵电动机停运；

2）辅助油泵自动联启，油压正常；

3）给水泵惰走时间正常。

（5）润滑油泵运行15min后可停止运行；

（6）手动关闭给水泵冷油器冷却水电动阀。

8. 联动备用条件

（1）泵的启动条件满足；

（2）投入备用模式；

（3）再循环阀开启；

（4）液力耦合器勺管位置在"零"位。

三、汽动给水泵

（一）设备规范（见表3-8）

表 3-8 汽动给水泵设备规范

设备名称	项目	单位	描述
给水泵	同电动给水泵（见表3-5）		同电动给水泵（见表3-5）
给水泵汽轮机	形式		冲动式
	转子级数		7
	汽缸数量		1
	排汽形式		单流
	末级叶片长度	mm	267
	轴封形式		迷宫式
	联轴器形式		刚性
	支持轴承		2个
	推力轴承		1个（高压端）
	额定功率	kW	4664
	低压进汽压力	MPa	0.777
	低压进汽温度	℃	319
	高压进汽压力	MPa	16.67
	高压进汽温度	℃	538
	排汽压力	kPa	5.11
	额定转速	r/min	5000
	润滑油温度	℃	43～54
	生产厂家		GE公司

（二）汽动给水泵联锁与保护

1. 汽动给水泵报警、跳闸条件（见表 3-9）

表 3-9　　　　　　　　　　　汽动给水泵报警、跳闸条件

序号	项　　目	单位	报警值	跳闸值	备　　注
1	机械密封水回水温度	℃	90		
2	机械密封过滤器压差	MPa	0.05		
3	除氧器水位	mm	2100	1450	
4	控制油过滤器压差	MPa	0.14		
5	润滑油过滤器压差	MPa	0.14		
6	给水主泵轴承温度	℃	75	90	
7	给水主泵推力轴承温度	℃	85	100	
8	油箱高油位	mm	230		距箱顶
9	油箱低油位	mm	330		距箱顶
10	给水泵汽轮机排汽压力	mmHg	170	259	
11	给水泵汽轮机推力轴承温度	℃	116	127	
12	润滑油供油温度高	℃	57.2	60	
13	润滑油供油温度低	℃	37.8		
14	前置泵任一轴承温度	℃	80	90	
15	给水主泵轴 "X" 或 "Y" 方向振动	mm	0.102	0.127	
16	运行中前置泵入口阀误关			主泵	
17	前置泵入口滤网压差	kPa	20		
18	给水泵汽轮机排汽阀动作值	MPa		0.0345	（表压）
19	给水泵汽轮机排气温度	℃	162.8	204.4	
20	给水泵汽轮机润滑油压力	MPa（psi）	0.152（22）		
21			0.138（20）		联直流泵
22	运行油泵出口压力	MPa（psi）	0.413（60）		联交流泵
23	控制油压	MPa	1.1	0.97	
24	给水泵汽轮机振动	mm（mils）	0.102（4）	0.1524（6）	
25	给水泵汽轮机偏心度	mm（mils）	0.051		
26	转子轴向位移	mm（mils）	≤−0.559（−22）或≥0.559（22）	≤−0.813（−32）或≥0.813（32）	
27	一级跳闸转速	r/min		5400	
28	二级跳闸转速	r/min		5500	
29	给水泵汽轮机任一支持轴承温度	℃	107	121	
30	阀门漏汽检验	℃	350		压力为16.67MPa

2. 联锁与保护

(1) 汽动给水泵跳闸，联锁启动电动给水泵。

(2) 润滑油泵跳闸，备用油泵联动。

(3) 润滑油母管油压降至 0.138MPa，事故油泵启动。

(4) 汽动给水泵油泵在"自动"位时，且无停泵指令，出现下列条件将启动：

1) 启动指令；

2) 另一台泵跳闸；

3) 运行泵出口油压低于 0.414MPa。

(5) 当交流润滑油泵失电时，事故直流油泵联动。

(6) 油泵过负荷将发出报警。

(7) 给水流量小于 180t/h 时，联锁打开再循环阀。

(8) 给水泵汽轮机油箱加热器在"自动"位时，下列条件同时存在，加热器启动：

1) 油箱油位低；

2) 无停止指令；

3) 温度低于 40.6℃。

(三) 系统投运

1. 启动准备

(1) 投运前按系统检查卡、启动通则检查完毕；

(2) 泵体充水与电动给水泵相同；

(3) 确认汽动给水泵再循环手动阀、电动阀开启；

(4) 将油箱加热器投"自动"位。

2. 油系统投入

(1) 确定油箱油位处于高油位；

(2) 交、直流油泵送电，开关处于"断开"位；

(3) 润滑油温度大于 16℃；

(4) 冷却水系统运行正常；

(5) 启动排烟风机；

(6) 启动一台油泵，进行油循环，将切换阀置中间位，开启过滤器、冷油器排气阀，使两过滤器压力相同，两冷油器压力相同；

(7) 将切换阀投向一侧，使一侧冷油器、过滤器工作；

(8) 检查油箱油位正常；

(9) 将油温提至 38℃；

(10) 启动一台交流油泵，将另一台油泵投入"自动"位；

(11) 将直流事故润滑油泵联锁开关投"自动"位；

(12) 在 MARK V 上按下交流油泵试验按钮，确认备用油泵启动；

(13) 在 DCS 上停止一台交流油泵运行，将开关打至"自动"位；

(14) 在 MARK V 上按下直流事故油泵试验按钮，检查直流事故润滑油泵启动；

（15）在 DCS 上停止直流事故润滑油泵运行，将开关打至"自动"位。

3. 盘车装置投入运行

（1）盘车投运条件：

1）泵体充水完毕；

2）润滑油系统、润滑油压正常、排烟风机运行；

3）油泵运行，备用泵处于备用状态；

4）高、低压进汽阀关闭；

5）汽轮机疏水阀开启；

6）盘车电动机处于"停止"位；

7）汽轮机转子处于静止状态。

（2）盘车装置投用：

1）给水泵汽轮机盘车控制柜上选择开关置"远方"位。

2）在 MARK V 画面上选盘车装置"AUTO　MODE"，盘车装置启动。

3）手动操作盘车：

a. 在 MARK V 画面上选盘车装置"MANUAL　MODE"；

b. 在 MARK V 画面上选盘车装置"MANUAL　ON"，盘车装置启动；

c. 在 MARK V 画面上选盘车装置"MANUAL　OFF"，盘车装置停止。

4）当转子冲动以后，盘车装置自动退出运行。

5）在给水泵汽轮机运行后，盘车装置投自动：

a. 给水泵汽轮机盘车控制柜上选择开关置"远方"位；

b. 在 MARK V 画面上选盘车装置"AUTO"。

4. 投入轴封

（1）对于冷态启动，给水泵汽轮机与主机可同时送轴封，抽真空；

（2）轴封系统充分暖管；

（3）开启轴封排气阀；

（4）开启轴封供汽至给水泵汽轮机供汽阀，控制供汽压力在 13.8～27.4kPa。

5. 给水泵汽轮机启动

（1）启动条件：

1）冷态启动（停机大于 72h），连续盘车 4h 以上；

2）温态启机（停机 12～72h），连续盘车 2h 以上；

3）热态启机（停机小于 12h），连续盘车 1h 以上；

4）确认轴封压力在 13.8 ～27.4kPa；

5）凝汽器真空在 12.7～38.1mmH$_2$O；

6）供汽压力在 40%（高压汽源 6.64MPa 或低压汽源 0.32MPa）以上，且有 23.9℃以上的过热度；

7）交流备用泵处于"备用"状态；

8）直流事故泵处于"备用"状态；

9）高、低压主汽阀关闭；

10）所有的跳闸条件复位；

11）润滑油压在 0.207～0.227MPa；

12）油箱温度在 38℃以上；

13）控制油压力在 1.38～1.72MPa；

14）汽轮机在盘车状态，转速为 96r/min；

15）汽动给水泵前置泵入口阀开启；

16）1 号高压加热器出口或旁路阀开启；

17）2 号高压加热器出口或旁路阀开启；

18）3 号高压加热器出口或旁路阀开启；

19）主蒸汽至给水泵汽轮机电动阀开启或四段抽汽至给水泵汽轮机电动阀、四段抽汽止回阀、四段抽汽电动阀开启；

20）检修后的启动，在冲转前再次对机械密封水和泵体进行排气操作。

（2）启动给水泵汽轮机：

1）复位汽轮机，高、低压主汽阀应开启；

2）按"EMERGENCY TRIP"按键，确认汽轮机高、低压主汽阀关闭；

3）开启给水泵汽轮机第一级疏水阀，开始对给水泵汽轮机抽真空，同时注意主机真空的变化；

4）待主机真空、给水泵汽轮机轴封压力正常后，开启给水泵汽轮机排汽碟阀，确认给水泵汽轮机第一级疏水阀在全开位置；

5）重新复位汽轮机，确认高、低压主汽阀开启，暖阀腔；

6）当给水泵汽轮机单独启动，主蒸汽管无压力时，关闭主蒸汽至给水泵汽轮机隔离阀；

7）监视主汽阀壁温，当主汽阀壁温达到进汽压力下的饱和温度以上时，暖阀室结束；

8）通过 MARK V，启动汽轮机，控制加负荷速率，见表 3-10；

表 3-10　　　　　　　　　　　启动参数及控制速率

状态	停机时间 （h）	阀腔室大约暖透时间 （min）	近似的加速速率 （r/min/m）	最低进汽温度 （℃）	近似加负荷速率 （%/m）
冷	约 72	30	240	过热度 23.9	1
温	12～72	15	480	235.7～166.7 （低压进汽）	2
热	12	10	480～720	235.7 （低压进汽）	5

9）盘车装置脱离以后，转速达 500r/min 时，关闭第一级疏水阀；

10）转速达到 1200r/min 时，进行听声检查，调整润滑油温至 43.3℃；

11）调整给水泵出口压力与运行泵出口压力相同时，将泵投入自动供水控制。

（3）汽动给水泵给水三冲量调节投入：

1）在 MARK V 画面中选中 "AUTO FW"；

2）选择 "3ELE/1ELE DRM LVL SEL" 按键，在操作栏中执行 "AUTO-CHG"；

3）选择 BFTP（A 或 B）SPEED SP 中的 "SPD" 按键，在操作栏中执行 "CAS"。

（4）运行监视：

1）运行及备用状态的给水泵再循环截止阀保持开启；

2）供汽参数正常，至少有 38℃以上的过热度；

3）排汽温度正常；

4）润滑油温度为 38～54℃；

5）轴承润滑油压为 207～227kPa；

6）轴承排油温度为 60～71℃，任何一块瓦的温升不应超过 27.8℃，排油温度不允许超过 82℃；

7）油箱负压保持在 12.7～38.1mmH$_2$O；

8）轴封供汽压力为 13.8～27.4kPa；

9）轴封排汽母管负压为 1.74～2.5kPa；

10）油箱负压为 12.7～38.1mmH$_2$O；

11）油箱油位正常；

12）轴振动小于 0.05mm；

13）热喷射油净化器切换滤网压差达 206.7kPa（30psi）以下。

（5）注意事项：

1）汽动给水泵盘车不动时应查明原因，未查明原因前严禁强行盘车和冲转；

2）在 1200r/min 时，如振动超过报警值，则应增加暖机时间，若 30min 未见振动减小，应将转速降至 300～500r/min，继续暖机；

3）润滑油温低于 37.8℃，禁止启动汽轮机；

4）在汽轮机转速达 1200r/min 过程中，如振动达到跳闸值，应立即停止汽轮机运行，再次启动时，将转速停留在 300～500r/min 暖机 30min；

5）采用高压汽源供汽时，保持阀腔预暖直至高压主汽阀壁温达对应蒸汽压力饱和温度以上。

6. 汽动给水泵组停运

（1）注意保持机组运行工况稳定；

（2）降低预停给水泵汽轮机的转速，注意锅炉汽包水位及预停给水泵的再循环阀开启情况；

（3）当泵出口压力小于母管压力时，关闭预停给水泵的出口阀；

（4）发出给水泵汽轮机跳闸指令，确认给水泵汽轮机疏水阀的开启情况；

（5）记录给水泵汽轮机惰走时间，当转速降到 120r/min 左右后，盘车投入，转速为 96r/min；

（6）给水泵汽轮机任一点金属温度均小于127℃，可停止盘车运行，停盘车后维持油循环2h以上；

（7）在盘车状态下不得对给水泵进行放水操作，严禁在无水状态下盘车；

（8）在主机打闸后，应继续进一步降低除氧器压力，使汽动给水泵停用时除氧器内水温在较低值。

7. 机组运行中汽动给水泵组的隔离

（1）隔离给水系统：

1）关闭给水泵出口阀；

2）关闭再循环手动隔离阀；

3）关闭再循环电动阀；

4）关闭抽头阀；

5）关闭入口阀。

（2）隔离给水泵轴承冷却水：

1）关闭冷却水进水阀；

2）关闭冷却水出水阀。

（3）隔离给水泵汽轮机汽侧：

1）关闭给水泵汽轮机主蒸汽进汽阀；

2）关闭给水泵汽轮机低温汽源进汽阀；

3）关闭给水泵汽轮机排气电动碟阀；

4）关闭给水泵汽轮机高、低压主汽阀前后疏水；

5）关闭给水泵汽轮机疏水阀；

6）关闭轴封供、排汽阀及疏水阀，注意主机真空变化。

8. 给水泵汽轮机试验

（1）高压主汽阀活动试验：

1）试验条件：

a. 高压汽源未使用；

b. 给水泵汽轮机工况正常。

2）试验步骤：

a. 在画面中点击"HPSV ON"按键，可通过画面或就地观察试验成功；

b. 当高压主汽阀85%后，松开按键，主汽阀应自动开足。

（2）低压主汽阀活动试验：

1）试验条件：

a. 机组处于低负荷；

b. 给水泵汽轮机工况正常。

2）试验步骤：

a. 在画面中点击"LPSV ON"按键，可通过画面或就地观察试验成功；

b. 低压主汽阀试验时仅部分关闭，当主汽阀下移一段距离稳定后，松开按键，低压主汽阀自动开足。

（3）实际超速跳闸试验：

1）试验条件：

a. 将给水泵与给水泵汽轮机脱开；

b. 给水泵汽轮机达额定转速，振动、轴向位移正常。

2）进行 108％超速试验，试验步骤：

a. 在"OFF-LINE OVERSPEED TESTS"画面中选中"ENABLE TEST"，并按"EXECUTE COMMAND"键；

b. 点击"POST ON"，观察给水泵汽轮机转速直至跳闸，记录跳闸转速；

c. 观察给水泵汽轮机转速下降到 5000r/min 以下方可复位；

d. 调出"TURBINE AUTO START UP"画面，点击"TURB RESET"；

e. 在"MAIN DISPLA"画面中重新设定 5000r/min，并按"EXECUTE COMMAND"键；

f. 再重复以上操作两次。

3）进行 110％超速试验，试验步骤：

a. 请热工人员将 110％超速定值改为 104％；

b. 在"OFF-LINE OVERSPEED TESTS"画面中选中"ENABLE TEST"，并按"EXECUTE COMMAND"键；

c. 点击"EOST ON"，观察给水泵汽轮机转速直至跳闸，记录跳闸转速；

d. 观察给水泵汽轮机转速下降到 5000r/min 以下方可复位；

e. 调出"TURBINE AUTO START UP"画面，点击"TURB RESET"；

f. 在"MAIN DISPLA"画面中重新设定 5000r/min，并按"EXECUTE COMMAND"键；

g. 再重复以上操作两次。

（4）跳闸电磁阀的在线试验：

1）试验条件：

a. 给水泵汽轮机工况稳定，油系统工作正常；

b. 通过位置指示确认三只电磁阀都在正常位置；

c. 每次试验一只电磁阀。

2）试验步骤：

a. 在 ON-LINE VALVE AND ETD TESTS 画面上点击"ETD♯1 ON"，观察按键下字由"ETD TESTS"变成"DROPPED"，试验成功；

b. 观察按键恢复至原状态，此电磁阀试验结束；

c. 在 ON-LINE VALVE AND ETD TESTS 画面上点击"ETD♯2 ON"，观察按键下字由"ETD TESTS"变成"DROPPED"，试验成功；

d. 观察按键恢复至原状态，此电磁阀试验结束；

e. 在 ON-LINE VALVE AND ETD TESTS 画面上点击"ETD♯2 ON"，观察按

键下字由 "ETD TESTS" 变成 "DROPPED"，试验成功；

f. 观察按键恢复至原状态，此电磁阀试验结束。

9. 给水泵汽轮机高压汽源的使用

（1）蒸汽压力不应超过额定压力的 105%；超过 105% 的瞬时运行全年不许超过 12h。

（2）在任何时候均不允许超过额定压力的 130%。

（3）初始蒸汽温度的平均值不应超过额定温度 538℃。

（4）蒸汽温度在年平均温度不超过 538℃ 的前提下，瞬时温度可达 546℃。

（5）瞬时汽温在 546~552℃ 之间全年累计运行时间不超 400h。

（6）在温度达 552~566℃ 期间连续运行时间不超 15min，全年累计小于 80h。

（7）当温度达 566℃ 时，立即停机。

10. 事故处理

（1）泵组运行参数达到事故跳闸值，若给水泵汽轮机未跳闸，立即手动打闸。

（2）给水泵汽轮机紧急跳闸后，电动给水泵应自动启动。

（3）如果电动给水泵未自动启动，应立即启动电动给水泵，待工况正常后，调节电动给水泵转速保持锅炉供水。

（4）根据给水系统接带负荷的能力，调整锅炉负荷，使汽轮发电机组接带相应的负荷。

（5）给水泵汽轮机跳闸后，在未查清原因和消除故障前，不得再次盲目启动给水泵汽轮机。

（6）当发生下列情况时，紧急停给水泵汽轮机：

1）给水泵汽轮机油系统失火且无法补救；

2）给水泵汽轮机发生水冲击；

3）给水泵汽轮机高压汽源发生超温；

4）给水泵汽轮机及给水泵运转时有明显金属碰磨声；

5）给水泵汽轮机电调系统的主、备用调速器故障，无法控制给水泵汽轮机运行；

6）给水泵汽轮机蒸汽管路或给水管路破裂。

（7）给水泵汽轮机主汽阀卡涩而打闸无效时，应立即切断主蒸汽汽源。

四、除氧器

（一）设备规范（见表 3-11）

表 3-11　　　　　　　　　　　　除氧器设备规范

设备名称	项　目	单　位	规　　范
除氧器	形　式		卧式，喷雾淋盘式
	设计压力	MPa	0.975
	最高工作压力	MPa	0.747
	设计温度	℃	335
	额定出力	t/h	1133

设备名称	项 目	单 位	规 范
除氧器	进水温度	℃	126.4
	出水温度	℃	167.6
	出水含氧量	μg/L	≤5
	凝结水量	t/h	844.8
	水压试验压力	MPa	1.46
	安全阀动作压力	MPa	0.875
	生产厂家		上海电力设备有限公司
除氧水箱	设计温度	℃	185
	工作温度	℃	167.6
	设计压力	MPa	0.975
	最高工作压力	MPa	0.747
	有效容积	m³	152
	总容积	m³	200
	水压试验压力	MPa	1.46
	生产厂家		上海电力设备有限公司
除氧循环泵	形 式		离心泵
	型 号		HPK-S65-200
	扬 程	m	37
	流 量	m³/h	92
	转 速	r/min	2900
	数 量	台	1
	生产厂家		上海凯士比泵有限公司
除氧循环泵电动机	型 号		V160-2
	额定电压	V	380
	额定功率	kW	18.5
	额定转速	r/min	2900
	生产厂家		由上海凯士比泵有限公司配套

（二）联锁与保护

1. 水位控制

（1）水位为 3280mm 时，发 HHH 报警；

（2）水位为 3100mm 时，发 HH 报警；

（3）水位为 2900mm 时，发 H 报警；

（4）水位为 2100mm 时，发 L 报警；

（5）水位为 1450mm 时，发低低报警（LL 报警）；

（6）汽轮机跳闸，水位控制自动切至手动，并关闭除氧器水位控制阀；

（7）除氧器水位为 3280mm 时，发 HHH 报警，关闭除氧器供汽阀和 3 号高压加热器疏水至除氧器调节阀，联开除氧器危急放水阀；

（8）除氧器水位为 3100mm 时，发 HH 报警，关闭除氧器水位控制阀、凝汽器水位调节阀、凝汽器水位溢流阀；

（9）汽轮机跳闸并且所有给水泵跳闸，联开除氧器危急放水阀；

（10）至除氧器凝结水流量大于 25％或除氧器控制在手动时，单冲量自动跟踪三冲量；

（11）至除氧器凝结水流量小于 20％或除氧器控制在手动时，三冲量自动跟踪单冲量。

2. 压力控制

（1）汽轮机跳闸或除氧水箱水位为 3280mm 或机组负荷小于 25％时，将联锁关闭四段抽汽至除氧器供汽电动阀。

（2）当选择除氧器压力设定点后，辅助蒸汽至除氧器供汽阀将跟踪压力设定点，保持除氧器压力。

（3）压力保护：除氧器安全阀动作值是 0.875MPa。

（三）除氧器的投运

（1）投运前按系统检查卡、启动通则检查完毕；

（2）检修后及停机 10 天以上的除氧器，在投运前进行加热煮沸冲洗，化验合格后方可投入运行；

（3）加热煮沸时的压力为 0.024MPa，温度不大于 104℃；

（4）除氧器上水至 2600mm；

（5）启动除氧循环泵；

（6）除氧器加热并控制温升率小于 3.6℃/min；

（7）可设定辅助蒸汽至除氧器供汽压力为 0.24MPa，机组负荷大于 30％时，将联锁开启四段抽汽至除氧器供汽电动阀；

（8）为防止除氧器超压的情况的发生，除氧器供汽前，必须保持凝结水泵运行，在启动初期除氧器水位达 2600mm 以上无法上水时，必须保持除氧循环泵运行。

（四）运行监视

（1）水位在 2700mm±100mm 范围内；

（2）最大不允许超过 0.747MPa；

（3）正常为 167.6℃，最大不允许超过 185℃；

（4）给水含氧量不超过 $7\mu g/L$；

（5）防止除氧器超压运行。

（五）系统停运

（1）除氧器随机滑停；

（2）当负荷降到 25％时，除氧器汽源自动切至辅助蒸汽供给，设定除氧器压力 0.24MPa；

（3）当给水泵停止上水时，关闭辅助蒸汽至除氧器供汽阀，开大排氧阀，停止除氧器运行。

（六）异常处理

1. 水位异常

（1）原因：

1）水位调节装置故障；

2）凝结水系统故障；

3）除氧水箱放水阀误开或大量泄漏；

4）锅炉给水量突变。

（2）处理：

1）确认水位异常，立即查明原因，检查阀门有无误动作；

2）水位过低，启动备用凝结水泵，水位无法维持时，降低机组负荷；

3）若水位调节装置失灵，手动调整水位，必要时开启调节阀电动旁路阀；

4）若凝结水泵故障、管路泄漏，切换备用泵或隔离泄漏点；

5）水位过高，调整除氧器各进水量，当水位上升至 3280mm，而除氧器放水到凝汽器疏水阀未开启时，立即采取措施手动放水；

6）除氧器水位降至给水泵跳闸值，而给水泵未跳闸时，立即手动停泵；

7）给水流量大幅度变化引起除氧器水位变化，改为手动调节。

2. 压力异常

（1）原因：

1）进水量突变；

2）汽源故障；

3）汽轮机负荷突变或过负荷；

4）高压加热器跳闸或高压加热器疏水系统不正常。

（2）处理：

1）进水量过大时，降低除氧器水位定值或改为手动控制进水；

2）负荷突变，立即恢复；

3）汽源故障，切换备用汽源并联系处理；

4）高压加热器运行不正常，采取措施无效可停止高压加热器运行；

5）压力升高，安全阀拒动作时，紧急停机并开启排氧阀。

3. 除氧器含氧量不合格

（1）原因：

1）除氧器排氧阀开度不够；

2）凝结水过冷度增大；

3）机组加负荷过快，造成返氧现象的发生。

（2）处理：

1）增加排氧阀开度；

2）检查凝结水含氧量，调节凝汽器的运行工况；

3）降低加负荷速率。

4．除氧器水击或振动

（1）原因：

1）进水温度太低；

2）除氧器满水；

3）排汽带水，除氧器内汽流速度太快引起振动；

4）内部故障，如喷嘴脱落、淋水盘偏斜，引起水冲击；

5）汽水流相互冲击引起振动。

（2）处理：

1）进水温度低，提高凝结水温度；

2）负荷、水位异常，及时调整；

3）内部故障，停运时处理。

第五节　真　空　系　统

降低汽轮机的排汽压力是提高机组循环热效率的主要方法之一。凝汽式汽轮机均配有完备的凝汽系统，一方面在汽轮机排汽口建立高度真空，另一方面回收洁净的凝结水作为锅炉给水循环使用。350MW机组的凝汽器同时冷却汽轮机和给水泵驱动给水泵汽轮机的排汽，给水泵汽轮机不设专门的凝汽器。

机组正常运行时会有部分不凝结气体进入凝汽器，这些不凝结气体主要来源于锅炉给水中溶解的一些不凝结气体和漏入真空系统的空气。这些气体无法在凝汽器内凝结，如果不及时除去，就会积聚在凝汽器加热管束表面，阻碍蒸汽凝结放热，影响凝汽器的真空度，并且使凝结水的过冷度增大。因此，机组设有真空系统，用来建立和维持汽轮机组的低背压和凝汽器的真空。真空抽气系统主要包括真空泵及相应的阀门、管路等设备和部件。该机组采用的是水环式真空泵系统。

真空系统图见图3-7。

一、系统概述

系统配有两台100%容量的水环式真空泵组。泵组由水环式真空泵、汽水分离器、机械密封水冷却器、泵组内部有关连接管道、阀门及电气控制设备等组成。

水环式真空泵属于机械式抽气器，具有性能稳定、效率高等优点，广泛用于大型汽轮机的凝汽设备上，但它的结构复杂，维护费用较高。

由凝汽器抽吸来的气体经气动蝶阀进入由低速电动机驱动的水环式真空泵，被压缩到微正压时排出，通过管道进入汽水分离器。分离后的气体经汽水分离器顶部的对空排气口排向大气；分离出的水与补充水一起进入机械密封水冷却器。被冷却后的工作水一路喷入真空泵进口，使即将吸入真空泵的气体中的可凝结部分凝结，提高真空泵的抽吸能力，另一路直接进入泵体，维持真空泵的水环厚度和降低水环的温度。

真空泵内的机械密封水由于摩擦和被空气中带有的蒸汽加热，温度升高，且随着被压缩气体一起排出，因此真空泵的水环需要新的冷机械密封水连续补充，以保持稳定的

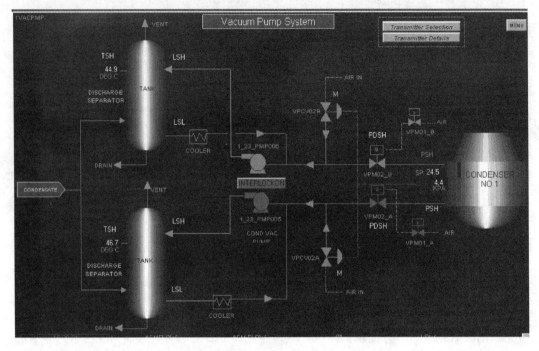

图 3-7 真空系统图

水环厚度和温度，确保真空泵的抽吸能力。水环除了有使气体膨胀和压缩的作用之外，还有散热、密封和冷却等作用。

汽水分离器顶部接对空排气管道，以排出分离出的空气。排气管道上可设置止回阀，用于防止外界空气经备用泵组倒入凝汽器。

汽水分离器的水位由进口阀进行调节。分离器水位低时，通过进口阀补水；水位高时，通过排水阀，将多余的水排出。

汽水分离器的补充水来自凝结水泵出口，通过水位调节阀进入汽水分离器，经冷却后进入真空泵，以补充真空泵的水耗。机械密封水冷却器的冷却水直接取自循环水升压水系统，冷却器冷却水出口接入循环水升压水系统回水管。

凝汽器壳体上接有真空破坏系统，其主要设备是一个电动真空破坏阀和其入口装设的水封系统及滤网。当汽轮机紧急事故跳闸时，真空破坏阀开启，使凝汽器与大气连通，快速降低汽轮机转速，缩短汽轮机转子的惰走时间。

凝汽器有关管道及抽真空系统的另一个重要作用是收集主蒸汽系统、再热蒸汽系统、汽轮机旁路系统、抽汽系统、辅助蒸汽系统、汽轮机轴封系统、加热器疏放水系统等处的所有疏水。疏水通过与凝汽器相连的疏水扩容器降压降温后，进入凝汽器。为防止水进入汽轮机，并防止疏水管路之间相互连通，所有疏水管道与凝汽器的接口均设在凝汽器热井最高水位以上。

正常运行时，即凝汽器良好、机组及热力系统漏气正常时，两台真空泵运行即可维持凝汽器真空，满足机组在各种运行工况下抽出凝汽器内的不凝结气体的需要。

如果运行真空泵抽吸能力不足或因其他原因凝汽器真空下降，可启动备用泵，两台真空泵同时运行，从而保证真空泵始终保持在设定的抽汽压力范围内运行，确保凝汽器真空。

启动时，为加快凝汽器抽真空的过程，同时开启两台真空泵。在设计条件下，两台真空泵同时运行，可在较短时间内在凝汽器内建立需要的真空。当凝汽器真空达到汽轮机冲转条件时，其中一台真空泵可停止运行，作为备用，并关闭其进口蝶阀。

二、设备规范（见表 3-12）

表 3-12　　　　　　　　　　　真空系统设备规范

设备名称	项　目	单　位	规　范	备　注
真空泵	形　式		水环式	
	型　号		2BE1253-OMY4	
	抽汽量	m^3/h	42.5	
	安装位置		室内	
	冷却器材料		316 不锈钢	
	密封水源		冷凝水	
	转　速	r/min	980	
	台　数	台	2	
	生产厂家		西门子能源和自动化有限公司	
真空泵电动机	型　号		IBE1303-OMY4-Z	
	额定功率	kW	75	
	额定电压	V	220/380	
	额定电流	A	270/156	
	功率因数		0.79	
	绝缘等级		F	
	接线方式		△/Y	
	生产厂家		西门子	
	生产日期		1997 年	
真空泵冷却器	形　式		PF20	
	工作液侧压力	MPa	1.034 25	110℃下
	工作液侧温度	℃	0	1.034 25MPa 下
	冷却水侧压力	MPa	1.034 25	110℃下
	冷却水温度	℃	0	1.034 25MPa 下
	最大压差	MPa	1.551 375	
	生产厂家		西门子能源和自动化有限公司	
	生产日期		1997 年	

三、联锁与保护

运行真空泵跳闸，备用泵联锁启动。

四、系统的投运

（1）投运前按系统检查卡、启动通则检查完毕；

（2）压缩空气系统已投运；

（3）循环水系统已投运；

（4）凝结水系统已投运；

（5）轴封、盘车已投运；

（6）凝汽器真空破坏阀关闭，密封水投入；

（7）启动真空泵，开启真空泵入口蝶阀。

五、运行监视

（1）分离水箱水位在 400mm±20mm（定位器）范围之内；

（2）轴承的温度不超过 75℃，温升不超过 50℃；

（3）真空破坏阀密封水室注满水。

六、系统停运

（1）停止运行泵，确认真空泵入口蝶阀关闭。

（2）汽轮机转速降至 2000r/min 以下，打开真空破坏阀。

（3）停止补充水和冷却水。

（4）凝汽器系统泡水查漏时关闭真空泵入口一次阀，防止真空泵入口管道灌水，影响真空泵出力。

（5）运行中发现真空泵运行异常时应检查：

1）真空泵系统进口阀是否关闭，真空泵控制盘仪用空气压力值正常应为 0.55～0.83MPa。

2）真空泵控制盘内的差动真空开关应闭合。

3）真空泵排放分离器压力正常不应超过 0.012 446MPa。

4）热交换器冷却水进、出口温差不应大于 8℃。如过高应检查过滤器、连接管、进口喷嘴有无堵塞现象。

5）分离器水位应正常，如过低应检查低水位补水电磁阀及浮子式水位开关工作是否正常，过滤器是否堵塞。

6）真空系统是否存在严重泄漏，凝汽器绝对压力在 0.003 387MPa 时，真空系统漏气量应不大于 4.78mL/s。

第六节　循环冷却水系统

循环冷却水系统包括循环水系统，循环水升压水系统和闭式循环冷却水系统。

凝汽式发电机组，为了使汽轮机的排汽凝结，凝汽器需要大量的循环水。发电厂中还有许多转动机械因轴承摩擦而产生大量热量，发电机和各种电动机运行因存在铁损和铜损也会产生大量的热量。为确保这些设备的安全运行，根据冷却对象的需要，分别用开式冷却水或闭式冷却水进行冷却。

循环水系统流程示意图见图 3-8。

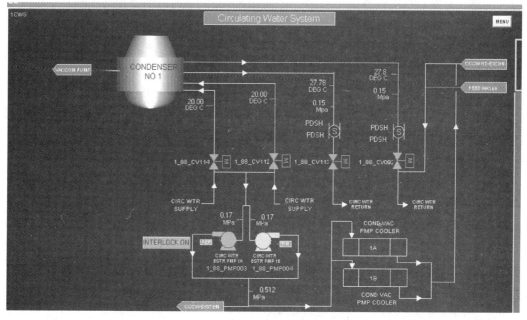

图 3-8　循环水系统流程示意图

闭式冷却水系统流程示意图见图 3-9。

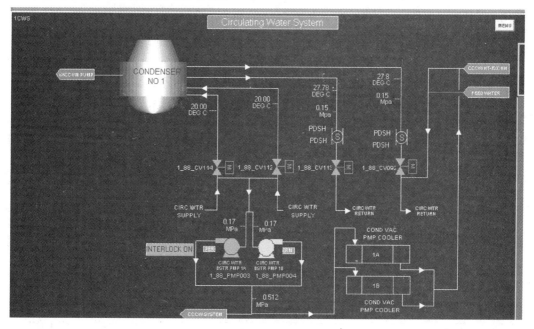

图 3-9　闭式冷却水系统流程示意图

一、系统概述

在凝汽器里，用于冷却和凝结汽轮机排汽的水系统称为循环水系统。循环水系统主要由循环水泵，凝汽器换热系统，凝汽器出、入口阀，胶球清洗系统等组成。

循环水的来水经循环水泵升压后，通过循环水母管进入主厂房，在进入凝汽器之前分为两路，分别经过凝汽器循环水进口电动阀进入凝汽器的两侧。在凝汽器内冷却汽轮机的排汽后，通过凝汽器循环水出口电动阀，接至循环水排水母管。

循环水系统长期运行会引起管束脏污、结垢，降低传热效果，影响凝汽器真空。因此，在凝汽器的两侧各设一套胶球清洗系统，定期清洗凝汽器换热管束。

在循环水系统里，分别引出了循环水升压水系统的去水和回水管路。

用循环升压泵将循环水升压后直接去冷却一些对水质要求不高、需要水温较低而用水量大的设备的系统称为循环水升压水系统，如供给闭式水冷却器等。

循环水升压水系统在循环水进水管进入主厂房前引出一路水源，通过循环水升压泵升压后，供循环水升压水系统的各冷却设备。循环水在各冷却设备内吸收热量，温度升高，最后排至凝汽器循环水的出口管道。循环水升压水的流程为：循环水进水母管→过滤器→循环水升压水泵→止回阀→各设备的冷却器→循环水排水母管。

每台机组设两台 100％容量循环水升压水泵。正常运行时，一台运行，一台备用。

机组启动前，循环水升压水系统应先投入运行。循环水升压水系统启动前应充水排气，充水排至循环水回水管道。系统投运前必须保证循环水泵已经运行、循环水升压泵的出口阀门已打开及各冷却器的进、出口阀门已打开。之后，可手动开启一台循环水升压泵。

对于冷却用水量小、水质要求高的一些设备，设置闭式循环冷却水系统。350MW 机组的闭式循环冷却水系统采用凝结水作为冷却介质，可防止冷却设备的结垢和腐蚀，防止通道堵塞并保持冷却设备的良好传热性能。一般，闭式循环冷却水系统的水温比开式循环水的温度高 4～5℃。闭式循环冷却水系统的冷却对象为汽轮机油冷却器、给水泵汽轮机油冷却器、电动给水泵油冷却器、发电机氢冷却器、磨煤机油站冷却器、各风机油站冷却器等。

闭式循环冷却水系统主要包括一台高位布置的闭式膨胀水箱、两台 100％容量的闭式循环冷却水泵、两台 100％容量的闭式循环冷却水热交换器、各闭式水冷却器及其管道和附件。

闭式循环冷却水系统流程为：闭式膨胀水箱→闭式循环冷却水泵→闭式循环冷却水热交换器→闭式水供水母管→各闭式水冷却器→闭式水回水母管→闭式循环冷却水泵进口。正常运行时，闭式循环冷却水泵和闭式循环热交换器均一台运行，一台备用。

二、循环水系统

（一）设备规范（见表 3-13）

表 3-13　　　　　　　　　　　　循环水系统设备规范

设备名称	项　目	单　位	规　范
循环水泵	形　式		混流泵
	型　号		72LKXD-26
	扬　程	m	25.5
	流　量	m³/h	20 883.6
	转　速	r/min	370

续表

设备名称	项　目	单　位	规　范
循环水泵	数　量	台	4
	生产厂家		长沙水泵厂
	编　号		000104～7
循环水泵电动机	型　号		YKSL2000-16/2150-1
	额定功率	kW	2000
	额定电压	kV	6
	额定电流	A	249.1
	额定转速	r/min	372
	功率因数		0.82
	绝缘等级	级	F
	接线方式		2Y
	生产厂家		湘潭电机厂
	生产日期		1999 年 7 月
清污机	型　号		ZSB4000
	外形尺寸	mm	800×4250×98
	名义宽度	mm	4000
	水室深度	mm	8800
	网箅有效高度	mm	7490
	额定功率	kW	7.5
	链　速	m/s	0.131 7
	网箅净口尺寸	mm	3.5×26
	生产厂家		大连北方华电科技开发有限公司
	出厂序号		2000-041～044
	出厂日期		2000 年 8 月
循环水升压泵	形　式		离心泵
	型　号		OMEGA350-356A
	扬　程	m	11.6
	流　量	m³/h	2037.6
	转　速	r/min	1450
	数　量	台	2
	生产厂家		KSB Pumps Limited
循环水升压泵电动机	型　号		Y315M-4RD
	额定功率	kW	132
	额定电压	V	380
	额定电流	A	239.7
	额定转速	r/min	1486
	绝缘等级		B
	接线方式		△
	生产厂家		上海 WUYI
	生产日期		1997 年 10 月

设备名称	项 目	单 位	规 范
冷却塔	塔身高度	m	105
	通风筒高度	m	7.8
	喉部高度	m	81
	水池直径	m	85
	筒顶直径	m	48.5
	水池深度	m	2.0
	冷却面积	m²	4500
排污泵	形 式		离心式
	型 号		80WQ 40-15-4
	扬 程	m	15
	流 量	m³/h	40
	转 速	r/min	2980
	数 量	台	4
	生产厂家		上海凯泉给水有限公司
排污泵电动机	型 号		JJ 1-4
	额定功率	kW	4
	额定电压	V	380
	额定转速	r/min	2980
A/B润滑水泵	形 式		离心泵
	型 号		IS65-50-160
	扬 程	m	32
	流 量	m³/h	25
	转 速	r/min	2900
	数 量	台	2
	生产厂家		通大长沙水泵厂
A/B润滑水泵电动机	型 号		Y132.S1-2
	额定功率	kW	5.5
	额定电压	V	380
	额定电流	A	11.1
	额定转速	r/min	2900
	绝缘等级		B
	接线方式		△
	生产厂家		湖南郴州防爆电机厂
	生产日期		2000 年 4 月
C润滑水泵	形 式		离心泵
	型 号		KQW80/200-15/2

设备名称	项 目	单 位	规 范
C润滑水泵	扬 程	m	50
	流 量	m³/h	50
	必需汽蚀余量	m	3
	转 速	r/min	2960
	数 量	台	1
	生产厂家		上海凯泉给水有限公司
C润滑水泵电动机	型 号		Y2-160m2-2
	额定功率	kW	15
	额定电压	V	380
	额定电流	A	28.8
	额定转速	r/min	2930
	绝缘等级		F
	接线方式		△
	生产厂家		江苏清江电机股份有限公司

（二）联锁与保护

（1）运行循环水泵跳闸，备用循环水泵联动；

（2）运行循环水升压泵跳闸，备用循环水升压泵联动；

（3）循环水升压泵入口滤网压差达20kPa，发压差高报警；

（4）A/B润滑水泵任一台跳闸，C润滑水泵联启；

（5）C润滑水泵跳闸，A/B润滑水泵联启。

（三）系统的投运

（1）投运前按系统检查卡、启动通则检查完毕。

（2）将水塔补水至1.8～1.85m。

（3）循环水泵启动前5min投入循环水泵轴承润滑水。

（4）循环水泵的启动：

1）将循环水泵出口阀联锁开关打置"联锁"位；

2）启动循环水泵；

3）出口蝶阀开启；

4）开启电动机轴承冷却水；

5）凝汽器水侧放尽空气后关闭空气阀；

6）将备用循环水泵联锁开关投入至"联锁"位；

7）系统运行正常后，将润滑水泵水源切至主泵供水管路。

（四）运行监视

（1）水塔水位为1.8m±0.05m；

（2）循环水泵吸水池水位为 4.5～7.8m；

（3）水塔喷淋正常，上升管无泄漏现象；

（4）循环水泵轴承润滑水压力大于 0.35MPa；

（5）循环水泵盘根溢流正常；

（6）启动清污机进行清污；

（7）轴承温度不超过 80℃；

（8）循环水泵电动机温升不超过 100℃；

（9）备用循环水泵润滑冷却水投入；

（10）C 润滑水泵与 A/B 润滑水泵互为备用（A/B 润滑水泵为一组）；

（11）水塔满水时，禁止压力管中无水；

（12）冬季运行保持最低负荷时凝汽器循环水入口温度为 13～17℃；

（13）冬季运行可视气温情况悬挂挡风板；

（14）冬季停机后，应立即停止循环水爬塔，水走防冻管；

（15）冬季单机运行时，双塔联络运行，微开回水联络阀，用以防冻；

（16）冬季单机运行时，可部分开启非运行机组排污阀，用以带停运机组冷却水；

（17）切换循环水升压泵滤网时，应同时操作滤网出入口手轮。

（五）系统停运

（1）关闭出口蝶阀；

（2）停止循环水泵；

（3）停止轴承润滑水。

（六）凝汽器半侧运行

1. 凝汽器半侧解列并作检修措施

（1）试验备用真空泵启动良好，并投入联锁；

（2）将负荷减到额定负荷的 60%～75%；

（3）关闭预停凝汽器的空气阀；

（4）关闭预停凝汽器的循环水入口阀、出口阀，出、入口阀电动机停电；

（5）开启预停凝汽器水室的空气阀、放水阀；

（6）开启凝汽器循环水入口阀后、出口阀前放水阀；

（7）开启人孔阀时，真空下降立即关闭人孔阀；

（8）在凝汽器半侧运行期间，凝汽器压力不应超过 15kPa，排汽温度不超过 54℃。

2. 凝汽器检修后恢复措施并投入运行

（1）确认人孔阀关闭良好，将出入口阀电动机送电；

（2）关闭水室放水阀及出口阀前、入口阀后放水阀；

（3）开启放空气阀、出入口阀，放空气阀见水后关闭；

（4）开启凝汽器空气阀，恢复负荷。

三、闭式冷却水系统

（一）设备规范（见表 3-14）

表 3-14 闭式冷却水系统设备规范

设备名称	项 目		单 位	规 范
闭式循环冷却水泵	形 式			离心泵
	型 号			OMEGA3000-435A
	扬 程		m	49.4
	流 量		m³/h	1637.6
	转 速		r/min	1450
	数 量		台	2
	生产厂家			KBS Pumps Limited
闭式循环冷却水泵电动机	型 号			Y365-4
	额定功率		kW	315
	额定电压		kV	6
	额定电流		A	36.1
	额定转速		r/min	1483
	功率因数			0.887
	绝缘等级			F
	接线方式			Y
	生产厂家			上海电机厂
	生产日期			1997 年 11 月
闭式冷却器	形 式			板式
	型 号			M30-FC
	最大工作压力		MPa	1.03
	最大工作温度		℃	65.6
	工作介质	管侧		循环水
		壳侧		闭式冷却水
	生产厂家			Alfa Laval
闭式冷却水箱	型 号			M17-SK-2
	工作温度		℃	66
	工作压力		MPa	常压
	容 量		m³	2.3

（二）联锁与保护

（1）运行泵故障跳闸，联动备用泵；

（2）闭式膨胀水箱正常水位为 80cm，低于 40cm 时，发 L 值报警，低于 10cm 时，发 LL 值报警；

（3）闭式循环冷却水泵入口滤网压差达 30kPa 时，发压差高报警。

（三）系统的投运

（1）投运前按系统检查卡、启动通则检查完毕；

（2）将闭式膨胀水箱补水调节阀投入，启动凝结水输送泵向闭式膨胀水箱补水；

（3）凝结水系统正常运行后，将凝结水至闭式膨胀水箱补水阀开启；

（4）启动闭式循环冷却水泵，开启泵出口阀，将另一台泵出口阀开启，投入联锁开关；

（5）启动循环水升压泵，投闭式冷却水冷却器冷却水；

（6）根据闭式循环冷却水水质情况，投闭式循环冷却水采样及加药系统。

（四）运行监视

（1）闭式循环冷却水母管压力为 0.6～0.8MPa。

（2）闭式膨胀水箱水位为 80cm。

（3）备用闭式冷却水泵出口阀开启。

（4）闭式冷却水冷却器出水温度为 20～35℃。

（5）机组停运或闭式循环冷却水系统运行异常时，及时切换接带外围设备，切换时注意闭式膨胀水箱水位。冬季应开启停运机组炉外闭式循环冷却水供回水管联络阀门，防止冻管。

（6）当闭式冷却水冷却器冷却效果不好时，可将冷却器停运进行反冲洗。

第七节　辅助蒸汽系统

辅助蒸汽系统主要包括辅助蒸汽联箱、供汽汽源、用汽支管、减温减压装置、疏水装置及其连接管道和阀门等。辅助蒸汽联箱是辅助蒸汽系统的核心部件。辅助蒸汽联箱的设计压力为 0.6MPa，设计温度为 250～300℃。

辅助蒸汽系统流程示意图见图 3-10。

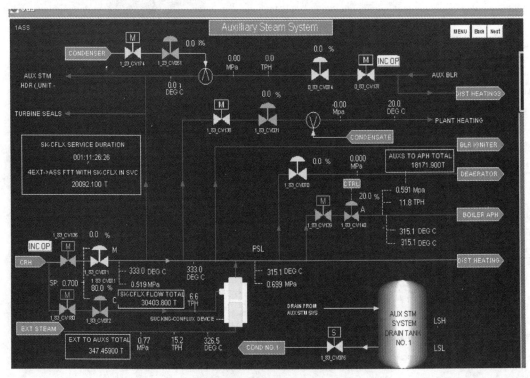

图 3-10　辅助蒸汽系统流程示意图

一、系统概述

考虑机组启动、低负荷、正常运行及厂区用汽等情况，辅助蒸汽系统一般设计有三路汽源：

1. 相邻机组供汽

相邻机组供汽经一期辅助蒸汽来汽电动阀和手动截止阀进入本机辅助蒸汽联箱。在电动阀前有疏水点，将暖管疏水排至无压放水母管。

2. 再热蒸汽冷段

在机组低负荷期间，随着负荷增加，当再热蒸汽冷段压力符合要求时，辅助蒸汽由相邻机组供汽切换至本机再热蒸汽冷段供汽。

供汽管道沿汽流方向安装的阀门包括电动阀、手动截止阀、电动调节阀、手动截止阀和止回阀。止回阀的作用是防止辅助蒸汽倒流入汽轮机。调节阀前、后各设置一个疏水点，排水至辅助蒸汽疏水扩容器和无压放水母管。

3. 汽轮机四段抽汽

当机组负荷上升到 $70\% \sim 85\%$ MCR 时，四段抽汽参数符合要求，可将辅助汽源切换至四段抽汽。机组正常运行时，辅助蒸汽系统也由四段抽汽供汽。采用四段抽汽为辅助蒸汽系统供汽的原因是：在正常运行工况下，其压力变动范围与辅助蒸汽联箱的压力变化范围基本接近。在这段供汽支管上，设置了电动截止阀和止回阀，未设调节阀。因此，在一定范围内，辅助蒸汽联箱的压力随机组负荷和四段抽汽压力变化而滑动，从而减少了节流损失，提高机组运行的热经济性。

辅助蒸汽系统的作用是在机组启动、停止、低负荷和异常工况下提供必要的、参数和数量都符合需要的汽源，保证机组安全可靠地运行。

当本机组处于启动阶段而需要蒸汽时，它可以将正在运行的相邻机组的蒸汽引送至本机组的蒸汽用户，如机组启停、低负荷或甩负荷时除氧器的加热用汽；机组启停及低负荷工况下汽轮机的轴封用汽；机组启动前，驱动给水泵的给水泵汽轮机的调试用汽；锅炉暖风器、空气预热器启动吹灰、油枪吹扫、燃油伴热及燃油雾化等用汽；当本机组正在运行时，也可将本机组的蒸汽引送至相邻机组的蒸汽用户，或将本机组再热冷段的蒸汽引送至本机组各个需要辅助蒸汽的用户。

辅助蒸汽系统向锅炉燃油雾化和油区加热吹扫提供蒸汽时，先流经减温器，将温度降至 250℃，以适应用汽要求。喷水减温器的水源来自主凝结水，由凝结水精处理装置后引出。辅助蒸汽联箱上安装两只弹簧安全阀，作为超压保护装置，防止辅助蒸汽超压。

为防止辅助蒸汽系统在启动、正常运行及备用状态下，管道内积聚凝结水，在各供汽支管低位点和辅助蒸汽联箱底部均设有疏水点。疏水先进入辅助蒸汽疏水扩容器，利用压差作用自流入凝汽器。水质不合格时，排放到无压放水母管。

二、运行方式

（1）机组启动时，汽源由启动炉或邻炉供汽；

（2）当再热器冷段（简称冷再）压力达 1.0MPa，由冷再供汽；

（3）当机组负荷大于 85%MCR 时，可由本机四段抽汽供汽；

（4）辅助蒸汽减温水可由运行机组带。

三、联锁与保护

（1）当辅助蒸汽母管压力低于 0.52MPa 时，发压力低报警；

（2）辅助蒸汽疏水箱水位达 1260mm 时，发高水位报警；

（3）辅助蒸汽疏水箱水位达 612mm 时，发低水位报警；

（4）安全阀动作值为 0.924MPa。

四、系统的投运

（1）投运前按系统检查卡、启动通则检查完毕；

（2）确认启动炉运行正常；

（3）确认凝结水系统运行；

（4）稍开启动炉供汽阀，辅助蒸汽联箱暖管；

（5）设定辅助蒸汽联箱压力；

（6）暖管结束后，全开供汽电动阀，由供汽调节阀调节压力。

五、1、2 号分汽缸的投入

（1）稍开辅助蒸汽至 1、2 号分汽缸的供汽阀，分汽缸充分疏水、暖体；

（2）分汽缸暖体结束，开大供汽阀；

（3）根据用户要求，分别投入分汽缸至各用户供汽阀；

（4）根据机组运行情况，分汽缸供汽减温水可由运行带，两分汽缸通过联络阀并列运行。

六、辅助蒸汽系统汽源的投入

（1）启机期间辅助蒸汽由启动炉供给，保持压力在 0.75～0.78MPa。

（2）当高压缸排汽（简称高排）压力达 1.0MPa 时，将冷再到辅助蒸汽投入。

（3）逐渐降低启动炉供汽量，将负荷导至冷再带：

1）设定冷再至辅助蒸汽压力 0.78MPa。

2）将启动炉供汽压力调节阀逐渐设低，使辅助蒸汽供汽逐渐由冷再带。

3）当启动炉供汽流量达 20～25t/h，将压力设定值设回至 0.78MPa。

4）点动关闭启动炉供汽电动阀至 25%（点动每次约 10%，30%后其余部分手动关闭）。

5）将启动炉供汽调节阀设定值设置 0.8MPa（使调节阀全开以保证启动炉汽源的备用）。

（4）当高排压力低于 1.0MPa 时，将供汽量导至启动炉供给。

（5）当机组正常运行，辅助蒸汽用户无高压力需要时，辅助蒸汽由四段抽汽带，冷再调节阀压力设定在 0.5MPa，启动炉供汽由电动阀控制。

（6）机组启动时，当四段抽汽至除氧器供汽阀开启前，确认辅助蒸汽至四段抽汽供汽手动阀关闭，防止辅助蒸汽压力急剧下降造成锅炉灭火。

（7）机组正常运行时，将引射汇流装置投入。

（8）当机组跳闸时，应迅速将启动炉汽源全部投入，并降低区域热网加热器、厂区热网等处供汽量以保证机组启动用汽。

七、运行监视及调整

（1）保持辅助蒸汽联箱压力在 0.50～0.78MPa 之间，防止辅助蒸汽联箱超压运行，如出现超压现象，立即将压力设定点向下调整。

（2）温度小于 320℃时，如出现超温现象，立即检查减温水自动调整装置跟踪情况，否则将自动解除，手动调整温度至正常。

八、一、二期辅助蒸汽联络阀门规定

（1）正常运行过程中，一、二期辅助蒸汽联络阀两路均保持全开状态，辅助蒸汽联络管道疏水阀关闭。

（2）在检修需要时，关闭一、二期辅助蒸汽联络阀，并开启辅助蒸汽联络管道疏水。

第八节 轴 封 系 统

一般汽轮机的每个轴端汽封都是由几段汽封组成的，相邻两段之间设有环形腔室，并有管道与之相连。通常把轴封及与之相连的管道、阀门及附属设备组成的系统称为轴封系统。

轴封系统流程示意图见图 3-11。

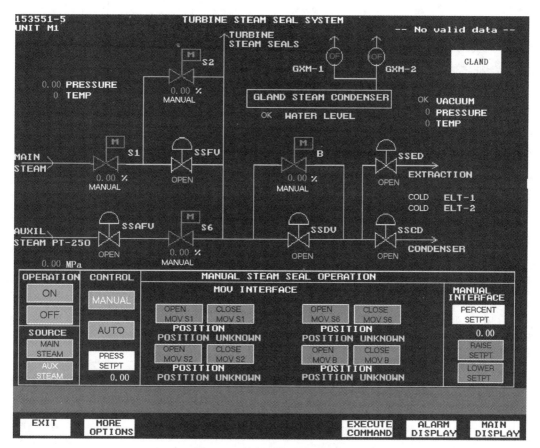

图 3-11 轴封系统流程示意图

一、系统概述

轴封系统的主要功能是向汽轮机、给水泵汽轮机的轴封提供密封蒸汽，同时将各汽封的漏气合理导向或抽出。在汽轮机的高压区段，轴封系统是用来防止蒸汽向外泄漏，以提高汽轮机的效率；在汽轮机的低压区段，轴封系统用来防止外界空气进入汽轮机的内部，影响汽轮机的真空。

二、设备规范（见表 3-15）

表 3-15　　　　　　　　　　　　　　　　轴封系统设备规范

设备名称	项 目		单 位	规 范
轴封加热器	形 式			管壳式
	换热面积		m²	53.8
	最大工作压力	管侧	MPa	2.76
		壳侧	MPa	0.03
	工作温度	管侧	℃	93
		壳侧	℃	204
	工作介质	管侧		凝结水
		壳侧		蒸气
	台 数		台	1
	生产厂家			GE 公司
轴封加热器风机	形 式			离心式
	型 号			2306A05
	流 量		m³	360
	排汽压力		kPa	1.72（表压）
轴封加热器风机电动机	额定功率		kW	7.5
	额定电压		V	190/380
	额定电流		A	24/12
	额定转速		r/min	2900
	台 数		台	2

三、联锁与保护

（1）下列情况，发出报警：

1）轴封加热器水位高于正常水位 76mm；

2）轴封加热器风机过负荷；

3）轴封排气温度超过 74℃；

4）阀 MOV-B 开启。

（2）下列情况，发出"轴封阀故障"报警：

1）主蒸汽管道供汽时：

a. 阀 MOV-S1 及 MOV-S6 同时具有开启信号；

b. 轴封母管的压力低于 14kPa，且阀 MOV-S2 未开或 SSFV 关闭；

c. 轴封系统的压力高于 42kPa，且阀 MOV-S2 未关闭。

2）辅助蒸汽管道供汽时，阀 MOV-S6 全开，且：

a. 阀 MOV-S1 未关闭；

b. 阀 MOV-S2 未关闭。

3）切换主蒸汽和辅助汽源时，阀 MOV-S1 和 MOV-S6 没有正确地定位。

（3）下列情况，发出"轴封系统故障"报警：

1）轴封系统的压力低于 14kPa（2psi）或者高于 42kPa（6psi）。

2）轴封系统的实际温度超出下列范围：

a. 第一级金属表面温度高于 149℃（300℉）时：最高温度 371℃（700℉）及高于第一级金属表面温度 93.4℃（200℉）两者中的小值，最低温度为 160℃（320℉）。

b. 第一级金属表面温度低于 149℃（300℉）时：最高温度为 260℃（500℉）；最低温度为 149℃（300℉）。

（4）轴封系统溢流条件：

1）轴封系统压力达 28kPa（4psi）时，调节阀 AOV-SSDV 将开启，正常由阀 AOV-SSED 倒入 7 号低压加热器；

2）7 号加热器满水或维修及排汽温度超过 149℃时，调节阀 AOV-SSED 自动转换为 AOV-SSCD。

（5）超压保护：

1）安全阀动作值为 0.18MPa；

2）安全阀泄放流量为 68 405kg/h；

3）安全阀回座压力为 0.07MPa。

四、系统的投运

（1）投用条件：

1）确认系统已按检查卡正确操作完毕；

2）锅炉汽压已达 1.5MPa 以上；

3）润滑油系统、盘车装置运行正常；

4）确认辅助蒸汽联箱运行正常。

（2）投用步骤：

1）确认轴封系统疏水阀开启。

2）向轴封加热器 U 形管注水，至溢流管有水溢出后，停止注水。

3）对轴封系统开始暖管：

a. "SOURCE"栏内选择"AUX. STEAM"；

b. "OPERATION"栏内选择"ON"；

c. "CONTROL"栏内选择"MANUAL"；

d. 手动开启"S6、MOV-B"，观察温升状况；

e. "MANVAL INTERFACE PERCENT SETPT"栏内设定为 40％，并根据温升率逐渐向下调整此值，观察"SSAFV、SSCD"应全开；

f. 当轴封母管温度达 204℃时，可结束暖管。

4）开启轴封加热器自动疏水器前后截止阀。

5）给水泵汽轮机供汽疏水阀无水后关闭。

6）管路暖管结束，投用轴封，开启辅助蒸汽至轴封系统隔离阀 MOV-S6。

7）轴封加热器风机启动后，调节风机入口阀使轴封加热器负压正常。

8）开启备用风机出口止回阀后排水阀。

9）注意汽轮机排汽缸温度和缸体喷水自投情况。

10）轴封系统正常投入为在"CONTROL"栏内选择"AUTO"。

（3）运行中，两台轴封加热器风机将按下列联锁运行：

1）如果两台风机都在运行，汽轮机控制系统将解除风机 B 的运行。

2）如果两台风机都未运行，汽轮机控制系统将启动风机 A。

3）如果风机 A 仍未运行，则风机 B 将启动，如果风机 B 不能启动，将发出报警信号。

4）2 号风机运行时，在控制画面投入 1 号联锁控制，当 2 号风机跳闸后，联启 1 号轴封加热器风机。

5）在轴封加热器风机切换中，1 号风机运行时，按 2 号风机启动按钮（GXM-2），2 号风机启动后，延时 1s 后自动停 1 号风机，如果 2 号风机有故障没有启动，1 号风机继续运行。2 号风机运行时，按 1 号风机启动按钮（GXM-1），1 号风机启动后，停止 2 号风机，如果 1 号风机有故障没有启动，2 号风机继续运行。

五、运行监视

（1）轴封母管压力在 28kPa。

（2）轴封加热器负压在 2.5～3.0kPa。

（3）低压缸轴封供汽温度在 150℃。

（4）轴封加热器疏水水位为 0mm。

六、系统停运

（1）轴封系统的压力低于 28kPa（4psi）时，备用汽源供汽自动投入，维持轴封母管汽压。

（2）机组停运，真空到零时，停止轴封系统。

（3）停运操作："OPERATION"栏内选择"停止"，检查各阀门开关正常。

第九节 润滑油系统

润滑油系统的任务是可靠地向汽轮发电机组的支持轴承、推力轴承和盘车装置提供合格的润滑、冷却油，并为发电机氢密封系统提供密封油，以及为机械超速脱扣装置提供压力油。润滑油系统主要由主油泵、冷油器、排烟风机、主油箱、盘车油泵、电动抽吸泵、涡轮泵、直流事故油泵、滤网、电加热器、阀门、止回阀和各种监测仪表等构成。

润滑油系统流程示意图见图 3-12。

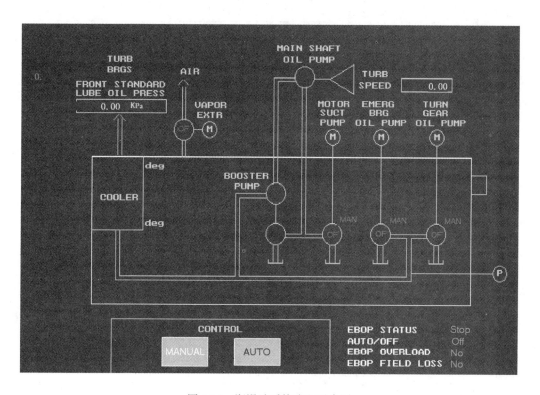

图 3-12　润滑油系统流程示意图

一、设备规范（见表 3-16）

表 3-16　　　　　　　　　　　　　润滑油系统设备规范

设备名称	项　　目	单　位	规　　　　范
主油箱	容　　积	m³	128
	充油量	gal	10 075
主油泵	形　　式		离心式
	流　　量	m³/h	273
	出口油压	MPa	1.4
	进口油压	MPa	0.103
盘车油泵	形　　式		离心式
	流　　量	m³/h	202
	出口油压	MPa	0.283
	电动机功率	kW	37
	电动机电压	V	380

设备名称	项 目	单 位	规 范
盘车油泵	额定电流	A	79.3
	电动机转速	r/min	1450
	绝缘等级		F
事故油泵	形 式		离心式
	流 量	m³/h	171
	出口油压	MPa	0.28
	额定功率	kW	18.7
	额定电压	V	220
	电动机转速	r/min	1750
	绝缘等级		F
电动抽吸泵	形 式		离心式
	流 量	m³/h	273
	出口油压	MPa	0.18
电动抽吸泵电动机	额定功率	kW	30
	额定电压	V	380
	额定电流	A	62.2
	额定转速	r/min	1475
涡轮泵	形 式		离心式
	流 量	m³/h	273
	出口油压	MPa	0.103
油箱排烟风机	形 式		离心式
	容 量	m³/h	360
油箱排烟风机电动机	额定功率	kW	5.6
	额定电压	V	380
	额定电流	A	13.43
	额定转速	r/min	2930
冷油器	形 式		管壳式
	台 数	台	2
	冷却面积	m²	270
	冷却油量	m³/h	130
	冷却水量	m³/h	190
	冷却水入口设计温度	℃	38
	冷却水出口设计温度	℃	43
	设计出油温度	℃	46
盘车装置	电动机型号		TEFC
	盘车转速	r/min	3

设备名称	项　目	单　位	规　范
盘车电动机	额定功率	kW	18.6
	额定电压	V	380
	额定电流	A	79.3
	额定转速	r/min	735
盘车啮合电动机	额定电压	V	380
	额定电流	A	2.1
	额定转速	r/min	375
油箱加热器	功　率	kW	22.00
	电　压	V	380
油调理器油泵电动机	额定功率	kW	3.7
	额定电压	V	380
	额定电流	A	8
	额定转速	r/min	1500
	过滤器元件		K2000 过滤元件

二、联锁与保护

（1）主油箱负压小于 0.049 6MPa 时，自动启动排烟风机。

（2）油箱油温低于 10℃ 时，加热器自动启动。

（3）低油压保护：

1）主油泵出口油压下降至 1.31MPa 或冷油器前润滑油母管油压降至 0.103 4MPa 时，盘车油泵自动启动。

2）涡轮泵出口油压降至 0.069MPa 时，电动抽吸泵自动启动。

3）主油泵出口油压降至 1.24MPa 或润滑油母管油压降至 0.069MPa 时，事故油泵自启动。

4）主油泵出口油压降至 0.69MPa 或轴承油压降至 0.082 7MPa 时，跳汽轮机。

（4）润滑油过滤器压差达 0.055 16MPa 时，发出压差高报警，压差达 0.172MPa 时，发出压差 HH 报警。

（5）主油箱液位达正常值以上 114mm 时，溢流动作。

（6）主油箱液位达正常值以上 102mm 时，发出油位高报警。

（7）主油箱液位达正常值以下 102mm 时，发出油位低报警。

（8）电动抽吸泵运行时，出口油压降至 0.034MPa，发出油压低报警。

（9）盘车油泵运行时，出口油压降至 0.034MPa，发出油压低报警。

（10）事故油泵运行时，出口油压降至 0.034MPa，发出油压低报警。

（11）轴承油压降至 0.069MPa 时，禁止盘车启动。

（12）正常运行中油温小于 43℃ 或大于 49℃ 将发出报警。

（13）启停机过程时，出现下列情况将发出报警：

1）汽轮机转速小于 200r/min 时，油温小于 10℃或大于 32℃；

2）汽轮机转速在 3000r/min 时，油温小于 38℃；

3）电动抽吸泵（MDOP）或盘车油泵（TGOP）未运行时。

三、系统的投运

（一）投用条件

（1）投运前按系统检查卡、启动通则检查完毕。

（2）油温大于 10℃。

（3）确认密封油系统直接回油阀已开启。

（4）确认润滑油冷却器处于备用状态。

（二）启动步骤

（1）启动排烟风机，调节油箱负压为 0.05～0.074MPa。

（2）启动盘车油泵，轴承压力大于 0.172MPa。

（3）完成油泵联锁试验后，将事故油泵置"自动"位。

（4）润滑油温调至 27～32℃之间，投自动。

四、运行监视

（1）主油泵出口压力为 1.4MPa。

（2）主油泵入口压力大于 0.103MPa。

（3）润滑油压大于 0.172MPa。

（4）油箱油位在 102～114mm 范围内。

（5）润滑油温度控制在 43～49℃范围内。

（6）夏季润滑油温度高于正常范围且冷油器主路调节阀全开时，可适当开启旁路阀，操作时一定要缓慢并观察油温变化情况，禁止对旁路阀进行大幅度开关操作，尤其注意旁路阀完毕关闭，主路调节阀开启情况，否则打手动及时开启。

五、系统的停运

（1）汽轮机负荷降至 18MW 后，可启动盘车油泵和电动抽吸泵。

（2）将油温控制在 43～49℃之间。

（3）转速至 300r/min，将油温调至 32℃。

（4）转速到零后，盘车应自动投入，否则立即手动投入，油温将自调至 27～32℃。

（5）高压缸第一级金属温度低于 260℃时，可停止盘车连续运行，低于 150℃时可停止电动抽吸泵、盘车油泵。

（6）氢系统运行时，保持主油箱排烟风机运行。

六、异常处理

（一）油箱油位异常

（1）油管路破裂大量漏油，油位迅速下降，经采取补救措施无效时立即破坏真空紧急停机。

（2）放油阀、排污阀、管路、法兰、油泵等处泄漏，立即处理。

（3）冷油器泄漏，切换冷油器。

（4）油位上升，进行底部放水检查，并检查轴封压力。

（二）油温、瓦温异常

（1）轴承回油温度突然升高 3℃以上或轴承金属温度突然升高 5.6℃以上，立即查找原因。

（2）所有轴承温度普遍升高，检查润滑油温度，进行调整。

（3）个别轴承异常，检查轴承的回油温度及流动情况与润滑油压。

（4）推力轴承温度升高，核对轴向位移指示，并进行相应处理。

（三）油压异常

1. 原因

（1）主油泵故障。

（2）涡轮泵故障，或其入口滤网堵塞。

（3）油系统管路破裂大量漏油。

（4）备用油泵止回阀不严。

（5）油箱油位过低。

2. 处理

（1）油压迅速下降无法控制时，立即打闸停机，并破坏真空。

（2）主油泵故障而引起油压下降时，油泵噪声增大，油压晃动时，启动盘车油泵，待停机处理。

（3）涡轮泵故障，电动抽吸泵启动后，如油压能维持正常值，则机组可继续运行，待停机处理。

（4）旁路节流阀运行中发生变化引起油压变化时，则重新调整该节流阀。

（5）启动升速过程中，因盘车油泵和电动抽吸泵故障而油压下降时，禁止启动汽轮机。

（四）油系统着火

（1）根据着火部位，立即灭火，并尽量隔离，报告消防队。

（2）火势蔓延不能扑灭时，应立即紧急故障停机，排氢。

（3）汽轮机打闸后，火势蔓延到主油箱时，开启主油箱事故放油阀，但在转子停转之前保证润滑油连续供油，火灾扑灭后，关闭事故放油阀。

（4）油箱着火时，可用二氧化碳、四氯化碳灭火器灭火，禁止用沙子灭火。

七、盘车装置

（一）投盘车的条件

（1）确认润滑油、密封油系统运行正常。

（2）确认润滑油温度设在 10～32℃范围。

（3）确认汽轮机转子静止状态。

（二）盘车系统的投运

（1）发出盘车启动指令，确认：

1）啮合装置动作；

2）啮合正常后，启动盘车电动机。

（2）倾听机组转动部分有无异声。

（3）检查盘车电流并记录大轴偏心度。

（三）注意事项

（1）汽轮机转子完全停转前，不可啮合盘车。

（2）汽轮机转子静止时，禁止轴封系统运行。

（3）当盘车电动机电流过大或转子盘不动时，不能强行盘车。

（4）热态情况下应保持连续盘车，如因某种原因盘车停运时，记录停机时间，一般不允许超过 10min。重新投运时，先手动盘车 180°，停留相等时间后，可连续进行盘车，并要延长盘车时间 2h 以上。

（5）如果汽轮机转速超过 300r/min，盘车电动机应自动停止，否则手动停止。

（6）当盘车因故脱扣后，检查其曲臂是否退到正确位置，否则搬动曲臂到正确位置。

第十节　抗　燃　油　系　统

高压抗燃油（EH）系统包括供油系统、液压控制系统和危急遮断系统。供油系统提供高压抗燃油，并由它驱动伺服执行机构。液压控制系统响应 DEH 送来的电信号，调节汽轮机的各主汽阀和调速汽阀开度。危急遮断系统是由汽轮机的遮断参数所控制，当参数超过运行极限值时，该系统根据情况全部或部分地关闭汽轮机进汽阀门，保证设备或运行的安全。

一、设备规范（见表 3-17）

表 3-17　　　　　　　　　　EH 油系统设备规范

设备名称	项　目	单　位	规　　范
抗燃油泵	形　式		变排量压力补偿活塞泵
	出口压力	MPa	1600～1800（psi） 11.03～12.42（MPa）
	流　量	m³/h	0.2（最大）
	主泵排放安全阀动作值	MPa	2000（psi） 14.0（MPa）
抗燃油泵电动机	额定功率	kW	30
	额定电流	A	85.8
	额定电压	V	380
	额定转速	r/min	1500
	功率因数		0.835
	绝缘等级		F
	接线方式		Y
	生产厂家		GE

设备名称	项 目	单 位	规 范
冷却循环泵电动机	型 号		PN3
	额定功率	kW	3.7
	额定电压	V	190/380
	额定电流	A	22/11
	额定转速	r/min	1435
抗燃油	牌 号		D50A128
	闪 点	℃	235（最小值）
	着 火 点	℃	352（最小值）
	自 燃 点	℃	566（最小值）
	倾 点	℃	−17.8（最大值）
	含 水 量		0.1%（体积）（最大值）
	相对密度		1.12
再生泵电动机	额定功率	kW	0.124
	额定电压	V	380
	额定转速	r/min	1140
油箱	容 积	m³	2.5
蓄能器	形 式		筒式
	氮气压力	MPa	6.9

二、联锁与保护

（1）系统压力降到 8.964MPa（1300psi）时，联动备用泵；

（2）系统压力降到 7.585MPa（1100psi）时，跳主机；

（3）运行泵出口压力为 10.343MPa（1500psi）时，泵反馈为运行；

（4）运行泵出口压力为 9.653MPa（1400psi）时，泵反馈为停止运行，联动备用泵；

（5）抗燃油油箱油位高于正常值102mm时，发高报警；

（6）抗燃油油箱油位低于正常值102mm时，发低报警，禁止启动抗燃油泵；

（7）抗燃油过滤器压差达 0.241MPa±0.03447MPa时，发压差高报警；

（8）抗燃油温升至49℃时，自启冷却装置；

（9）抗燃油温降至43℃时，自停冷却装置；

（10）抗燃油温降至30.8℃时，加热循环泵自动启动；

（11）抗燃油温达36℃时，加热循环泵自动停止。

三、系统投运

（一）投运条件

（1）投运前按系统检查卡、启动通则检查完毕；

(2) 确认旁路阀 FV-7 在开启状态；

(3) 确认油箱油位在高限，油质合格；

(4) 油冷却系统及加热器，投入"自动"位；

(5) 确认油温在 18～44℃，低于 15.5℃时禁止启动抗燃油泵；

(6) 检查抗燃油泵入口滤网状态指示器显示应为"清洁"；

(7) 润滑油系统运行正常。

（二）投运步骤

(1) 启动抗燃油泵约 1min 后，现场缓慢关小旁路阀 FV-7 至适当位置，使母管压力至 1.41MPa；

(2) 检查系统无泄漏后，全关旁路阀 FV-7；

(3) 检查泵出口压力在 11.2MPa 左右，母管压力应大于 10.45MPa；

(4) 启动过滤输油泵，过滤器压差小于 206kPa。

四、运行监视

(1) 泵控制开关均在"自动"位；

(2) 油箱油位在 0mm±102mm 之间；

(3) 油温在 29.4～68℃之间；

(4) 油压在 10.343～11MPa 之间；

(5) 空气干燥剂为蓝色。

五、系统停运

(1) 停用条件：汽轮机在跳闸状态。

(2) 断开泵联锁。

(3) 停止油泵。

(4) 旁路阀使系统压力降至零。

(5) 抗燃油系统停运时，保持循环泵、再生泵运行。

六、系统故障

（一）原因

(1) 抗燃油泵故障；

(2) 系统泄漏；

(3) 油箱油位低；

(4) 滤网脏。

（二）处理

(1) 发生泄漏，立即设法隔离泄漏段，采取措施无效时，立即停机；

(2) 抗燃油泵故障，启用备用泵；

(3) 确认油滤网堵塞，联系更换滤芯；

(4) 系统油压降至 8.963 5MPa 时，备用泵应自动投入，未自动投入应手动启动；

(5) 当汽轮机调节阀漏油维持运行时，将汽轮机运行方式切到 FA 方式，并不得改变，功率限制器调到 80% 位置。

第十一节 发电机冷却系统

运行中的发电机，输出功率越大，其绕组和铁芯产生的热量就越多，发电机温度过高，会影响其内部的绝缘。为了保证机组的运行安全，大容量的发电机组都设置了发电机冷却装置，用来带走发电机运行中产生的热量。

机组发电机定子绕组采用水内冷，定子铁芯及定子端部采用氢外冷，转子采用氢内冷。由于氢气是一种非常危险的物质，大气中的含氢量达到一定的浓度极容易产生爆炸，因此必须采取相应的措施，防止氢气泄漏，目前均采用在发电机转子的轴端通以密封油，以达到防止氢气泄漏的目的。机组采用水氢氢冷却方式，其冷却任务是由密封油系统、氢气冷却系统和定子冷却水系统完成的。

一、密封油系统

（一）设备规范（见表 3-18）

表 3-18　　　　　　　　　　　密封油系统设备规范

设备名称	项　目	单　位	规　　范
密封油泵	形　式		HG3D13S-312
	台　数	台	2
	出口压力	MPa	1.512
	生产厂家		IMOpump division monroe，N. C. USA
密封油泵电动机	型　号		KS
	额定功率	kW	18.7
	额定电压	V	380
	额定电流	A	36.8
	额定转速	r/min	1000
	绝缘等级		F
密封油直流泵	形　式		G3DBS-250
	生产厂家		IMOpump division monroe，N. C. USA
密封油直流泵电动机	额定功率	kW	14.9
	额定电压	V	220
	额定电流	A	77.6
	额定转速	r/min	2500
密封油真空泵	形　式		WS 型 RP 泵
密封油真空泵电动机	功　率	kW	2.2
	电　压	V	380
	额定电流	A	4.9
	额定转速	r/min	1000

（二）联锁与保护

（1）运行密封油泵跳闸，备用密封油泵联启。

（2）油泵出口压力或系统压力降到 0.779MPa 时，联启直流密封油泵。

（3）超过下列保护定值将发出报警：

1）氢油压差小于 0.034MPa；

2）过滤器压差大于 0.055MPa；

3）事故密封油泵出口压力降至 0.779MPa；

4）真空密封油箱压力降至 0.0414MPa；

5）真空密封油箱油位高于正常值 102mm 或低于正常值 152mm。

（三）系统的投运

（1）投运前按系统检查卡、启动通则检查完毕。

（2）确认主机润滑油系统已正常投用。

（3）密封油系统启动步骤：

1）真空泵的启动：

a. 真空密封油箱注油；

b. 真空泵注油；

c. 关闭至真空泵的主真空管隔离阀；

d. 启动真空泵；

e. 缓慢开启至真空泵的主真空管隔离阀，调整密封油箱负压在－60～－70kPa。

2）启动密封油泵，泵出口油压在 1.512MPa。

3）调整油-氢压差正常。

4）备用密封油过滤器的投入：

a. 开启备用过滤器的空气阀；

b. 开启充油阀向备用密封油过滤器充油，空气阀见油后关闭；

c. 关闭充油阀；

d. 切换三通阀，将备用密封油过滤器投入。

（四）运行监视

（1）置换操作中氢油压差为 0.035～0.05MPa。

（2）发电机正常运行中氢油压差为 0.05MPa。

（3）密封油真空油箱液位在 0mm。

（4）密封油箱内负压为－60～－70kPa。

（5）回油浮子油箱油位控制在正常位置。

（6）密封油过滤器压差应低于 0.027MPa。

（7）真空泵分离罐油中含水必须定期排放，油位低时及时补油。

（五）系统停运

1. 真空泵的停运

（1）关闭真空泵入口阀。

（2）开启真空油箱破坏阀，使真空到"0"。

（3）停止真空泵运行。

2. 密封油泵停运

（1）确认发电机转子在静止状态。

（2）氢置换完毕，化验合格。

（3）停止运行密封油泵运行。

（4）当盘车装置运行时，保证密封瓦有油流通过。

（六）异常处理

（1）密封油泵噪声、振动增大，检查油泵进口管路有无泄漏、油箱油位是否过低，以及联轴器是否松动或轴承损坏等。

（2）密封油泵电动机电流不正常时，检查油泵出口滤网是否堵塞及过压阀是否开启。

（3）事故油泵投运或真空泵停运时，运行中每隔 8h 进行一次氢气置换，保证氢气纯度在 90%～92% 以上。

（4）运行中密封油泵均故障时，由润滑油供密封油运行，此时机内氢压最高可达 0.25MPa，同时根据发电机风温降低负荷运行。

（5）油位异常时，油位调阀故障时，启动事故油泵，停止密封油泵；真空变化引起时，及时调整；油位异常升高时，停用密封油真空泵，必要时关闭真空泵进气阀，同时检查主油箱油位，并按相应规定处理。

（6）密封油调压装置失灵，手动恢复氢油压差，在此期间，停止排、充氢操作（氢置换除外），并申请停机处理。

二、定子冷却水系统

（一）设备规范（见表 3-19）

表 3-19 定子冷却水系统设备规范

设备名称	项 目	单 位	规 范	备 注
定冷水泵	形 式		离心式	
	型 号		D10224×3×10	
	流 量	m³/h	45	
	转 速	r/min	2950	
	台 数	台	2	100%备用
	生产厂家		Dingersall dresser pumps	
	型 号		JKS364SS1142D20RM	
定冷水泵电动机	额定功率	kW	37	
	额定电压	V	380	
	额定电流	A	80.9	
	额定转速	r/min	2950	
	绝缘等级		F	
	生产厂家		GE	

续表

设备名称	项　目	单位	规　　　范	备　注
发电机正常冷却水流量		m³/h	45	
冷却水温度		℃	46	
冷却器	形　式		M10-BFG	
	最大工作压力	psi（kPa）	150（1034.2）	250℉（121.11℃）下
	最小设计温度	℉（℃）	−5（20.5）	150psi（1034.2 kPa）下
	生产厂家		Certified by Alfalaval Thermal inc.	
	生产日期		1997 年	

（二）联锁与保护（见表 2-20）

表 3-20　　　　　　　　　　定冷水系统联锁与保护

序号	项　　目	单位	正常值	报警值			自动减负荷值
				L	H	HH	
1	定子绕组冷却水温度	℃	40～46		48		
2	绕组入口发电机定子冷却水正常电导率	μS/cm	0.1～0.3		0.5	9.9	
3	绕组入口冷却水压力	MPa（psi）	0.201（29.13）	0.173（25.1）		0.106（23.26）	
4	连接环冷却水流量	m³/h（L/m）	10.2（170）	7.98（133）		6.84（114）	
5	发电机定子冷却水排水温度	℃	≤79		82	93.8	
6	发电机定子冷却水箱水位	mm	0	−102	102		
7	离子交换器压差	MPa			0.103		
8	主过滤器压差	MPa			0.055		
9	供水管流量	m³/h（L/m）	45.0（751）	41.6（693）		39.8（664）	
10	运行泵跳闸			备用泵联动			
11	发电机定子冷却水泵出口压力	MPa		低于0.793联动备用泵			

（三）系统的投运

（1）投运前按系统检查卡、启动通则检查完毕；

（2）确认密封油系统、氢气系统已经投入运行；

（3）确认闭式冷却水系统已经投入运行；

（4）启动定子冷却水泵，确认发电机进水压力正常。

（四）正常监视

（1）水箱水位保持在正常值±102mm（视窗范围内）；

（2）pH 值为 7～9；

（3）压力为 0.32MPa；

（4）流量 750～800L/min；

（5）连接环流量 175L/min；

（6）硬度小于 2μg/kg；

（7）发电机入口水温为 40℃，不大于 46℃；

（8）连接环出口水温不大于 51℃；

（9）定子出口水温不大于 79℃。

（五）系统停运

（1）断开发电机定子冷却水泵的联锁；

（2）请热工人员解除联锁条件；

（3）停止发电机定子冷却水泵运行。

（六）注意事项

（1）在定冷水系统检修后，定冷水箱水质合格，方可进入发电机；

（2）当内冷水箱内的含氢量达到 3% 时报警，在 120h 内缺陷未能消除或含氢量升至 20% 时，应停机处理。

三、氢气系统

（一）设备规范（见表 3-21）

表 3-21　　　　　　　　　　氢气系统设备规范

设备名称	项 目	单位	规 范	备 注
发电机	额定氢压	MPa	0.414	25℃
	最大氢压	MPa	0.5865	安全阀动作
	正常运行时氢气纯度	%	大于 98	容积比
	事故运行时氢气纯度（最低）		90% 无时限报警 不能低于 74%（爆炸点）	
	氢气湿度	g/m³	小于 5	0.414MPa 压力下
	正常运行条件下耗氢	Nm³/d	保证值 18.1 期望值 16.99	
	发电机及管路内充氢容积	m³	73.3	
	发电机及管路系统允许最大漏氢量	m³/天	22.7	0.414MPa 压力下
	充氢量	m³	440	0.414MPa 压力下
氢气冷却器	形 式		管壳双通道式	
	冷却器数量		4	
	流过冷却器水量	m³/h	522.5	
	最高进水温度	℃	38	

续表

设备名称	项 目	单位	规 范	备 注
氢气冷却器	出水温度	℃	44.2	
	冷却器水头损失	mmH_2O	5791	
	氢流量	m^3	87.8	
	流过氢冷却器压降	kPa	1.56	
	冷却器出口氢量	m^3/s	7.08	
氢气瓶	数 量	个	不少于6	瓶/每台机
	压 力	MPa	15.6	40℃
	容 积	m^3	6	
CO_2瓶	数量（瓶/每台机）	个	不少于21	
	压 力	MPa	6	40℃
	容 积	m^3	123	
气体干燥器电动机	额定功率	kW	0.37	
	额定电压	V	380	
	额定转速	r/min	1800	

（二）联锁与保护

（1）机壳内氢压升到0.448 2MPa时，发出压力高报警；氢压降到0.414MPa时，安全阀回座。

（2）机壳内氢压降到0.4MPa时，发出氢气压力低报警。

（3）氢气温度低于30℃时，发温度低报警。

（4）发电机风扇压差达12inH_2O（40.64kPa）时，发压差高报警。

（三）系统的投运

（1）确认密封油系统已经投运，盘车在停止状态。

（2）用二氧化碳置换空气：

1）按系统检查卡检查完毕；

2）确认二氧化碳准备充足；

3）开启二氧化碳瓶减压阀，开启氢气系统二氧化碳供气阀，维持母管压力在0.5～1.035MPa；

4）调节空气排放阀，使机内压力维持在0.014～0.035MPa，并手动调节密封油压差阀旁路阀，使密封油压力高于机内压力0.035～0.05MPa；

5）当发电机内部压力达0.07～0.10MPa时，可将压差阀投入，缓慢关闭压差阀旁路阀；

6）当一组二氧化碳瓶内压力降至0.5MPa时，倒另一组二氧化碳瓶；

7）当机内二氧化碳纯度达到85%以上时，关闭氢气系统二氧化碳供气阀、排空气阀。

（3）用氢气置换二氧化碳：

1）按检查卡检查完毕；

2）确认发电机内二氧化碳纯度在 85% 以上；

3）确认氢站储氢量充足；

4）开启二氧化碳排放阀；

5）开启氢气母管供气阀，保持阀前氢压在 0.8～1.035MPa，用补氢电磁阀旁路阀充氢；

6）用二氧化碳排放阀保持机内压力在 0.014～0.035MPa；

7）机内氢气纯度达到 95% 以上时，关闭供氢阀，停止充氢，关闭二氧化碳排放阀；

8）调整氢气供气阀，使氢压达 0.361MPa；

9）当机内压力达到 0.414MPa 时，确认补氢电磁阀关闭；

10）投入压力自动调节装置，自动维持机内氢压 0.414MPa。

（四）运行监视

（1）氢压为 0.414MPa 时，氢气纯度为 98%。

（2）发电机冷氢温度在 35℃±5℃。

（3）氢气干燥器运行正常，自动补氢装置投入。

（五）系统停运

1. 发电机排氢

（1）关闭补氢阀。

（2）开启氢气排放阀，降低机内氢压至 0.014～0.035MPa。

（3）打开二氧化碳供气阀向机内充二氧化碳，二氧化碳母管压力保持在 0.5～1.035MPa。

（4）调整氢气排放阀，使机内压力保持在 0.014～0.035MPa。

（5）机内二氧化碳纯度达 95% 以上，关闭排氢阀，氢气纯度低于 5% 时，关闭二氧化碳供气阀，停止充二氧化碳。

（6）排氢过程中，注意排尽死角的氢气。

2. 用空气置换二氧化碳

（1）联系检修人员倒换空气短管。

（2）开启排氢阀。

（3）开启压缩空气供气阀。

（4）检验发电机内气体中二氧化碳含量达 5% 时，停止充注空气。

（5）当发电机内气体压力到"0"时，可停止密封油系统运行。

（六）注意事项

（1）氢气系统附近禁止明火作业，若需动电、火焊，则必须验氢，动火区域含氢量应小于 3%。

（2）进行补排氢操作时，应控制速度。

（3）氢气系统进行操作时，采用铜质或涂黄油的钩搬子。

（4）发电机内充有氢气时，严禁对氢气系统和密封油系统进行电火焊。

（5）在怀疑有氢气漏泄时，严禁用手或易燃品去试验。

（6）发电机内无压力时，严禁密封油系统长时间运行。

（7）发电机在停机（运行）期间应保持发电机绕组温度高于环境温度（或风温），以防止发电机内结露。

（8）必须保证有充足的二氧化碳储备，保证在任何异常情况下置换发电机内部氢气。

（七）异常处理

事故排氢：

（1）迅速切换补氢、充二氧化碳总阀，开启氢气系统排放总阀。

（2）当发电机内氢压降至 0.1MPa 时，开始向发电机内充二氧化碳，维持发电机内气体压力在 0.1MPa。

（3）联系检修人员及时更换二氧化碳瓶。

（4）联系热工人员切换在线监视仪表。

（5）当发电机内二氧化碳纯度达 95％以上时，可停止充二氧化碳。

（6）整个操作过程保持密封油系统运行。

第十二节　供　热　系　统

七台河电厂 1、2 号机组供热系统承担着七台河市区 500 万 m² 的供热任务，该供热系统包括两台低温热网加热器、四台高温热网加热器，以及汽水侧连接管道、阀门等；低温热网加热器汽源来自汽轮机低压缸抽汽，高温热网加热器汽源来自汽轮机中压缸排汽。

供热系统流程示意图见图 3-13、图 3-14。

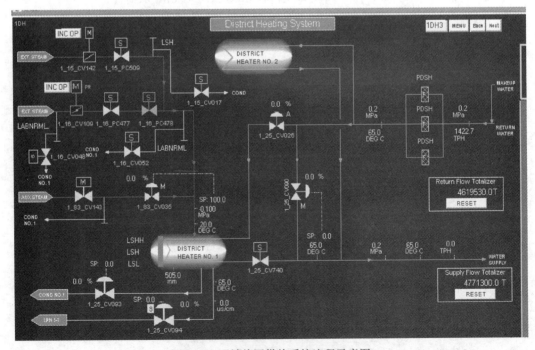

图 3-13　区域热网供热系统流程示意图

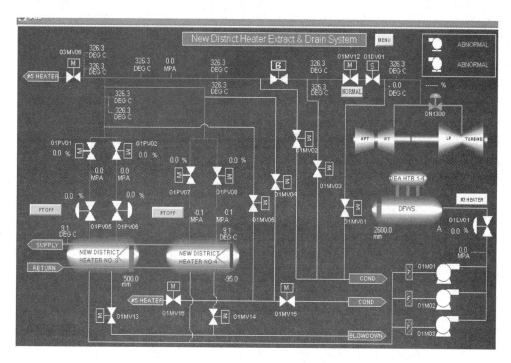

图 3-14　高温热网供热系统流程示意图

一、区域热网系统

（一）设备规范（见表 3-22）

表 3-22　　　　　　　　　　　　区域热网系统设备规范

设备名称	项　目	单　位	规　范
热网水泵	形　式		离心泵
	型　号		500S-98
	扬　程	m	98
	流　量	m³/h	2020
	转　速	r/min	970
	必需汽蚀余量	m	4
	轴功率	kW	678.5
	配用功率	kW	800
	数　量	台	3
	生产厂家		山东双轮集团股份有限公司
热网水泵电动机	型　号		Y500-6
	额定功率	kW	800
	额定电压	kV	6
	额定电流	A	95
	额定转速	r/min	990
	功率因数		0.85

续表

设备名称	项　目		单　位	规　范
热网水 泵电机	绝缘等级			F
	接线方式			Y
	生产厂家			沈阳电机股份有限公司
膨胀水箱	容　积		m^3	20
	工作压力			常压
区域热网 加热器	形　式			管壳式
	换热面积		m^2	959.9
	设计压力	管侧	MPa	1.72
		壳侧	MPa	1.0
	设计温度	管侧	℃	200
		壳侧	℃	350
区域热网 加热器	工作压力	管侧	MPa	0.64
		壳侧	MPa	0.126
	工作温度	管侧	℃	65
		壳侧	℃	164
	工作介质	管侧		凝结水
		壳侧		蒸汽/水
	台　数		台	2
	生产厂家			ECOLAIR 工艺 设备制造公司

（二）联锁与保护

（1）热网系统滤网压差达 20kPa 时，发压差高报警。

（2）区域热网加热器水位低于－38mm 时，发水位 L 报警。

（3）水位高于＋38mm 时，发水位 H 报警。

（4）水位高于＋88mm 时，联开疏水导凝汽器疏水调节阀。

（5）低压加热器热井水位为 1612mm 时，关闭区域热网疏水至低压加热器热井阀。

（6）下列条件满足，联开五段抽汽至区域热网加热器管道疏水阀：

1）负荷小于 15％额定负荷；

2）疏水罐水位 H 报警；

3）区域热网加热器水位为＋88mm。

（7）下列条件满足，联开六段抽汽至区域热网加热器管道疏水阀：

1）负荷小于 30％额定负荷；

2）疏水罐水位 H 报警；

3）区域热网加热器水位为＋88mm。

（8）水位高于＋88mm 时，发水位 HH 报警，联关辅助蒸汽至区域热网加热器供汽电动截止阀。

（9）汽轮机跳闸或区域热网加热器水位为＋88mm时，联锁关闭五、六段抽汽至区域热网加热器供汽阀、止回阀。

（10）水位高于＋88mm时，发水位HH报警，联关加热器入口阀。

（三）系统的投运

（1）投运前按系统检查卡、启动通则检查完毕，3号热网加热器投入时，确认启动炉已投入运行或通过辅助蒸汽反供汽。

（2）系统投入：

1）区域热网膨胀水箱补至1500～1700mm；

2）开启加热器出入口阀、空气阀，向加热器充水；

3）加热器空气阀见水后关闭；

4）通知中继站将热网循环水泵投入运行；

5）热网加热器供汽管疏水完毕后，投入六段抽汽至加热器供汽阀；

6）压力设定值低于0.64MPa；

7）将热网温度调节阀投入自动；

8）将3号热网加热器入口温度设定为190℃，微开减温器后疏水阀；

9）3号热网加热器进汽压力设定为0.5MPa；

10）3号热网疏水箱水位达1600mm，启动疏水泵，将水位设定为1500mm。

（四）运行监视

（1）热网加热器出口温度符合要求（65～95℃），3号热网加热器出口温度不许超过100℃。

（2）热网膨胀水箱水位为1500～1700mm。

（3）汽侧入口压力小于0.64MPa。

（4）3号热网加热器入口蒸汽温度维持在190℃。

（5）3号热网加热器水位维持在600mm。

（五）系统停运

（1）将供汽压力值设定为"0"。

（2）关闭热网加热器供汽阀。

（3）中继站停止热网循环泵运行。

（4）关闭热网膨胀水箱补水装置。

（5）关闭区域热网加热器出入口阀。

（6）机组运行期间，将六段抽汽至热网加热器电动阀前疏水阀微开。

（六）注意事项

（1）系统注水期间注意各放水、排气阀状态正确，防止跑水现象发生。

（2）热网加热器停运期间保持各阀门状态正确，防止机组掉真空。

（3）热网加热器停运期间，如进汽阀不严，保持加热器水侧出口阀开启。

（4）保持3号热网加热器疏水泵最小流量阀开启。

（5）系统尽可能不要补生水。

（6）加热器停运期间，保证辅助蒸汽至加热器供汽阀严密，防止加热器超压。

（7）加热器投运，必须保证先通水侧，然后投运汽侧。

二、高温热网系统

（一）设备规范（见表3-23）

表 3-23　　　　　　　　　　　高温热网系统设备规范

设备名称	项　目	单　位	规　　　范
高温热网循环水泵	形　式		单级双吸中开离心泵
	型　号		CTOS500-8601
	扬　程	m	112
	流　量	m³/h	4230
	转　速	r/min	960
	配用功率	kW	1600
	必须汽蚀余量	m	6.7
	数　量	台	3
	生产厂家		上海高田制泵有限公司
高温热网循环水泵电动机	型　号		Y630-6
	额定功率	kW	1600
	额定电压	kV	6
	额定电流	A	187.1
	额定转速	r/min	990
	功率因数		0.85
	绝缘等级		F
	接线方式		Y
	生产厂家		佳木斯电机股份有限公司
低温热网循环水泵	形　式		单级双吸中开离心泵
	型　号		500S98
	扬　程	m	98
	流　量	m³/h	2020
	转　速	r/min	970
	配用功率	kW	800
	必需汽蚀余量	m	4
	数　量	台	3
	生产厂家		山东双轮集团股份有限公司
低温热网循环水泵电动机	型　号		Y5062-6
	额定功率	kW	800
	额定电压	kV	6
	额定电流	A	93

设备名称	项 目		单 位	规 范
低温热网循环水泵电动机	额定转速		r/min	990
	功率因数			0.85
	绝缘等级			F
	接线方式			Y
	生产厂家			沈阳电机股份有限公司
补充水箱	容 积		m³	100
	工作压力			常压
高温热网加热器	形 式			管壳式
	型号			BOM1500-1.6/1-1402-8.1/19-2
	设计压力	管侧	MPa	1.6
		壳侧	MPa	1.0
	设计温度	管侧	℃	185
		壳侧	℃	350
高温热网加热器	额定工作压力	管侧	MPa	1.46
		壳侧	MPa	0.5
	最大工作压力	管侧	MPa	1.46
		壳侧	MPa	0.9
	额定进/出口温度	管侧	℃	65/115
		壳侧	℃	340/150
	最大进/出口温度	管侧	℃	65/115
		壳侧	℃	340/176
	额定/最大工况传热量		MW	104.8/100.8
	最大工况流量	管侧	t/h	1980
		壳侧	t/h	150
	流程数			2
	疏水端差（疏水温度－出水温度）		℃	35
	给水端差（进汽饱和温度－进水温度）		℃	87
	额定工况水侧进口热焓		kJ/kg	273.27
	额定工况水侧出口热焓		kJ/kg	483.48
	额定汽侧进口热焓		kJ/kg	3147.32
	额定工况疏水温度		℃	150
	额定工况疏水热焓		kJ/kg	632.27
	传热管外径×壁厚		mm	φ19×1
	供热管数		根	2960
	管内流速		m/s	1.7
	壳侧压力降		MPa	0.03

设备名称	项　目	单　位	规　　范
高温热网 加热器	管侧压力降	MPa	0.07
	汽侧最大阻力损失	MPa	0.095
	汽侧最大阻力损失	MPa	0.034
	最大允许管侧流速	m/s	2.1
	加热器净重	kg	24 500
高温热网 加热器	疏水罐容积	m³	2
	蒸汽冷却段热交换面积	m²	667.6
	凝结段热交换面积	m²	588.5
	疏水冷却段热交换面积	m²	5.7
	总换热面积	m²	1402
	换热系数	W/(m²·℃)	300/2800
	疏水罐重量	kg	1500
	管侧工作介质		软化水
	壳侧工作介质		蒸汽/水
	台　数	台	4
	生产厂家		辽阳北方换热设备制造有限公司
自动清洗 滤水器	型　号		KQL100/270-37/2
	设计压力	MPa	1.6
	工作压力	MPa	小于1.2
	设计温度	℃	小于100
	工作温度	℃	小于80
	工作介质		淡水
	过滤精度	mm	1～3
	网阻	kPa	小于5
	滤网芯、转动部件材质		1Cr18Ni9Ti
	壳体材质		碳钢
	生产厂家		青岛华泰电力设备有限公司
自动清洗 滤水器 电动机	形　式		三相异步电动机
	型　号		QB3-50-1
	额定功率	kW	0.37
	额定电压	V	380
	额定电流	A	67.9
	额定转速	r/min	1440
	电动执行机构输出转速	r/min	0.5
	绝缘等级	级	B
	防护等级		IP44

设备名称	项　目	单　位	规　　范
高温热网疏水泵	形　式		立式
	型　号		HPK80-315
	扬　程	m	135
	流　量	m³/h	110
	转　速	r/min	2900
	必需汽蚀余量	m	
	配套功率	kW	90
	数　量	台	4
	编　号		Q/SUVU26-2003
	生产日期		2007 年 8 月
	生产厂家		上海东方泵业集团有限公司
高温热网疏水泵电动机	形　式		三相异步电动机
	额定功率	kW	90
	额定电压	V	380
	额定电流	A	160
	额定转速	r/min	2970
	功率因数		0.91
	绝缘等级		F
	编　号		JB/T86801-1998
高温热网补水泵	形　式		立式离心泵
	型　号		G/SUVU1-2005
	扬　程	m	46
	流　量	m³/h	50
	转　速	r/min	2900
	配套功率	kW	11
	数　量	台	2
	生产日期		2007 年 7 月
	生产厂家		上海泵业集团公司
高温热网补水泵电动机	型　号		Y2-160M1-2
	额定功率	kW	11
	额定电压	V	380
	额定电流	A	21.3
	额定转速	r/min	2930
	功率因数		0.89
	绝缘等级		F
	编　号		JB/T 86801-1998
	生产厂家		上海东方电机集团公司

（二）联锁与保护

（1）连通管蝶阀联锁条件：

1）加热器跳闸时，保持电负荷，全开蝶阀；

2）带热负荷，汽轮机跳闸，蝶阀先快速关闭 1min 后，快开蝶阀；

3）加热器未投入，全开蝶阀。

（2）抽汽止回阀和快关阀联锁：

1）汽轮机跳闸；

2）油开关跳闸；

3）加热器跳闸。

（3）当抽汽管道上下壁温差达到 28℃时，管道疏水阀开启。

（4）加热器保护：

1）加热器水位低于 335mm 时，发水位 L 报警。

2）加热器水位达到 1350mm 时，发水位高 Ⅰ 值报警。

3）加热器水位达到 1500mm 时，发水位高 Ⅱ 值报警，联开事故放水阀。水位降到 1350mm 时，联关事故放水阀。

4）加热器水位达到 1650mm 时，发水位高 Ⅲ 值报警，联关进汽减压阀和调节阀。

（5）抽汽管道安全阀动作值为 1.12MPa。

（三）系统的投运

（1）系统投入前，确认市热力公司中继站（市里首站）设备完好，处于备用状态，热网系统注水完毕。厂内加热器阀门传动完好，系统、设备检查完毕。

（2）水侧投入：

1）微开加热器出口阀，开启空气阀，向加热器充水；

2）加热器空气阀见水后关闭，全开出入口阀；

3）通知市热力公司中继站将高温热网循环水泵投入运行，缓慢开启循环泵出口阀，当加热器入口压力稳定后，全开高温热网循环水泵出口阀。

（3）汽侧投入：

1）微开高温热网供汽手动截止阀，进行供汽管道暖管，当加热器入口前温度达到四段抽汽供汽温度时，暖管结束；

2）逐渐开启加热器入口减压阀，最终达到 0.5MPa；

3）逐渐提高加热器出口温度设定值，使温度值达到要求；

4）当加热器水位达到 1350mm 时，启动疏水泵，水位设定在 800mm。

（4）快关阀液压油站投运：

1）检查系统节流阀全开；

2）液压油站系统截止阀开启；

3）液压油泵启动；

4）关液压油站系统截止阀，系统启压正常；

5）系统油压达到 16MPa 时，油泵停止；

6）系统油压达到 14MPa 时，油泵启动。

（四）热网运行监视项目

（1）热网加热器出口温度保持在 110℃，3 号热网加热器出口温度不许超过 115℃。

（2）加热器入口压力不超过 0.5MPa。

（3）机组调节级压力不超过 13.83MPa。

（4）中压缸出口与入口压力比不小于 0.206。

（5）四段抽汽压力不高于 0.76MPa。

（6）排汽缸温度不高于 50℃。

（7）排汽量不小于 150t/h。

（五）系统停运

（1）逐渐将供汽压力值降低到"0"。

（2）关闭热网加热器供汽阀。

（3）通知中继站停止热网循环泵运行。

（4）关闭加热器水侧入口阀。

（六）注意事项

（1）系统注水期间注意各放水阀、排气阀状态正确，防止跑水现象发生。

（2）系统投入时保证暖管、疏水充分，避免出现管道振动现象发生。

（3．加热器投停时，控制温度变化率不大于 1.85℃/min。

（4）启动补给水泵前，保持启动炉软化水泵运行，避免补水泵损坏。

（5）启动补给水泵补水时注意一期热网膨胀水箱水位，防止倒水。

（6）热网加热器停运期间，如进汽阀不严，保持加热器水侧出口阀开启。

（7）保持高温热网加热器疏水泵旁路阀开启。

（8）双机运行期间，保证两台高温热网加热器分别投入。

（9）热网疏水泵严禁在高温运行时停止冷却水。

（10）液压油站停运后要开出口阀进行系统泄压。

第四章 电 气 系 统

一期工程的两台 350MW 汽轮发电机组均采用发电机变压器组单元接线，分别经一台 SPF-430000/220 型的主变压器送至 220kV 变电所。220kV 系统采用 3/2 接线方式。220kV 系统共有两组母线、两条出线、两台发电机变压器组及两台启动备用变压器和一台联络变压器组成，两条出线是：

七河线——七台河一次变电所；

七民线——新民变电所。

0 号启动备用变压器、联络变压器、两条线路之间分别配对成串，分别是：

1 号发电机变压器组——七民线（1 号机组变压器串）；

0 号启动备用变压器——七河线（启动备用变压器串）；

2 号发电机变压器组——联络变压器（2 号机组变压器串）。

第一节 电 气 主 接 线

220kV 系统运行方式如下：

（1）220kV 两组母线及断路器全部投入运行，形成环状供电。

（2）每台机组出口均 T 接一台 SFF-50000/23 型 50 000kVA 分裂绕组变压器作为 6kV 厂用系统的工作电源。

（3）两台机组共用一台 SFFZ-50000/220 型 50 000kVA 有载调压分裂绕组变压器作为 6kV 厂用系统的备用电源和 6kV 公用系统的电源。

（4）两台主变压器及启动备用变压器高压侧均采用 Y 接线，低压侧均采用角形接线方式。

（5）0 号启动备用变压器中性点为永久性接地，1、2 号发电机变压器组中性点经接地刀闸接地，其投、停按省调命令执行。

（6）正常情况下 220kV 母线电压应控制在下列数值范围以内：

1）高峰负荷及轻负荷时间：225～230kV。

2）低谷负荷时间：220～225kV。

一般情况下，220kV 母线电压不得高于 236kV，最小不得低于 214kV。任何情况下 220kV 母线电压不得高于 245kV 运行。

第二节 发 电 机

一、概述

1、2号发电机采用水-氢-氢的冷却方式，发电机定子绕组直接水冷，定子铁芯和转子氢冷。发电机本体的四角分别布置氢气冷却器。在发电机定子绕组、铁芯、冷却水进出口等部位布置电阻温度探测器对发电机定子绕组和铁芯进行温度测量。

发电机出口采用离相封闭母线（IPB）与主变压器低压套管，其厂用变压器、励磁变压器和发电机出口 TV 及避雷器柜相连。

发电机采用静态励磁方式，励磁电源取自发电机端，经励磁变压器（PPT）、励磁整流柜供给发电机励磁绕组电流。励磁变压器为干式整流变压器，容量为 4300kVA。发电机另有一路初始励磁电源取自公用 MCC 段，经整流后供给发电机启动时励磁用。

二、设备规范（见表 4-1）

表 4-1　　　　　　　　　　　发电机设备规范

项　目		单位	1号发电机	2号发电机	备　注
型号			ATB-350-2	ATB-350-2	
形式			水-氢-氢冷发电机	水-氢-氢冷发电机	
发电机容量		MVA	415	415	
额定有功功率		MW	352.75	352.75	功率因数 0.85
最大有功功率（MCR）		MW	391	391	功率因数 0.85
额定电压		kV	23	23	
额定电流		kA	11 547	11 547	
额定功率因数			0.85	0.85	
额定频率		Hz	50	50	
额定转数		r/min	3000	3000	
相　数			3	3	
接　法			Y	Y	
额定氢压		MPa	0.421 8	0.421 8	
短路比			0.58	0.58	保证值 0.67
制造厂			美国	美国	
定子绕组绝缘等级			F	F	
转子绕组绝缘等级			F	F	
发电机额定励磁电流		A	3984		
发电机额定励磁电压		V	433		100℃
中性点接地变压器	型　号		DDBC-50/23	DDBC-50/23	
	额定容量	kVA	50	50	
	高压额定电压	V	23	23	
	高压额定电流	A	2.17	2.17	

项　目		单位	1号发电机	2号发电机	备　注
中性点接地变压器	低压额定电压	V	230	230	
	低压额定电流	A	217	217	
	温升限值	K	90	90	
	冷却方式		空气自冷	空气自冷	
	频　率	Hz	50	50	
	生产厂家		北京电力设备厂	北京电力设备厂	

第三节　励　磁　系　统

一、发电机 EX2000 励磁系统投运前检查项目

（1）检查励磁装置 IOS 柜的状态指示应正常。

（2）检查主桥 1（M1）。

（3）检查主桥 2（M2）。

（4）检查保护/跟随桥（P/F）。

（5）检查跟随桥（F）。

（6）检查滤波器柜（CA1）内的熔断器导通性良好，熔断器座（LFU1、LFU2、LFU3）处于合位且状态良好。

（7）检查起励变压器柜（CA2）内无杂物、无杂声。

（8）检查励磁开关柜（CA6A）内的熔断器 F1、F2、F3、F4 导通性良好且处于合位，状态良好。

（9）励磁起励电源必须投入。

（10）励磁小间空调应处于运行状态，温度在 20～30℃，保护励磁小间内无杂物。

（11）必须拉开发电机变压器组出口接地刀闸。

（12）励磁系统在线运行检查正常。

（13）励磁小间空调应处于运行状态，温度在 20～30℃，保护励磁小间内无杂物。

（14）检查电力系统稳定器（PSS）是否投退，应根据省调度进行投退。

（15）励磁装置在新投入或经过更改，运行人员应和集控（电气）工程师进行定值及有关注意事项的核对。

（16）对停电设备的励磁装置进行校验传动时，如果该保护能跳其他正常运行设备的开关时，应有防止误跳开关的具体措施，方可对其进行校验或传动。

（17）运行人员应掌握励磁系统各桥故障复位及故障代码记录、IOS 故障复位及故障代码记录、磁场接地检测仪自检三种操作。

二、励磁系统运行规定

（1）正常运行时，发电机的励磁电源由发电机机端的（PPT）励磁变压器供给，另有一路初始励磁电源，在发电机启动时用。

（2）励磁装置控制用电源和保护用电源有两路电源供给：一路电源来自冷却励磁装置的风机电动机变压器；另一路直流电源来自蓄电池。

（3）EX2000 整流装置的冷却是由风扇进行强迫空气冷却，风扇电源由风机电动机变压器从整流桥的交流输入侧经变压后供给的。

（4）EX2000 励磁控制系统包括发电机机端电压调节器 AC（即交流或自动调节器）和发电机磁场电压调节器 DC（即直流或手动调节器）。当运行在交流调节器控制下，在负荷变化的情况下，发电机端电压也能维持恒定；当运行在直流调节器控制下，不管发电机端运行情况如何，发电机励磁电压均应维持恒定。

（5）励磁调节器自动方式发生故障切换到手动方式后，联系检修人员及时修复并恢复到自动方式，严禁发电机在手动励磁调节下长期运行，在手动励磁调节运行期间，在调节发电机的有功负荷时必须先适当调节发电机的无功负荷，防止发电机失去静态稳定。

（6）正常调节方式有两种，即以机端电压作反馈的 AVR 调节方式及以转子电压作反馈的 FVR 调节方式。当工作一种方式时，另一种方式的设定值自动跟随工作方式的调节值，以便在切换时实现无扰动切换。机组正常运行为 AVR 调节方式，如果出现接通断开 TV 刀闸或 TV 断线，则 AVR 调节方式自动转换至 FVR 调节方式。运行人员可通过 MARK V 或 IOS 对调节方式进行转换。

（7）发电机励磁系统属自并励有刷励磁系统，共有四个全控整流桥。发电机机端电压经励磁变压器降压、隔离后，连到四组整流桥，整流桥的输出直接连到发电机转子的电刷，供发电机励磁。四组整流桥并列工作，其中任一组故障跳闸时，其余三组能够满载工作。每组整流桥有两个直流隔离开关，三个交流隔离开关，可分别操作，用于将故障组与系统隔离，以便进行在线维护及故障检修。四组整流桥中任两组跳闸后，发电机励磁系统跳闸，跳闸信号由励磁系统发出，送至伊林保护去跳主断路器。

（8）主桥 1、主桥 2 及保护桥的整流桥控制器的硬件基本相同，但软件不同。其中主桥 1、主桥 2 是主桥，保护桥及跟随桥是从桥，其主要区别在于：激活主桥可以向自己及从桥发出晶闸管触发脉冲，而从桥只能接收触发命令。两个主桥中只能有一个是激活的（默认主桥 1 为激活主桥），只有激活的主桥才能向其他桥（包括未激活的主桥和从桥）发出点命令。至于激活哪个主桥，可由运行人员通过 IOS 或 MARK V 操作，或当主桥故障时由保护桥切换选择。

（9）当满足启动励磁装置要求时，由运行人员通过集控室 MARK V 控制屏发出启动励磁装置命令，经过大约 20s 内时，励磁启动成功，发电机电压为 23kV，空载励磁电压及励磁电流与额定励磁电压及额定励磁电流相符。

（10）装置的任意一个桥有冒烟或有较大异常声响等紧急情况时，应立即将该桥退出运行状态并接开风机变压器熔断器座。如果故障桥为激活主桥，则转换激活主桥至另一个运行状态好的主桥，如主桥 1 有故障，则在集控 MARK V 操作屏或就地 IOS 操作屏上进行转换主桥 1 至主桥 2，确认激活主桥为主桥 2，再按主桥 1 的编程器［STOP］键。

励磁装置在发电机停机后，未启动前，断开励磁起励电源，拉开发电机变压器组的出口隔离开关。

（11）励磁装置在发电机启动前，合上发电机变压器组的隔离开关，合上励磁起励电源。

励磁装置在运行过程中，禁止断开交流及直流操作电源，如果发生失去交流或直流电源的情况，必须立即通知继电保护人员。

（12）注意：如激活主桥有故障，按激活主桥编程器［STOP］键，则整个励磁系统跳闸。

（13）正常运行情况下，运行人员严禁操作 IOS 操作面板。

（14）正常运行情况下，无特殊原因运行人员严禁打开各操作屏的柜门。

第四节　厂用电系统

一、6kV 厂用电运行方式

（1）1、2 号机组出口均 T 接一台 SFF-50000/23 型 50 000kVA 分裂绕组变压器作为厂用 6kV 工作段 ⅠA、ⅠB、（或ⅡA、ⅡB）母线的工作电源，6kV 公用段 OA、OB 母线由启动备用变压器供电。

（2）6kV 水源两路专用电源设置在 6kV 公用 OA、OB 段，经升压送至 10kV 架空线路，再经降压变压器降压至 6kV 后供给补给水泵房，水源线路上接一 S9-M-1000/10 型 1000kVA 降压变压器为水源地电锅炉供电。

（3）6kV 灰水回收两路专用电源设在 6kV OA、OB 段，经升压送至 10kV 架空线路，再经降压变压器降压至 6kV 后供给补给水泵房。

（4）6kV 系统正常运行时厂用段 ⅠA、ⅠB、（或ⅡA、ⅡB）母线与公用段 OA、OB 母线互为备用，母线联络开关（6521、6522）和刀闸（6101、6102）在合位，母线联络自投开关（6511、6512、6201、6202）在热备用状态，厂用电快切装置动作后，在同期条件下启动快速切换，在非同期条件下启动慢速切换。

（5）机组启停时，单元厂用电的切换采用手动同期并列切换方式。同期装置采用自动鉴定方式。

（6）特殊运行方式：

1）机组在启、停或事故时，该机组的 6kV 工作段母线由启动变压器的 OA、OB 段母线兼供；

2）启动备用变压器停运时，6kV 公用 OA、OB 段母线由 1（2）号机组的工作段母线供电，此时公用段母线不得兼作 2（或 1）号机组的工作段母线的备用电源；

3）当 1、2 号机组的单元变压器都停止运行，两台机组的工作段负荷同时由启动备用变压器供电时，此时应注意分配各段的负荷，防止启动备用变压器过负荷跳闸。

6kV 厂用电系统示意图见图 4-1。

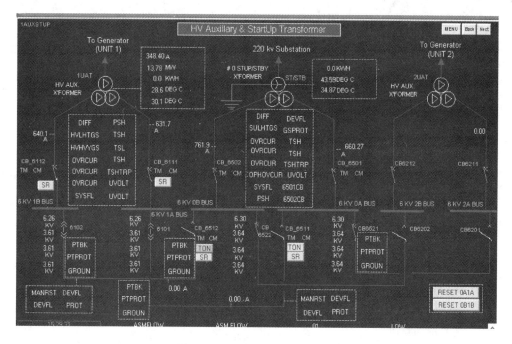

图 4-1　6kV 厂用电系统示意图

二、380V 厂用电运行方式

（1）1、（2）号机组 380V 低压厂用母线各设置四段。

（2）正常运行时，1 号机组低压厂用变压器ⅠA、ⅠB、ⅠC、ⅠD 带ⅠAPC、Ⅰ BPC、ⅠCPC、ⅠDPC 段运行。2 号机组ⅡA、ⅡB、ⅡC、ⅡD 低压厂用变压器带Ⅱ APC、ⅡBPC、ⅡCPC、ⅡDPC 段运行。ⅠA 与ⅠB（或ⅡA 与ⅡB）、ⅠC 与ⅠD（或 ⅡC 与ⅡD）之间相互联络，联络开关在热备用状态（手动投入）。

（3）化学 A、B 变压器电源取自 6kV OA、OB 段，给化学 A、B 段 PC 供电，联络 开关在热备用状态（手动投入）。

（4）低压公用动力母线设置两个 PC 段，电源来自 6kV OA、OB 段，公用 PC 段的 联络开关在热备用状态（手动投入）。

（5）正常运行时 1（2）号机的照明变压器给照明ⅠPC（ⅡPC）段供电，照明ⅠPC 段与ⅡPC 段联络开关在热备用状态（手动投入）。

（6）正常运行时生活消防水变压器给生活消防水 PC A、B 段供电，生消 PC A、B 段联络开关在热备用状态（在联锁开关置"自动"位的情况下，联络开关自动投入）。

（7）正常运行时输煤变压器给输煤 PC A、B 段供电，输煤 PC A、B 段联络开关在 热备用状态（手动投入）。

（8）正常运行时，启动炉变压器给启动炉 PC A、B 段供电，启动炉 PC A、B 段联 络开关在热备用状态（手动投入）。

（9）每台机组低压厂用系统设置一段保安段，1 号机（2 号机）保安段分别由 1 号 机（2 号机）厂用 380V 工作 PCⅠB、ⅠC（ⅡB、ⅡC）段供电，每台机为保安段设置一套柴油发电机组作为紧急备用电源，具体运行方式如下：

1) 正常运行时保安段由 380V 厂用工作 PC 段来的工作电源，经 ATS 开关为保安段供电，工作电源的联锁开关在"工作"位。

2) 当工作电源消失时，由 380V 厂用工作 PC 段来的备用电源经 ATS 开关向保安段供电，备用电源的联锁开关正常应置"备用"位。

3) 当工作电源及备用电源全都失电时，ATS 检测确认停电后，发信号启动柴油发电机，经延时后 ATS 开关转换操作，由柴油发电机向保安段供电。

4) 当 ATS 开关检测到厂用电源恢复后，经延时后 ATS 开关转换操作，由厂用电接至负荷，即由厂用工作 PC 段向保安段供电，再经延时后停柴油发电机。

5) 当保安段失电后，首先启动柴油发电机，如果柴油发电机启动 3 次失败未自动投入运行，则保安段全部失电。

6) 当厂用 PC 段侧 4101（4201）或 4102（4202）开关跳闸后，联跳保安段侧 4103（4203）或 4104（4204）开关。

7) 当厂用ⅠA（ⅡA）或ⅠC（ⅡC）段失电后，保安段侧 4103（4203）或 4104（4204）开关自动跳闸。

8) 当保安 PC 段失电后，0s 保安 MCC 段和事故照明 MCC 段的电源进线开关不跳闸，50s 保安 MCC 段、10min 保安 MCC 段的 PC 侧电源进线开关先跳闸，再分别延时 50s 和 10min 后自动合闸（保安 PC 段交流电压未恢复时，开关合不上）。

9) 正常运行时 50s 保安 MCC 段、10min 保安 MCC 段 PC 侧电源进线开关的联锁把手在"自动"位置，在事故时开关首先跳闸，跳闸后延时时间已到，而开关没有自动合闸，可以将联锁把手切换到"就地"位置，然后用开关本体上的合闸按钮合闸。

10) 全厂停电后，直流润滑油泵、直流密封油泵自动启动，此时应监视 220V 直流母线电压正常，如果直流浮充机跳闸，在保安电源恢复后没有自动启动，应立即启动直流浮充机。

11) 保安段失电后，立即检查 110V 直流母线电压，如果直流浮充机跳闸，在保安电源恢复后没有自动启动，应立即启动直流浮充机。

12) 保安段电源恢复后通知网控运行人员（简称网控）启动网控直流浮充机，同时网控检查网控 UPS 切换正常。

13) 保安段失电后，集控运行人员（简称集控）检查集控 UPS 自动切换到 220V 直流电源带，由直流逆变成交流带各负荷。

三、6kV 厂用电系统切换操作

（一）备用电源向厂用 A（B）段母线充电

（1）检查厂用电快切装置无"等待复归"信号，否则在 DCS 上按"RESET OA ＆1A"或"RESET OB ＆1B"键，发出"RESET"指令，检查厂用电快切装置无"等待复归"信号。

（2）在 DCS 上按"TON"键发出"ON"指令。

（3）检查指令反馈正确。

（4）在 DCS 上按"SR"键发出"SYN_ON"指令。

（5）检查指令反馈正确。

（6）在 DCS 上发出 A（B）分支备用电源进线开关"RESET"指令。

（7）检查指令反馈正确。

（8）在 DCS 上发出 A（B）分支备用电源进线开关"CLOSE"指令。

（9）检查 A（B）分支备用电源进线开关在合位。

（10）检查厂用 A（B）段母线电压指示正确。

（二）厂用 A（B）段由备用电源带

（1）检查厂用电快切装置无"等待复归"信号。

（2）在 DCS 上按"TON"键发出"ON"指令。

（3）检查指令反馈正确。

（4）在 DCS 上按"SR"键发出"RESET"指令。

（5）检查指令反馈良好。

（6）在 DCS 上发出 A（B）分支备用电源进线开关"RESET"指令。

（7）检查指令反馈正确。

（8）在 DCS 上发出 A（B）分支备用电源进线开关"CLOSE"指令。

（9）检查 A（B）分支备用电源进线开关在合位。

（10）检查厂用 A（B）分支备用电源进线开关电流指示正确。

（11）在 DCS 上发出 A（B）分支工作电源进线开关"RESET"指令。

（12）检查指令反馈正确。

（13）在 DCS 上发出 A（B）分支工作电源进线开关"TRIP"指令。

（14）检查 A（B）分支工作电源进线开关在开位。

（15）检查 A（B）分支工作电源进线开关电流确无指示。

（16）在 DCS 上按"RESET OA&1A"或"RESET OB&1B"键，发出"RESET"指令。

（17）检查指令反馈正确，检查厂用电快切装置无"等待复归"信号。

（三）厂用 A（B）段由备用电源带切换为厂用变带

（1）检查厂用电快切装置无"等待复归"信号。

（2）在 DCS 上按"TON"键发出"ON"指令。

（3）检查指令反馈正确。

（4）在 DCS 上按"SR"键发出"RESET"方式。

（5）在 DCS 上发出 A（B）分支工作电源进线开关"RESET"指令。

（6）检查指令反馈正确。

（7）在 DCS 上发出 A（B）分支工作电源进线开关"CLOSE"指令。

（8）检查 A（B）分支工作电源进线开关在合位。

（9）检查 A（B）分支工作电源进线开关电流指示正确。

（10）在 DCS 上发出 A（B）分支备用电源进线开关"RESET"指令。

（11）检查指令反馈正确。

（12）在 DCS 上发出 A（B）分支备用电源进线开关"TRIP"指令。

（13）检查 A（B）分支备用电源进线开关在开位。

（14）检查厂用 A（B）分支备用电源进线开关电流确无指示。

（15）在 DCS 上按 A（B）分支的"TON"键发出"OFF"指令。

（16）检查指令反馈正确。

（17）在 DCS 上按"RESET OA ＆1A"或"RESET OB ＆1B"键，发出"RESET"指令。

（18）检查指令反馈正确，检查厂用电快切装置无"等待复归"信号。

四、启动备用变压器停电检修

（1）按上述方法将启动备用变压器与 1（2）号厂用变压器 A（B）分支同期并列完成后，拉开启动备用变压器低压侧 A（B）分支电源进线开关。

（2）启动备用变压器低压侧 A(B)分支电源进线开关拉开后，高压侧部分的操作在网控完成。

五、注意事项

（1）在 1（2）号机组并网后、倒厂用电前，才允许将 1（2）号高压厂用变压器 6kV 侧分支电源进线开关 6111（6211）、6112（6212）开关送电。

（2）在 1（2）号机组解列前、倒完厂用电后，立即将 1（2）号高压厂用变压器 6kV 侧分支电源进线开关 6111（6211）、6112（6212）开关停电。

（3）在 1（2）号机组事故跳闸，厂用电正确切换完毕后，立即将 1（2）号高压厂用变压器 6kV 侧分支电源进线开关 6111（6211）、6112（6212）开关停电。

（4）对上述开关无论是停电，还是送电操作前，都要检查 DCS 上开关无合闸指令，停送电期间禁止对厂用电快切装置及开关有任何操作。

六、变压器

（一）变压器及设备规范（见表 4-2 和表 4-3）

表 4-2　　　　　　　　　　　变 压 器 规 范

项目 ＼ 设备名称		厂用 PC 变压器	公用 PC 变压器	化学 PC 变压器	空气压缩机 PC 变压器
型　　号		SCF8-2000/6	SCF8-2000/6	S9-1600/6	SCR8-1600/6.3
额定容量（kVA）		2000	2000	1600	1600
额定电压（kV）	高压侧	6.3	6.3	6.3	6.3
	低压侧	0.4	0.4	0.4	0.4
额定电流（A）	高压侧	183.3	183.3	146.6	146.6
	低压侧	2887	2887	2309.4	2309
短路阻抗（%）		6.16	6.16	8.38	5.82
接线方式		Dyn1	Dyn1	Dyn11	Dyn11
冷却方式		空气自冷	空气自冷	油浸自冷	空气自冷/风冷
生产厂家		长春龙源电力设备有限公司	长春龙源电力设备有限公司	哈尔滨变压器厂	长春龙源电力设备有限公司

表 4-3 变压器设备规范

项目 \ 设备名称		照明 PC 变压器	除尘 PC 变压器	除灰水升压变压器	补给水升压变压器
型　号		SCR8-500/6.3	SCR8-2000/6	S9-2000/10	S9-2000/10
额定容量（kVA）		500	2000	2000	2000
额定电压（kV）	高压侧	6.3	6.3	6	6
	低压侧	0.4	0.4	10.5	10.5
额定电流（A）	高压侧	45.82	183.3	192.45	192.45
	低压侧	721.7	2886	109.97	109.97
短路阻抗（%）		6.08	6.12	6.04	6.04
接线方式		Dyn11	Dyn11	Da0	Da0
冷却方式		空气自冷	空气自冷/风冷	油浸自冷	油浸自冷
生产厂家		长春龙源电力设备有限公司	长春龙源电力设备有限公司	哈尔滨变压器厂	哈尔滨变压器厂

（二）投入前的检查项目

（1）将全部工作票收回，拆除所有临时安全措施，恢复固定安全措施，由检修人员详细交代检修、调整、试验情况。

（2）做各侧开关的拉、合闸及保护动作跳闸试验良好，变压器继电保护具备投运条件。

（3）油色、油位正常，各处无渗、漏油现象。

（4）气体继电器充满油、无气体。

（5）各接头无松动，本体清洁无杂物，外壳接地牢固，接地线入土处无锈蚀现象。

（6）吸湿器硅胶颜色正常。

（7）套管清洁无损坏、裂纹及放电痕迹，封闭母线完整，接头已接好。

（8）压力释放阀良好。

（9）干式变压器微机温度控制仪和油浸式变压器温度表工作正常。

（10）测量表计信号正常，保护连接片投入正确。

（11）储油柜、气体继电器各截门均已打开。

（12）变压器室无漏水现象，通风畅通，消防器材齐全。

（三）测变压器绝缘电阻和吸收比

（1）电压等级为 6kV 以上的绕组，测量绝缘电阻应使用 2500V 绝缘电阻表，0.4kV 的绕组使用 500V 绝缘电阻表。

（2）油浸式变压器绕组绝缘电阻允许值见表 4-4。

表 4-4　　　　　　　油浸式变压器绕组绝缘电阻允许值（MΩ）

高压绕组电压等级	温　度（℃）							
（kV）	10	20	30	40	50	60	70	80
3～10	450	300	200	130	90	60	40	25
60～220	1200	800	540	360	240	160	100	70
500	≥2000							

（3）干式变压器绕组绝缘电阻允许值见表 4-5。

表 4-5　　　　　　　干式变压器绕组绝缘电阻允许值（MΩ）

高压绕组电压等级	温　度（℃）				
（kV）	10	20	30	40	50
3～10	450	300	200	130	90

（4）电压为 0.4kV 的变压器绕组，绝缘电阻不低于 0.5MΩ。

（四）运行监视

（1）变压器在运行中，电压在额定值的 95％～105％以内变动时，其额定容量不变，最高运行电压不得超过各分接头相应额定的 105％。

（2）干式变压器的绕组平均温度按绝缘等级确定，F 级绝缘温升限制值不超过 100℃，B 级绝缘温升限制值不超过 80℃。

（3）当干式变压器温度达到 130℃时报警，150℃时变压器跳闸。油浸自冷变压器上层油温一般不宜经常超过 85℃，最高不得超过 95℃，温升不得超过 55℃。

（五）运行中的检查

（1）充油部分无渗、漏油现象，油位、油色正常。

（2）各部接头无过热现象，声音无剧烈变化及放电声。

（3）气体继电器应充满油、无气体，通往储油柜的截门应在打开位置。

（4）油浸变压器温度正常。

（5）干式变压器微机温度控制仪温度指示正常，外部清洁完好，无异声、焦嗅现象。

（6）呼吸器无堵塞、吸湿剂颜色正常。

（7）变压器中性点接地应良好。

（8）压力释放阀完好，外壳接地线应牢固无损坏。

（9）过负荷时，应监视油温、绕组温度的变化，接头无过热现象。

（10）故障后，检查有关接头有无变形，中性点无烧伤痕迹。

（11）室内变压器注意室温不过高，通风良好，无漏水，照明充足，门窗完好。

（六）异常及事故处理

1. 紧急停止变压器运行的情况。

（1）变压器声响明显增大，很不正常，内部有爆裂声。

（2）压力释放阀喷油。

（3）铁壳破裂严重渗、漏油，使油面下降到油位的最低限度，轻瓦斯保护动作发信号。

（4）油色变化过甚，油内出现炭质等。

（5）套管严重损坏、放电，接头引线发红，熔化、熔断。

（6）变压器冒烟着火，干式变压器有放电声并有异味。

（7）变压器已出现故障，而保护或开关拒动作。

（8）变压器无保护运行（直流接地或更换熔断器等能立即恢复者除外）。

（9）轻瓦斯信号动作，放气检查为可燃或黄色气体。

（10）发生直接威胁人身安全的危急情况。

2. 变压器着火

（1）立即切断电源。

（2）若变压器顶盖着火，开启事故放油阀放油，使油位低于着火处；如变压器内部故障引起着火则不能放油，防止变压器爆炸。

（3）投入变压器灭火设备（如干粉、CO_2、1211 灭火器灭火），通知消防队，并按电气消防规程进行灭火。

3. 瓦斯信号动作

（1）瓦斯信号动作时，对变压器的外观、声音、温度、油位、负荷进行检查，是否由于滤油、加油或积聚空气及油位降低等原因引起，油面过低应处理。

（2）变压器内部故障或变压器温度异常升高，取样判明成分，并作色谱分析。

（3）因油内分出剩余空气引起信号动作时，应放气并注意下次动作的时间间隔，如间隔时间逐渐缩短，汇报领导采取措施。有备用变压器时，切换备用变压器运行，瓦斯保护不允许只投信号。

（4）经检查确认变压器无故障，且气体继电器集气室无气体或很少，则可能是二次回路故障造成误报警，通知维护人员处理。

（5）故障可根据表 4-6 判断，确认变压器内部故障，将变压器停止运行。

表 4-6   变压器内部故障

气体性质	故障性质	气体性质	故障性质
无色、无嗅、不可燃	油中分离空气	浅灰色、强烈臭味、可燃	纸或纸板故障
黄色、不易燃烧	木质故障	灰色和黑色、易燃	油故障

七、电动机

（一）启动前的检查

（1）有关工作票全部收回，电动机上或其附近无杂物。

（2）电动机联轴器已接好，保护罩完整牢固，所带机械设备良好。

（3）油质合格、油位正常，润滑油流正常，无渗漏。

（4）电动机外壳接地线良好，地脚螺栓应紧固。

（5）滑动轴承的电动机应检查油位、油色正常，顶盖关闭严密，轴承采用强制润滑及用水冷却者，应先将油水系统投运。

（6）检查机械部分无卡涩、摩擦现象。

（7）电动机加热器已停止。

（8）电气仪表及热工仪表完整，电动机综合保护装置运行正常及联锁投入正确。

（9）外部强制通风的电动机通风机已投运。

（10）电动机定子、转子、启动装置引出线开关等设备内无异物。

（11）备用电动机定期测绝缘周期与辅机定期切换试验周期相同，即在辅机进行定期切换或试验前，必须测量电动机绝缘合格后方可进行。

（12）在机组长期停止备用时每月 5、20 日对备用的电动机进行定期测绝缘工作。另外，在辅机大小修后设备试运前、机组整体由检修转入备用前或备用转入运行前必须测量电动机的绝缘。

（13）电动机在停止运行时，曾发生过汽、水淋及电缆受严重碰撞或挤压，引起绝缘电阻下降及停用时间超过 7 天，在启动前或转入热备用状态时，均应对电动机及电缆进行绝缘测定，测定合格后方可投运，绝缘电阻的规定：

1）直流电动机的绝缘电阻用 500V 绝缘电阻表测定，其阻值不低于 0.5MΩ；

2）6kV 电动机定子绕组的绝缘电阻值不小于 6MΩ，绝缘电阻如低于前次测量值（相同环境温度条件）的 1/5～1/3，应查明原因；

3）380V 及以下电动机的定子绕组绝缘电阻值不小于 0.5MΩ；

4）容量为 500kW 以上的电动机测绝缘 $R60''/R15''$ 吸收比大于 1.3；

5）备用中的电动机应定期测绝缘，6kV 电动机一般每月测两次。

（二）启动注意事项

（1）鼠笼式电动机在冷热状态下允许启动次数应按制造厂规定执行，如无制造厂规定，异步电动机正常情况下，在冷态下允许启动 2 次，每次间隔不得小于 5min；在热态（50℃以上）下允许启动 1 次，只有在事故处理及启动时间不超过 2～3s 的电动机，可多启动 1 次。

（2）在进行动平衡试验时启动间隔：200kW 以下的电动机，不应小于 0.5h；200～500kW 的电动机，不应小于 1h；500kW 以上的电动机，不应小于 2h。

（3）启动时，值班员应监视启动电流和启动时间，发现异常时应立即停止启动查明原因。

（4）启动大型电动机或直流电动机前，应通知集控电气助理值班工程师注意监视母线电压。

（5）重要的电动机失去电压或电压下降时，禁止手动切断厂用电动机。

（6）备用设备的电动机自动投入后，应对电动机进行检查。

（7）电动机启动应逐台进行，一般不允许在同一母线上同时启动两台及以上电动机。

八、封闭母线技术规范

（一）正常运行中的检查项目

（1）检查发电机封闭母线微正压装置工作正常。

（2）检查发电机封闭母线外壳温度最高不允许超过 70℃，最高允许温升为 30℃；导体允许最高温度为 90℃，最高允许温升为 50℃。

（3）检查各相封闭母线外壳软连接处各连接导体无过热现象，且温度均匀，无个别温度差较大的现象。

（4）检查封闭母线短路板无明显过热现象。

（5）每月10、25日对封闭母线微正压装置的储气罐手动进行排水一次，以防止自动疏水器失灵，造成封闭母线内受潮。

九、柴油发电机

（一）柴油发电机组规范（见表4-7）

表4-7　　　　　　　　　　　柴油发电机组规范

设备名称	项　目	单　位	规　　　范
柴油机	型　号		16V-92TA
	类　型		2冲程，16缸V形布置，汽轮机驱动闭式循环水散热器，直喷式高速柴油发动机
	额定输出		620kW/1500r/min
	冷却方式		带散热器的空气冷却
	耗燃料量	l/h	212
	润滑油消耗量	l/h	0.5
	启动方法		电启动
	生产厂家		美国DDC公司
发电机	类　型		三相同步发电机（573RSL4164）
	额定容量	kVA	775
	额定电压	V	380
	额定电流	A	950
	额定频率	Hz	50
	额定转速	r/min	1500
	功率因数		0.8

（二）启动前检查

（1）检查柴油储油量满足运行要求。

（2）检查柴油机冷却器内充满水，冬季要求室温在0℃以上，否则冷却器内应加防冻剂。

（3）检查润滑油油位在"F"和"L"之间。

（4）检查整流装置工作正常。

（5）发电机组出口开关在合位。

（6）柴油发电机组在良好备用状态下，检查控制开关在"AUTO"位，其他转换开关位置正确。

（7）检查蓄电池电压正常（24V）。

（8）检查柴油机各部分无漏水、漏油现象。

（9）机组周围清洁、无杂物、无其他异常现象。

（10）柴油机室照明充足、通风良好，无进、水进汽现象。

（11）检修后、运行前用500V绝缘电阻表测量定子对地绝缘电阻不小于2MΩ，测量转子绝缘电阻时联系检修人员进行，转子对地绝缘电阻不小于0.5MΩ。

第五节　直　流　系　统

直流系统是发电厂厂用电中最重要的一部分，它应能保证在任何事故情况下，都能可靠和不间断地向直流系统所带设备设备供电。直流系统的供电对象主要有继电保护、自动装置、信号设备、通信纺织系统、开关电器操作、直流动力负荷、事故照明等。

蓄电池组是一种独立可靠的直流电源，在发电厂中得到普遍应用。大机组电厂中，一般设有多个彼此独立的直流系统。直流系统示意图见图4-2、图4-3。

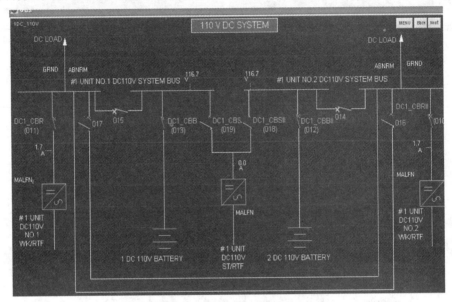

图 4-2　110V 直流系统示意图

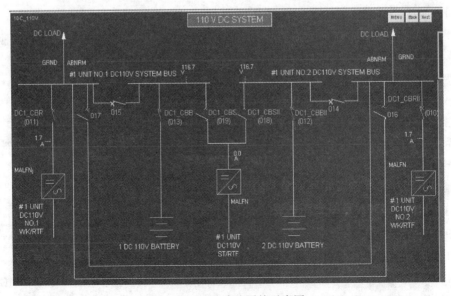

图 4-3　220V 直流系统示意图

一、110V、220V 直流系统规范

（一）110V 蓄电池规范（见表 4-8）

表 4-8　　　　　　　　　　　110V 蓄电池规范

蓄电池组电压（V）		110	并列数（个）		53
型　　号		FM-600	容量（Ah）		600
10h 放电率	电　流（A）	50	1h 放电率	电　流（A）	300
	容　量（Ah）	600		容　量（Ah）	300

（二）110V 充电机规范（见表 4-9）

表 4-9　　　　　　　　　　　110V 充电机规范

项　　目	单　位	数　值
型　　号		GZDW-132-600/110
输入电压范围	V	304~456
频　率	Hz	49.5~50.5
额定输出电压	V	110
自动稳压范围	$\% U_{oe}$	80~125
自动稳流范围	$\% I_{oe}$	0~125
稳压精度	%	−0.5~0.5
稳流精度	%	−0.5~0.5

（三）220V 蓄电池规范（见表 4-10）

表 4-10　　　　　　　　　　　220V 蓄电池规范

蓄电池组电压（V）		110	并列数（个）		104
型　　号		FM-1600	容量（Ah）		1200
10h 放电率	电　流（A）	50	1h 放电率	电　流（A）	300
	容　量（Ah）	1200		容　量（Ah）	300

（四）220V 充电机规范（见表 4-11）

表 4-11　　　　　　　　　　　220V 充电机规范

项　　目	单　位	数　值
型　　号		GZDW-132-1600/220
输入电压范围	V	304~456
频　率	Hz	49.5~50.5
额定输出电压	V	220
自动稳压范围	$\% U_{oe}$（V）	80~125
自动稳流范围	$\% I_{oe}$（A）	0~125
稳压精度	%	−0.5~0.5
稳流精度	%	−0.5~0.5

二、集控 110、220V 直流系统

（一）110V 直流系统运行方式

（1）110V 直流系统为单母线分段接线方式。

（2）正常运行时，两台工作充电机各带一组蓄电池，工作充电机向所带的直流母线负荷供电，并以小电流向蓄电池浮充电。

（3）当工作充电机故障时，由备用充电机代替故障充电机运行，备用充电机至两段母线之间有转换开关，并能防止两组蓄电池并列运行。

（4）正常运行时必须保证蓄电池有足够的浮充电流，任何情况下不得用充电机单独向直流母线供电。

（5）当第一（第二）组蓄电池退出运行时，合上母线联络转换 017 开关（母线联络转换 016 开关），由第二（第一）组蓄电池及充电机带两段直流母线运行，1（2）号充电机退出运行。

（二）220V 直流系统运行方式

（1）220V 直流系统为单母线接线方式。

（2）正常运行时，工作充电机带一组蓄电池，并通过母线联络转换开关向各自母线的直流负荷供电。

（3）备用充电机至两台工作充电机直流母线之间有转换开关，并能防止两组蓄电池并列运行。

（4）当工作充电机故障时，由备用充电机代替故障充电机运行。

（5）当 1（2）号充电机蓄电池退出运行时，合上 1 号充电机母线联络转换 034 开关（母线联络转换 039 开关），由 1（2）号充电机蓄电池及充电机带两段直流母线运行，1（2）号充电机退出运行。

（三）运行监视

（1）通过 WZJJ-Ⅱ型绝缘监察及接地选线装置，监视直流系统运行情况。

（2）110V 直流母线电压，正常应保持在 114～117V 运行；220V 直流母线电压，正常应保持在 227～231V 运行。

（3）蓄电池室温度适宜 5～35℃，室内清洁通风良好，无漏水、漏汽、进灰现象，并严禁烟火。

（4）每个电池电压正常应保持在 2.24V。

（5）蓄电池各连接部件接触良好，无腐蚀、过热现象。

（四）操作注意事项

（1）在进行直流运行方式切换时，尽量避免启动辅机。

（2）不论充电机工作与否，均可进行主浮充设定和均充设定。

（3）当面板显示充电机控制部分死机时，按充电机操作面板上的"复位"键复位，复位后必须重新进行参数设置。

（4）正常运行时必须保证蓄电池足够的浮充电流，任何情况下不得用充电机单独向直流母线供电。

（5）当微机接地选线装置故障或检修时，可用备用绝缘监察继电器和过、欠电压继电器代用，将转换开关置"备用继电器工作"位；接地选线装置恢复正常后，转换开关置"接地检测仪工作"位。

三、不停电电源 UPS

（一）UPS 规范（见表 4-12）

表 4-12　　　　　　　　　　　UPS　规　范

项　　目	单　位	数　　值
型　　号		PEW1060-220/220
额定容量	kVA	60
整流器输入电压	V	380
逆变器输出电压	V	220
蓄电池电压	V	220
切换时间	ms	<2

（二）运行方式

（1）正常运行方式：正常情况下由来自 380V PC 段的电源为 UPS 供电，首先经整流器整流成 220V 直流后，再由逆变器逆变成 220V 的交流电源为 UPS 各负荷供电，此时蓄电池直流系统被逆止二极管隔离。

（2）旁路方式：UPS 由接于 380V 事故保安段的旁路电源供电。

（三）UPS 启动

（1）合上 UPS 交流电源开关。

（2）如果系统编程于自动启动，60s 后系统自动启动，否则执行下一步。

（3）按"SYSTEM ON"键，系统启动。

（4）合上蓄电池出口直流开关。

（5）按两次"C"键，复位告警发光二极管的告警指示。

（6）检查 UPS 启动正常，无异常信号。

第五章 机组保护及试验

机、炉、电大联锁简图见图 5-1。

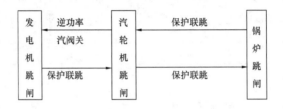

图 5-1　机、炉、电大联锁简图

第一节　锅炉保护及试验

一、锅炉保护

（一）油燃料跳闸（OFT）

油层投运后，下述任一条件满足后，油燃料跳闸（OFT）：

（1）发出"油跳闸阀关指令"两次。

（2）油压力达低Ⅱ值 0.5MPa 超过 5s。

（3）油压力达 2.1MPa 超过 5s。

（4）MFT。

（二）主燃料跳闸（MFT）

下列保护任一动作后，主燃料跳闸（MFT）：

（1）CCS 电源丧失达 2s。

（2）汽包水位低Ⅲ值 -330mm 达 3s。

（3）汽包水位高Ⅲ值 240mm 达 3s。

（4）两台送风机全部跳闸。

（5）两台引风机全部跳闸。

（6）两台空气预热器全部停转。

（7）锅炉风量低于 25% 达 5s。

（8）炉膛压力达高Ⅱ值 3300Pa。

(9) 炉膛压力达低Ⅱ值－2540Pa。

(10) 汽轮机跳闸后 1s。

(11) 两个 MFT 按键同时按下。

(12) 火焰检测器（简称火检）探头冷却风丧失达 120s。

(13) 丧失燃料：下列任一条件产生，就会引发"丧失燃料跳闸"：

1）所有煤层的 PC 门全部关闭且所有油层的油枪全部切除；

2）所有煤层的 PC 门全部关闭且所有油层的油枪在投运而油跳闸阀却关闭。

(14) 全炉膛灭火：任一煤层投入后，当所有的六层火焰检测器都表示"无火"时，发出"全炉膛灭火"信号。

（三）主燃料跳闸（MFT）后的联锁

(1) 发出"MFT"报警信号。

(2)"吹扫完成"信号撤除。

(3) 跳闸首出在 CRT 上显示并保持到再一次 5min 炉膛吹扫周期完成后复归。

(4) 磨煤机的控制方式置"手动方式"。

(5) 切除全部投运的磨煤机、给煤机。

(6) 关闭全部一次风管的截止阀、吹扫阀。

(7) 关闭油跳闸阀。

(8) 关闭所有油枪的油角阀、雾化蒸汽阀。

(9) 记时器启动，5s 记时结束后，"失去燃料跳闸准备"记忆信号撤除，"炉膛内有火"信号也撤除。

(10) 跳闸汽轮机。

(11) 跳闸全部一次风机。

(12) 跳闸吹灰器。

(13) 开启全部燃料风挡板。

(14) 开启全部辅助风挡板并记忆置最大开度且"手动"控制。

(15)"油层启动许可"和"任一煤层启动许可"信号撤除。

(16) 给 HPM SOE 卡送"MFT"信号。

(17) 给 ILS 系统送"MFT"信号。

(18) 给 CCS 系统送"MFT"信号。

（四）跳闸后吹扫保护

(1) 当下列条件同时满足时，"跳闸后吹扫准备"信号确立：

1）油跳闸阀关闭；

2）全部油层都切除；

3）全部煤层一次风管截止阀关闭；

4）全部煤层一次风管吹扫阀关闭；

5）锅炉风量大于 30%；

6）全部煤火焰检测器显示无火焰。

（2）当"跳闸后吹扫准备"信号确立后，进行5min计时吹扫，结束后若有"炉膛压力过高或过低"信号建立，则发出"跳闸送、引风机"指令。

（3）当任一油层投运后，"跳闸后吹扫准备计时5分钟"记忆信号撤除，将阻止"跳闸送、引风机"指令的建立。

（五）油燃料跳闸（OFT）后的联锁

（1）发出"OFT"报警信号，"OFT"首出原因在CRT上显示且保持。

（2）油层控制自切为"手动"方式。

（3）关闭油跳闸阀，开启油再循环阀。

（4）关闭油角阀、雾化蒸汽阀。

二、锅炉试验

（一）冷态启动锅炉试验项目

（1）水压试验（受热面检修后）。

（2）FSSS有关试验：

1）锅炉MFT试验；

2）锅炉OFT试验；

3）制粉系统主要试验。

（3）安全阀整定试验（安全阀检修后）。

（4）探头冷却风机联动试验。

（5）送风机液压油泵联动试验。

（6）引风机液压油泵联动试验。

（7）工业水泵联动试验。

（8）生水泵联动试验。

（9）引风机电动机油站油泵联动试验。

（10）空气预热器主电动机与气动马达联动试验。

（11）空气预热器润滑油泵联动试验。

（二）水压试验

1. 试验条件及要求

（1）水压试验由生产部主持，检修部负责受热面检查及设备安装和拆除，发电部负责进水操作。

（2）锅炉水冷壁、过热器、省煤器、再热器等承压部件经检修后，必须进行风压或上水检查。锅炉安装和恢复性大修后，应进行超压试验，超压试验应按《电力工业锅炉监察规程》的有关规定执行，其试验压力为汽包工作压力的1.25倍，再热器超压试验压力是再热器进口工作压力的1.5倍。

（3）水压试验时，锅炉过热器和省煤器及水冷壁作为一个整体进行，再热器系统单独进行。

（4）水压试验必须在承压部件检修工作全部完成，工作票已交回，锅炉本体和尾部烟道无人工作时进行。

（5）水压试验上水前，有关系统电动阀等应检修试验完毕。

（6）水压试验时必须有防汽轮机进水的措施。

（7）联系配合热工人员将汽包、过热器、再热器、给水管道压力表和电触点水位计投入，其压力表必须经校验，准确可靠。

（8）工作压力试验时解列安全阀，超压试验时所有安全阀、水位计必须可靠隔离。

2. 水压试验的准备工作

（1）水压试验必须准备足够数量的合格的除盐水或化学纯水，其水质要求：pH＝10，固体含量小于 1mg/kg，含氧量为 0。

（2）水压试验前闭式冷却水系统、辅助蒸汽系统、凝结水系统、给水系统必须试运正常。

（3）排污降温池正常、排水泵无检修工作，放入的水能及时回收。

（4）给水不通过各高压加热器。

（5）水压试验时必须缓慢而均匀地进水，水温必须大于 21℃，防止受热面的应力集中，开启省煤器再循环阀及所空气阀，关闭所有疏水阀。

（6）严格控制进水时间，一般应达 4h，夏季可适当短些，但必须均匀进水。

（7）水压试验前高压主汽阀后疏水阀、高压缸排汽止回阀前疏水阀及中压主汽阀后疏水阀应开启，防止漏泄。

（8）锅炉所有排污阀、顶棚疏水阀、汽水取样阀、加药和 5％旁路阀一次阀处于关闭状态。

（9）水压试验前将主蒸汽水压试验阀门堵板安装就位。

（10）主蒸汽管道各恒力弹簧支吊架做好定位，防止弹簧受力过大塑性变形，范围从锅炉末级过热器出口联箱至水压试验阀后第一个恒力弹簧支吊架。

（11）汽包平台与单控室有良好的通信设备，且照明良好。

（12）水压试验阀门下方应安装接水槽和排水管，附近电气设备应覆盖塑料布。

（13）锅炉上水前记录膨胀指示一次。

3. 一次汽系统充水

（1）按照运行规程锅炉上水至可见水位。

（2）适当减少进水量，汽包满水后，强制关闭汽包事故放水阀。

（3）空气阀设专人监视，按照冒水先后顺序分别、及时关闭，严禁同时关闭，防止空气未排净。

（4）锅炉上水后记录膨胀指示一次。

4. 二次汽系统充水

（1）开启电动给水泵再热器减温水抽头截止阀。

（2）关闭再热器 A、B 侧减温水放水阀。

（3）开启再热器 A、B 侧减温水闭锁阀、手动阀，用调节阀控制上水速度在 50t/h。

（4）再热器排空气阀见水后关闭。

（5）锅炉上水后记录膨胀指示一次。

5. 一次汽系统升压

（1）全部空气阀见水后，用旁路阀和电动给水泵转速控制升压速度。

（2）汽包压力≤10.0MPa 时，升压速度控制在 0.3MPa/min，缓慢升压到 1.0MPa 时停止升压，全面检查无渗漏后可继续升压。

（3）当压力升至 10.0MPa 时，停止升压并通知检修人员检查，检查完毕，继续升压，此时升压速度控制在 0.2MPa/min。

（4）当压力升至 19.2MPa 时，停止升压，关闭省煤器入口给水截止阀和旁路调节阀，降低给水泵转速，维持汽包压力，通知检修人员检查，受压元件金属壁和焊缝没有任何水珠和水雾的泄漏痕迹。

（5）全面检查确定无漏点后，通知运行人员停止电动给水泵泄压。

6. 二次汽系统升压

（1）用减温水调节阀和电动给水泵转速控制升压速度。

（2）升压速度控制在 0.3MPa/min，缓慢升压到 1.0MPa 时停止升压，全面检查无渗漏后可继续升压。

（3）当压力升至 3.0MPa 时，升压速度控制在 0.2MPa/min。

（4）当压力升至 3.77MPa 时，停止升压，关闭减温水调节阀、闭锁阀、手动阀，通知检修人员检查。

7. 水压试验的合格标准

（1）每分钟降压不超过 0.3MPa。

（2）受压金属部件和焊缝没有水珠和水雾痕迹。

（3）做超压试验时，受压部件没有明显变形。

8. 水压试验的注意事项

（1）锅炉进水至汽包满水后，适当减少进水量，空气阀设有专人监视，冒水后及时关闭。

（2）有交接工作时，必须交清阀门的状态。

（3）接近试验压力时，应放慢升压速度，以防超压。

（4）由于过热器是 U 形管布置，只能采用虹吸方法尽量排净过热器内的水。

（三）锅炉联锁试验

1. 试验条件及要求

（1）锅炉检修后必须做总体联锁试验。

（2）联锁试验必须在检修工作结束，工作票收回，辅机启停及事故按钮和辅机保护试验（试验位置）完毕后进行。

（3）试验必须经值长同意，并有电气热控人员在场共同进行。

（4）试验时 6kV 以上设备只送操作电源，380V 设备送操作电源和动力电源，试验时应关闭给煤机下煤管插板及一次风管截止阀。

（5）试验合格后将试验情况做好记录，运行中严禁无故解除。

2. 试验方法和顺序

（1）各设备及其执行机构的电气热工电源送电。

（2）将总联锁和各制粉系统联锁投入，逆顺序合动力开关，应拒动作并报警，将开关复位。

（3）将总联锁和各制粉系统联锁投入，所有参加联锁试验的辅机允许启动条件均满足后，依次启动 A、B 空气预热器、引风机、送风机、一次风机、磨煤机、给煤机。

（4）停止空气预热器主电动机，联启气动马达。

（5）停止全部一次风机，联跳全部磨煤机及全部给煤机。

（6）联锁试验完毕，各风门挡板置于启动前的位置，汇报试验情况并做好记录。

（四）水位保护试验

（1）在锅炉启动前和停炉前进行试验。

（2）采用上水方法进行高水位保护试验，采用排污阀放水的方法进行低水位保护试验。

（3）严禁用信号短接方法进行试验。

（4）当汽包水位高Ⅰ值＋80mm 时发出报警，自动开启事故放水阀一次阀门。

（5）当汽包水位高Ⅱ值＋120mm 时发出报警，自动开启事故放水阀二次阀门。

（6）当汽包水位高Ⅲ值＋240mm 时，触发 MFT（延时 3s 停炉）。

（7）当汽包水位低Ⅰ值－80mm 时发出报警，自动关闭事故放水阀二次阀门。

（8）当汽包水位低Ⅱ值－180mm 时发出报警，自动关闭事故放水阀一次阀门。

（9）当汽包水位低Ⅲ值－330mm 时，触发 MFT（延时 3s 停炉）。

（五）FSSS 功能试验

1．试验条件及要求

（1）机组启动前及 FSSS 系统检修后，均应做 FSSS 功能试验。

（2）FSSS 功能试验前必须经值长同意，并有热工人员在场。

（3）试验必须在 FSSS 系统处于仿真状态下，并确认无误后方可执行。

（4）试验前 FSSS 系统电源正常。

2．油跳闸阀开关试验

（1）在 GUS 画面上调出油跳闸阀控制站，手动开，开指示灯亮。

（2）在 GUS 画面上调出油跳闸阀控制站，手动关，关指示灯亮。

3．炉膛吹扫试验

（1）炉膛吹扫应各做一次吹扫成功、吹扫失败试验。

（2）成功：炉膛吹扫条件满足后，锅炉控制检修人员按下吹扫键，开始计时，由锅炉控制检修人员逐一清除许可条件，吹扫中断指示灯亮。

4．油枪试验

（1）试验条件及要求：没有 MFT 信号，油跳闸阀开，燃油压力正常，雾化空气压力正常，火检监测不到火焰。

（2）油枪启动：调出欲启动油层功能块；按下启动按钮，检查油枪是否按如下程序动作：油枪进→点火器进→点火器打火→吹扫阀开→吹扫阀关→油角阀开→点火器退出。

（3）第一支油枪点着后等 15s 后点第二支，依次类推。

（4）油枪停止：调出欲停油层功能块；按下停按钮，检查油枪是否按如下程序动作：油角阀关→吹扫阀开→点火器失电→点火器退出→油枪退出。

（5）15s 后再停第二支，依次类推。

5. 探头冷却风试验

（1）预选 A 风机，启动 A 风机，相应指示灯亮。

（2）预选 B 风机，启动 B 风机，相应指示灯亮。

（3）由热工人员将风压低信号解除，停 A、B 风机。

（4）预选任一风机并启动，由锅炉控制检修人员模拟风压低信号，联启备用风机。

6. 磨煤机有关试验（保护试验）

（1）给煤机、磨煤机送电（磨煤机送试验位）。

（2）热工人员通过编程器，逐项模拟跳磨煤机条件，在 GUS 画面上观察磨煤机出口一次风管截止阀，给煤机、磨煤机跳闸，相应指示灯是否亮。

7. MFT 试验

（1）一次风机、送风机、引风机、磨煤机送电（试验位）。

（2）手动开过热器、再热器减温水闭锁阀、调节阀。

（3）打开油跳闸阀，关油跳闸阀前手动阀。

（4）热工人员通过编程器逐项模拟 MFT 跳闸条件，OIS 画面上应显示 MFT 动作，从画面上看 MFT 动作后，MFT 直接动作对象是否正确动作。

（5）模拟吹扫完成条件，复位 MFT 信号，试验完成。

8. 空气预热器主电动机、气动马达联动试验

（1）启动主电动机，停止主电动机。

（2）气动马达自动启动，停止气动马达。

9. 送、引风机液压油泵联动试验

（1）启动一台油泵。

（2）通知热工人员强制压力低开关，备用泵自动启动。

（3）停止油泵运行。

第二节　汽轮机保护及试验

一、汽轮机保护

（一）汽轮机主保护（见表 5-1）

表 5-1　　　　　　　　　　　　汽轮机主保护

序号	项　目	单位	动作值	备　注
1	机械飞环		$110\% n_0$（n_0 为额定转速）~$112\% n_0$（n_0 为额定转速）	复位值 102%
2	汽轮机现场跳闸手柄			
3	用户跳闸		锅炉 MFT、发电机主保护动作	

续表

序号	项 目	单位	动作值	备 注
4	定子冷却水压力 L 报警	MPa（psi）	0.16（23.26）	
5	定子冷却水量 LL 报警	L/m	59	
6	发电机定子冷却水出水温度 H	℃	93.8	
7	连接环流量 L 报警	L/m	12	
8	主油泵出口油压 L 报警	MPa（psi）	0.69（100）	转速≥2250
9	低压缸次末级温度 H 报警	℃	232	204 报警
10	低压缸排汽温度 H 报警	℃	107	93 报警
11	抗燃油母管压力 L 报警	MPa（psi）	7.58（1100）	
12	汽轮机轴承润滑油母管压力 L 报警	MPa（psi）	0.082 7（12）	
13	汽轮机真空 LL 报警	kPa	25.4	汽轮机转速≥300r/min
14	汽轮机高压缸排汽温度 H 报警	℃	440	延时 15min
15	汽轮机高压缸排汽温度 HH 报警	℃	468.3	
16	汽轮机推力轴承磨损	（mils）	≤−30 或≥30	≤−25 或≥25 报警
		mm	≤−0.762 或≥0.762	≤−0.635 或 ≥0.635 报警
17	加速度大	/s	16% n_0	
18	轴振动高	mm（mils）	0.229（9）	0.152（6）报警 高、中速
19	轴振动高	mm（mils）	0.102（4）	0.076（3）报警 低速
20	转速信号丢失		0	
21	电气超速跳闸		115% n_0	
22	机械跳闸试验		110%～112%	
23	24V 跳闸总线失电			
24	125V 跳闸总线失电			
25	低压胀差	mm（mils）	≤−8.14（−320） 或≥15.9（625） 延时 10s	≤−7.38（−290） 或≥15.14（595） 报警
26	高压胀差	mm（mils）	≤−7.112（−280） 或≥9.398（370） 延时 10s	≤−6.36（−250） 或≥8.65（340） 报警
27	旁路运行	℃	≤121 或≥343	温度高 延时 15s 跳
28	手动跳闸		同时揿两个跳闸按钮	
29	<R><S><T> 模件两个以上损坏		通过 ETR1、ETR2 继电器跳汽轮机	
30	<X><Y><Z> 模件两个以上损坏		通过 ETR1、ETR2 继电器跳汽轮机	

（二）汽轮机跳闸

在反流状态下出现下列情况，将引起汽轮机跳闸：

（1）发电机并网后出现高压缸旁路系统关闭。

（2）汽轮机旁路系统跳闸。

（3）在汽轮机转速大于 2250r/min 时，出现：

1）旁路系统跳闸；

2）旁路退出。

（三）汽轮机辅助保护

1. 功率负荷不平衡（PLU）

（1）动作条件：当功率超过额定负荷 40% 或 35ms 及更短的时间内失去发电机电流时。

（2）动作方式：

1）负荷切到 0；

2）快速关闭高中压调节阀；

3）动作条件消失后，延时 1s，中压调节阀开启；

4）再热压力下降到 40% 额定值以下，PLU 复位，将机组转速控制在额定值附近，准备并网。

2. 早期阀动作（EVA）

（1）动作条件：当汽轮机功率（取再热蒸汽压力）与发电机负荷（兆瓦）差值达到或超过额定值的 70%，或 35ms 及更短的时间内失去发电机电流时及来自外部的 EVA 条件允许。

（2）动作方式：EVA 保护动作使得中压调节阀快速关闭 1s，报警窗发出报警，如故障消失，则汽轮机的调节阀控制可以保持发电机稳定运行。

3. 中压触发器（IVT）

（1）动作条件：

1）再热蒸汽压力大于 10%；

2）主蒸汽压力大于 2%；

3）中压调节阀阀位与中压调节阀阀位参考偏差大于 10%。

（2）动作方式：快关中压调节阀，当阀位偏差恢复正常后，ITV 自动取消，中压调节阀恢复控制。

（四）主机跳闸后的联锁

（1）关闭主汽阀和调节汽阀。

（2）关闭中压联合汽阀。

（3）关闭高压缸排汽止回阀。

（4）关闭各段抽汽止回阀和电动阀。

（5）开启汽轮机所有疏水阀（主、再热蒸汽管道，止回阀前后和缸体及抽汽管道上）。

（6）开启平衡阀。

（7）逆功率联跳发电机。

（8）联跳锅炉。

二、汽轮机试验

（一）冷态启动汽轮机试验

（1）汽轮机盘车自投试验。

（2）盘车油泵、电动抽吸泵和事故油泵自投试验。

（3）事故密封油泵自投试验。

（4）汽轮机就地及远方手动脱扣试验。

（5）升速过程中的充油跳闸试验。

（6）机械活塞跳闸试验。

（7）电气超速跳闸试验。

（8）抽汽止回阀、高压缸排汽止回阀活动试验。

（9）阀门严密校验试验。

（10）给水系统联动试验（电动给水泵、汽动给水泵、给水泵汽轮机联锁试验）；

（11）其他辅助设备联动试验：

1）EH 油泵联动试验；

2）密封油泵联动试验；

3）发电机定子冷却水泵联动试验；

4）凝结水泵联动试验；

5）循环水泵联动试验；

6）循环水升压泵联动试验；

7）给水泵汽轮机润滑油系统联动试验；

8）直流事故润滑油泵低油压联动试验。

（二）汽轮机运行中试验

1. 主汽阀活动试验

（1）试验要求：

1）机组工况稳定，阀位限制、主蒸汽压力限制未动作，负荷快速返回和设定返回未动作；

2）汽轮机不在遥控方式；

3）试验可在满负荷下进行，但为了减少负荷变化，一般可在 80% 额定负荷以下进行；

4）不得同时进行两只主汽阀试验。

（2）试验步骤：

1）调出主汽阀试验画面；

2）点击 1 号主汽阀 "START"，1 号主汽阀关闭后再打开，全过程试验时间大约为 10s；

3）观察 1 号主汽阀开启后恢复原位；

4）待 1 号主汽阀恢复正常后 5min，进行 2 号主汽阀活动试验；

5）试验中注意负荷及主蒸汽压力变化，负荷变化一般小于 5% 额定值；

6）试验中注意阀位指示是否正常，必要时到现场检查是否有卡涩现象；

7）对于试验中的任何部分出现故障，均应减负荷后停机，待负荷到"0"或在微逆功率下，解列发电机，消除故障后再恢复运行。

2. 高压调节阀活动试验

（1）试验要求：

1）机组工况稳定，不选择功率反馈功能，高压调节阀试验偏差小于最大极限，阀位限制和主蒸汽压力限制未投入，负荷快速增减未动作；

2）第一级压力大于额定压力的 20%；

3）级压力反馈（SPF）投入（自动投入）；

4）依次进行每只阀门的测试；

5）4 号调节阀试验时，采用全周进汽；

6）试验中注意阀位关闭时是否正常，同时注意其他非试验阀门是否相应增大开度。

（2）试验步骤：

1）调出"控制阀试验"画面；

2）点击 1 号调节阀"START"，调节阀全开全关的时间是 30s；

3）点击"STOP"，观察 1 号调节阀恢复至原位；

4）依次重复操作 2、3、4 号调节阀（每次重复操作应间隔 4min）；

5）试验中注意阀位曲线是否正常，必要时到现场检查是否有卡涩现象；

6）对于试验中任何部分的故障，要求立即减负荷到零后停机，待负荷到"0"或在微逆功率下，解列发电机，消除故障后再恢复运行。

3. 中压联合汽阀（简称中联门）活动试验

（1）试验要求：

1）机组工况稳定，汽轮机在顺流方式，汽轮机阀位限制和主蒸汽压力限制未投入，负荷快速增减未动作；

2）另一只中联门全开；

3）依次进行每只阀门的测试。

（2）试验步骤：

1）调出"中联门试验"画面；

2）点击 1 号中联门试验"START"，观察 1 号 IV 阀先关，然后 RSV 阀关闭，开启时顺序相反，关闭和再打开约需 10s；

3）待 1 号中联门试验结束稳定 5min 后，进行 2 号中联门试验；

4）试验中应注意阀位曲线是否正常，必要时应到现场检查是否有卡涩现象；

5）试验中注意再热蒸汽压力、汽轮机功率变化情况；

6）对于试验中发生的任何故障，要求立即减负荷停机，待负荷到"0"或在微逆功率下，解列发电机，消除故障后再恢复运行。

4. 主汽阀和调速汽阀严密性试验

（1）试验原则：

1）大修前后；

2）运行机组 6～12 个月。

（2）调速汽阀严密性试验：

1）汽轮机在额定压力下，以全周进汽方式带 10％～20％额定负荷至少运行 1h；

2）汽轮机控制器设在无旁路运行方式；

3）迅速减负荷到零，观察发电机反向电流；

4）当汽轮机减去全部负荷后，断开发电机开关和励磁开关；

5）保持速度设定在"额定转速"，并维持真空；

6）在 MARK V 主菜单上选择"阀门严密性试验"画面，点击"START"；

7）在速度负荷画面上观察汽轮机转速能降至或小于 67％额定转速，即为调速汽阀严密性合格；

8）在"阀门严密性试验"画面上，点击"STOP"（汽轮机所有阀门均关闭）；

9）重新复位汽轮机，转速目标选定"3000r/min"和合适的升速率，汽轮机升到额定转速。

（3）主汽阀严密性试验：

1）在 MARK V 主菜单上选择"阀门严密性试验"画面，点击"SV 严密性试验""START"；

2）在另一台 MARK V CRT 上选择"速度/负荷"画面，观察转速下降情况；

3）当汽轮机转速降至额定转速的 67％以下时，即为主汽阀严密性试验合格；

4）在阀门严密性试验画面中点击"STOP"，停止试验；

5）若汽轮机要保持继续运行，重新复位汽轮机，转速目标选定"3000r/min"和合适的升速率，汽轮机升到额定转速；

（4）以上两项试验若不能使汽轮机转速降至 67％额定转速以下，则应对阀门进行检修，使其符合要求。

（5）若试验期间，锅炉不能维持额定压力（5％的超压）运行，则最大合格转速应根据锅炉的实际压力进行修正。

5. 机械超速跳闸试验（充油试验）

（1）试验目的：试验机械跳闸装置能否正确动作，使 MTV 跳闸。

（2）试验要求：

1）试验可在线、离线测试；

2）EH 油系统工作正常。

（3）试验步骤：

1）在 MARK V 主菜单上调出"保护试验（PROTECTIVE TESTS FRONT STANDARD）"画面，以供操作。

2）在另一台 MARK V 主菜单上调出"液压跳闸系统（HYDRAULIC TRIP SYSTEM）"画面，检视跳闸阀状态。

3）在"保护试验"画面上，点击机械跳闸系统"闭锁（LOCK OUT）"。

4）检查"液压跳闸系统"画面上，机械跳闸闭锁电磁阀（MLV）"闭锁（LOCK OUT）"。

5）点击机械跳闸试验"ON"。

6）观察"机械超速跳闸（MECH O/S TRIP）"已跳闸，"机械跳闸（MECH TRIP）"已跳闸。

7）点击机械超速跳闸试验"停（OFF）"。

8）观察"机械超速跳闸（MECH O/S TRIP）"已复位，约 8s 后"机械跳闸系统"释放（UNLOCK）。

9）指示灯亮，试验结束。

10）试验失败采取的措施：试验失败前再次输入最后的指令，如跳闸和复位不成功，应立即使机组减负荷。当机组负荷减到零或更低时，断开发电机开关，缺陷处理后才能使机组再次并网。

6. 机械跳闸活塞试验

（1）试验目的：试验＜R＞＜S＞＜T＞及 TCTL（保护输出板）上的 PTR1（2/3）经 MTSV 跳汽轮机。

（2）试验要求：

1）MARK Ⅴ 工作正常，运行于任何负荷；

2）汽轮机运行于额定转速。

（3）试验步骤：

1）在 MARK Ⅴ 主菜单上调出"保护试验"（PROTECTIVE TESTS FRONT STANDARD）画面，以供操作。

2）在另一台 MARK Ⅴ 主菜单上调出"液压跳闸系统"画面，检视跳闸阀状态。

3）在"保护试验"画面上点击机械跳闸系统"闭锁（LOCK OUT）"。

4）检查"液压跳闸系统"画面上机械跳闸闭锁电磁阀"闭锁（LOCK OUT）"。

5）点击 1 号机械活塞试验"ON"，观察"机械跳闸活塞（MTP）""机械跳闸阀（MTV）"动作。

6）点击 1 号机械活塞试验"OFF"，观察"机械跳闸活塞（MTP）""机械跳闸阀（MTV）"复位。

7）延时一段时间后，机械跳闸系统"释放（UNLOCK）"指示灯亮。

8）按上述步骤做 2 号机械活塞试验。

9）试验失败采取的措施：试验失败前再次输入最后的指令，如果跳闸和复位不成功，应立即使机组减负荷。当机组负荷减到零或更低时，断开发电机开关，缺陷处理后才能使机组再次并网。假如机械超速试验和电气跳闸试验是成功的，并且试验后两个锁定阀不保持锁定，机组可运行一周。

7. 电气跳闸试验

（1）试验目的：试验＜P＞控制器、TCTL 上的 PTR2（2/3）、ETSV 及 ETV 能否跳汽轮机。

（2）试验要求：

1）MARK V 工作正常；

2）汽轮机运行于额定转速。

（3）试验步骤：

1）在 MARK V 主菜单上调出"保护试验（PROTECTIVE TESTS FRONT STANDARD)"画面，以供操作。

2）在另一台 MARK V 主菜单上调出"液压跳闸系统"画面，检视跳闸阀状态。

3）在"保护试验"画面上点击电气跳闸系统"闭锁（LOCK OUT）"观察电气跳闸系统 ELV 至"锁定（ON）"状态。

4）点击电气跳闸"ON"，观察电气跳闸电磁阀（ETSV）、电气跳闸阀（ETV）动作。

5）点击电气跳闸"OFF"，观察电气跳闸电磁阀（ETSV）、电气跳闸阀（ETV）复位，电气跳闸系统 ELV"释放"（UNLOCK）灯亮。

6）试验失败采取的措施：试验失败前再次输入最后的指令，如果跳闸和复位不成功，应立即使机组减负荷。当机组负荷减到零或更低时，断开发电机开关，缺陷处理后才能使机组再次并网。如电气跳闸试验之前机械超速跳闸试验、机械跳闸活塞试验和在线电气超速跳闸试验是成功的，机组可运行一周。

8. 电气超速跳闸试验

（1）试验要求：

1）MARK V 工作正常；

2）汽轮机运行于额定转速。

（2）试验步骤：

1）在 MARK V 主菜单上调出"保护试验"画面，以供操作。

2）在另一台 MARK V 主菜单上调出"液压跳闸系统"画面，检视跳闸阀状态。

3）在"保护试验"画面上，点击电气跳闸系统"闭锁（LOCK OUT）"观察电气跳闸系统至"锁定（ON）"状态。

4）点击电气超速跳闸"ON"，观察电气跳闸电磁阀（ETSV）、电气跳闸阀（ETV）跳闸。

5）点击电气超速跳闸"OFF"，观察电气跳闸电磁阀（ETSV）、电气跳闸阀（ETV）复位，电气跳闸系统"释放（UNLOCK）灯亮。

6）试验失败采取的措施：停机，处理缺陷。缺陷未处理好之前机组不得并网。

9. 实际超速试验

（1）试验目的：试验危急控制器跳闸 MTV，无闭锁，试验会导致汽轮机跳闸。

（2）试验原则：

1）每 6～12 个月进行一次；

2）停机一个月后的启动；

3）机组安装与大修后；

4）保安系统解体与调整后；

5）甩负荷试验前；

6）运行中危急保安器误动作。

（3）试验要求：

1）运行于额定转速。

2）发电机变压器组与系统解列。

3）汽轮机转子热状态（机组带 20％额定负荷至少运行 4h 以上或转子中心孔金属温度大于 232℃）。

4）下列情况下禁止做超速试验：

a. 主汽阀、调速汽阀、中联门，各段抽汽止回阀关闭不严或卡涩时；

b. 控制系统不能维持空负荷运行时；

c. 汽轮机转速测量不准确时；

e. 汽轮机运行中，振动较大或有其他主要缺陷时；

f. 机组滑停过程中。

（4）试验步骤：

1）在 MARK V 主菜单上调出"保护试验（PROTECTIVE TEST FRONT STAN-ARD）"画面，以供操作。

2）在 MARK V 主菜单上调出"轴承参数（BEARING DATA）"画面，监视升速过程中轴承工况。

3）在"保护试验"画面上，点击实际机械超速试验"启动（START）"。

4）观察汽轮机开始以快速率加速到接近跳闸转速值，然后中速率继续加速，直到汽轮机达到跳闸转速时，"电气跳闸阀（ETV）""机械跳闸电磁阀（MTSV）""机械跳闸阀（MTV）"和"机械跳闸活塞（MTP）"跳闸，"阀关闭"信号灯亮，汽轮机转速下降。注意"液压跳闸系统"画面上的相关部件状态变化情况。

5）观察跳闸的实际过程顺序记录，菜单上的峰值速度是实际跳闸速度并记录数值，并复位峰值速度。

6）在 CRT 上点击"MASTER RESET"按钮，重新复置汽轮机和跳闸系统（转速应低于 102％额定转速）。

7）再次执行实际超速试验，并加以验证。

8）试验结束。

9）若汽轮机实际超速试验时不能跳闸，应在汽轮发电机并列前停机消除缺陷。

10）进行超速试验时，如转速达 3360r/min，超速保护不动作，应立即打闸停机。

10. 跳闸预测器（TA）试验

（1）试验要求：

1）运行于额定转速；

2）发电机变压器组开关断开；

3）汽轮机转子热状态；

4) MARK V 运行正常。

（2）试验步骤：

1）在 MARK V 主菜单上调出"保护试验"画面，以供操作；

2）在 MARK V 主菜单上调出"液压跳闸系统"画面，监视保护动作情况；

3）在控制画面上点击电气跳闸系统闭锁（LOCK OUT），观察电气跳闸系统至锁定（ON）状态；

4）点击跳闸预测器"ON"，观察汽轮机转速至 TA 设定值时，电气跳闸电磁阀（ETSV）、电气跳闸阀（ETV）跳闸；

5）点击跳闸预测器"OFF"，电气跳闸电磁阀（ETSV）、电气跳闸阀（ETV）复位，电气跳闸系统"释放（UNLOCK）"灯亮。

11. 中压调节阀触发器（IV TRIGGER）试验

（1）试验目的：试验<R><S><T>中的 IVT 功能。

（2）试验要求：

1）机组负荷大于10％额定负荷；

2）汽轮机运行于顺流方式；

3）MARK V 运行正常。

（3）试验步骤：

1）在 MARK V 主菜单上调出"保护试验 FA 线圈"画面，以供操作；

2）选择 R 控制器中 IV 触发器"ON"；

3）大约 1min 后，CRT 诊断报警单中出现下述信息，表示试验成功：1 ∗ C VOTER MISMATCH，<R> L10IVT-EVT；

4）选择 R 控制器中 IV 触发器"OFF"试验结束；

5）约 1min 后，诊断信息的报警状态由"1"变为"0"；

6）确认并复位诊断信息；

7）重复 2）～6）的操作，分别完成<S><T>控制器的触发试验；

8）如果试验不成功，禁止进行下一步试验，故障电路板在任何负荷下只能工作一周。

12. 功率负荷不平衡（PLU）试验

（1）试验目的：在<R><S><T>分别试验，发出命令至(PLU)中模件(2/3)。

（2）试验要求：

1）MARK V 工作正常；

2）转子电流大于额定值的40％（负荷大于40％额定负荷）。

（3）试验步骤：

1）在 MARK V 主菜单上调出"保护试验 FA 线圈"画面，以供操作；

2）选择<R>控制器中 PLU "ON"；

3）大约 1min 后，CRT 诊断报警单中出现下述信息，表示试验成功：1 ∗ C VOTER MISMATCH，<R> L10PLU-EVT FOR R CONTROLLER；

4）选择<R>控制器中 PLU "OFF"试验结束；

5）约 1min 后，诊断信息的报警状态由"1"变为"0"；

6）确认并复位诊断信息；

7）重复 2）～6）的操作，分别完成<S><T>控制器的功率负荷不平衡试验；

8）假如试验不成功，应汇报有关领导，且机组负荷限制不超过 40％额定值运行。

13. 阀门早期动作（EVA）试验

（1）试验目的：在<R><S><T>分别试验，发出命令至 PLU 中模件（2/3）。

（2）试验要求：

1）MARK V 工作正常；

2）机组有功功率大于额定功率的 70％。

（3）试验步骤：

1）在 MARK V 主菜单上调出"保护试验 FA 线圈"画面，以供操作；

2）选择<R>控制器中 EVA "ON"；

3）大约 1min 后，CRT 诊断报警单中出现下述信息，表示试验成功：1＊C VOT-ER MISMATCH，<R> L10EVA-EVT FOR R CONTROLLER；

4）选择<R>控制器中 EVA "OFF"，试验结束；

5）约 1min 后，诊断信息的报警状态由"1"变为"0"；

6）确认并复位诊断信息；

7）重复 1）～6）的操作，分别完成<S><T>控制器的阀门早期动作试验。

14. 运行中抽汽止回阀试验

（1）试验要求：

1）机组运行稳定，负荷在 200MW 以下；

2）仪用空气系统正常。

（2）验步骤：

1）按住气动试验阀；

2）观察抽汽止回阀关闭自如，阀杆至少移动 10％的行程，对应于不同的负荷，阀杆的移动量不同，但若阀杆的移动超过以前的试验值很多，则表示止回阀已从蝶阀支撑臂上脱落，此时应按照下述试验不成功时的 3）、4）项进行处理；

3）松开气动试验阀；

4）检查止回阀操纵机构返回到正常位置；

5）重复上述步骤，直到全部的气动止回阀试验完毕。

15. 真空严密性试验

（1）试验备用真空泵联动良好。

（2）请示值长将机组负荷减到 80％额定负荷（即 280MW）并稳定运行一段时间。

（3）关闭真空泵空气阀，30s 后开始记录，每 30s 记录一次，共记录 8min。

（4）计算第 3～8min 的读数平均值即为真空下降速度。

（5）如果此过程中凝汽器压力超过 15kPa，立即开启真空泵空气阀，停止试验。

（6）当真空下降速率小于 0.35kPa/min 时为优良；小于 0.40kPa/min 时为合格；

大于 0.40kPa/min 时为不合格，需进行查漏。

（7）试验结束，真空恢复后，恢复至原运行方式。

16. 实际电子超速跳闸试验

（1）试验目的：试验＜P＞控制器、TCTL 上的 ETR1（2/3）、ETR2（2/3）、ETSV 及 MSTV。

（2）试验要求：

1）运行于额定转速；

2）发电机变压器组与系统解列；

3）汽轮机转子热状态（机组带 20％额定负荷至少运行 4h 以上或转子中心孔金属温度均大于 232℃）。

（3）试验步骤：

1）在 MARK V 主菜单上调出"轴承参数（BEARING DATA）"画面，监视升速过程中轴承工况。

2）闭锁 MLV。

3）设定汽轮机转速目标 3420r/min，以快速率加速到接近跳闸转速值，然后中速率继续加速，直到汽轮机达到跳闸转速时，"电气跳闸阀（ETV）"跳闸，"阀关闭"信号灯亮，汽轮机转速下降。注意"液压跳闸系统"画面上的相关部件状态变化情况。

4）观察跳闸的实际过程顺序记录，菜单上的峰值速度是实际电子跳闸速度并记录数值，并复位峰值速度。

5）在 CRT 上点击"MASTER RESET"按钮，重新复置汽轮机和跳闸系统（转速应低于 102％额定转速）。

6）再次执行实际电子超速试验，并加以验证。

7）试验结束。

8）若汽轮机实际电子超速试验时不能跳闸，应在汽轮发电机并列前停机消除缺陷。

第三节　电气保护及试验

一、电气设备保护配置及其动作范围

（一）发电机（见表 5-2）

表 5-2　发电机保护配置及其动作范围

设备	保护名称	保护代号	保护动作出口
发电机	差动（三相）	87G	220kV 开关 C1、C2 跳闸线圈；励磁开关；主汽阀；高压厂用变压器 6kV A、B 分支开关；6kV 侧 FTS1、2；启动失灵保护
	负序电流（一段）	46.1dfe	发信号
	过电流（一段、三相）	51def	汽轮机减负荷

续表

设备	保护名称	保护代号	保护动作出口
发电机	定子 80％接地保护（电压式、单相、一段）	64G-80	220kV 开关 C1、C2 跳闸线圈、励磁开关、主汽阀、高压厂用变压器 6kV A、B 分支开关、6kV 侧 FTS1、2；启动失灵保护
	转子接地保护-1	64EF-1	发信号
	转子接地保护-2	64EF-2	发信号
	断水保护		主汽阀、启动失灵保护
	出口 TV 开口三角监视		发信号
	负序反时限电流保护	46.2inv	主汽阀
	三相过负荷保护	51inv	主汽阀
	励磁过电流保护（三相、一段）	51Exict	220kV 开关 C1、C2 跳闸线圈、励磁开关、汽轮机减负荷、启动失灵保护
	匝间保护（单相、一段）	61G	220kV 开关 C1、C2 跳闸线圈、励磁开关、主汽阀、高压厂用变压器 6kV A、B 分支开关、6kV 侧 FTS1、2；启动失灵保护
	发电机变压器组开关断开保护		发信号
	TV1（开口三角）监视		发信号
	逆功率保护	32-1T2	220kV 开关 C1、C2 跳闸线圈、励磁开关、启动失灵保护
		32-1T1	发信号
	过激磁保护（一段、二段）		主汽阀
	欠励磁保护	40-1	220kV 开关 C1、C2 跳闸线圈、汽轮机减负荷、启动失灵保护
	失步保护	78-1	220kV 开关 C1、C2 跳闸线圈、汽轮机减负荷、启动失灵保护
	过激磁保护（3、4）		主汽阀
	频率异常保护（2 段）		发信号
	TV 断线闭锁		发信号

（二）发电机变压器组（见表 5-3）

表 5-3　　　　　　发电机变压器组保护配置及其动作范围

设备	保护名称	保护代号	保护动作范围
发电机变压器组	发电机变压器组差动保护	87GMT	220kV 开关 C1、C2 跳闸线圈、励磁开关、主汽阀、高压厂用变压器 6kV A、B 分支开关、6kV 侧 FTS1、2；启动失灵保护
	发电机开关故障保护（一段、三相）	50BF	220kV 开关 C1、C2 跳闸线圈、励磁开关、主汽阀、高压厂用变压器 6kV A、B 分支开关、6kV 侧 FTS1、2；启动失灵保护

设备	保护名称	保护代号	保护动作范围
发电机变压器组	定子100%接地保护	64G-100%	220kV 开关 C1、C2 跳闸线圈、励磁开关、主汽阀、高压厂用变压器 6kV A、B 分支开关、6kV 侧 FTS1、2；启动失灵保护
	重瓦斯保护	63-2MT	220kV 开关 C1、C2 跳闸线圈、励磁开关、主汽阀、高压厂用变压器 6kV A、B 分支开关、6kV 侧 FTS1、2；启动失灵保护
	CB1 非全相保护		220kV 开关 C1、C2 跳闸线圈
	CB2 非全相保护		220kV 开关 C1、C2 跳闸线圈

（三）主变压器（见表 5-4）

表 5-4　　　　　　　　　　主变压器保护配置及其动作范围

设备	保护名称	保护代号	保护动作范围
主变压器	主变压器差动保护	87MT	220kV 开关 C1、C2 跳闸线圈、励磁开关、主汽阀、高压厂用变压器 6kV A、B 分支开关、6kV 侧 FTS1、2；启动失灵保护
	零序电流保护（1 段）	51.1MT	220kV 开关 C1、C2 跳闸线圈、主汽阀、汽轮机减负荷、启动失灵保护
	零序电流保护（2 段）	51.2MT	220kV 开关 C1、C2 跳闸线圈、主汽阀、汽轮机减负荷、启动失灵保护
	零序电流保护（1 段）	51.3MT	发信号
	零序电压保护（1 段）	59MT	发信号
	零序电流/电压保护	51.3+59MT	220kV 开关 C1、C2 跳闸线圈、主汽阀、汽轮机减负荷、启动失灵保护
	绕组温度		发信号
	轻瓦斯		发信号

（四）高压厂用变压器（见表 5-5）

表 5-5　　　　　　　　　　高压厂用变压器保护配置及其动作范围

设备	保护名称	保护代号	保护动作范围
高压厂用变压器	储油柜压力高	63	220kV 开关 C1、C2 跳闸线圈、励磁开关、主汽阀、高压厂用变压器 6kV A、B 分支开关、6kV 侧 FTS1、2；启动失灵保护
	绕组温度	26	发信号
	差动保护	87UAT	220kV 开关 C1、C2 跳闸线圈、励磁开关、主汽阀、汽轮机减负荷、启动失灵保护
	过电流保护（三相、一段）	51UAT	高压厂用变压器 6kV A、B 分支开关、6kV 侧 FTS1、2
	1 分支过电流保护（三相、一段）	51UAT-1	高压厂用变压器 6kV A 分支开关、6kV 侧 FTS1

续表

设备	保护名称	保护代号	保护动作范围
高压厂用变压器	2 分支过电流保护（三相、一段）	51UAT-2	高压厂用变压器 6kV B 分支开关、6kV 侧 FTS2
	轻瓦斯	63-1	发信号
	重瓦斯	63-2UAT	220kV 开关 C1、C2 跳闸线圈、励磁开关、主汽阀、高压厂用变压器 6kV A、B 分支开关、6kV 侧 FTS1、2；启动失灵保护
	冷却系统故障	49	发信号

（五）启动备用变压器（见表 5-6）

表 5-6　　　　　　　　　启动备用变压器保护配置及其动作范围

设备	保护名称	保护代号	保护动作范围
启动备用变压器	启动备用变压器差动保护（三绕组、三相）	87ST/STB	2221、2222 开关 1、2 跳闸线圈、低压侧 6501、6502 开关跳闸、启动失灵保护、启动录波器、DCS 上报警显示
	启动备用变压器启动通风（单相、一段）	51VENT	启动冷却装置
	轻瓦斯	63-1ST/STB	DCS 上报警显示
	重瓦斯	63-2ST/STB	2221、2222 开关 1、2 跳闸线圈、低压侧 6501、6502 开关跳闸、启动失灵保护、启动录波器、DCS 上报警显示
	压力释放	63/30 ST/STB	2221、2222 开关 1、2 跳闸线圈、低压侧 6501、6502 开关跳闸、启动失灵保护、启动录波器、DCS 上报警显示
	冷却系统故障	49ST/STB	DCS 上报警显示
	油枕油位低	63ST/STB	DCS 上报警显示
	高压侧过电流（三相、两段）	50/51ST/STB	2221、2222 开关 1、2 跳闸线圈、低压侧 6501、6502 开关跳闸、启动失灵保护、启动录波器、DCS 上报警显示
	A 分支过电流保护（三相、两段）	50/51ST/STB-1	低压侧 6501 开关跳闸、启动录波器、DCS 上报警显示
	B 分支过电流保护（三相、两段）	50/51ST/STB-2	低压侧 6502 开关跳闸、启动录波器、DCS 上报警显示
	接地故障保护（单相、两段）	50/51NT	2221、2222 开关 1、2 跳闸线圈、低压侧 6501、6502 开关跳闸、启动失灵保护、启动录波器、DCS 上报警显示
	高压绕组温度	26ST/STB	120℃跳闸，100℃在 DCS 上报警

设备	保护名称	保护代号	保护动作范围
启动备用变压器	CB1 开关非全相保护		2221 开关 1、2 跳闸线圈、低压侧 6501、6502 开关跳闸、启动失灵保护、启动录波器、DCS 上报警显示
	CB2 开关非全相保护		2222 开关 1、2 跳闸线圈、低压侧 6501、6502 开关跳闸、启动失灵保护、启动录波器、DCS 上报警显示
	有载调压开关重瓦斯	63OT/ST	2221、2222 开关 1、2 跳闸线圈、低压侧 6501、6502 开关跳闸、启动录波器、DCS 上报警显示

二、电气试验

（一）发电机变压器组试验项目

（1）发电机定、转子及励磁回路绝缘的测定。

（2）主变压器冷却装置自动启动试验及电源切换试验。

（3）高压厂用变压器及启动备用变压器冷却装置自动启动试验及电源切换试验。

（4）发电机变压器组假同期试验。

（5）断水保护试验。

（二）发电机试验

（1）发电机启动前应测量如下回路的绝缘：

1）发电机定子回路：测量发电机定子绝缘电阻前，必须拉开发电机中性点接地变压器刀闸和发电机出口 TV。

a. 测量发电机定子回路绝缘电阻，可以包括连接在该发电机定子回路上不能用隔离开关断开的各种电气设备，在不通水的情况下用 2500V 绝缘电阻表测量，在通水情况下用水内冷发电机绝缘测试仪测量。在相同温度和湿度下，不低于前次的 1/5～1/3，吸收比不小于 1.3，定子绕组在无水、干燥后接近工作温度时，用 2500V 绝缘电阻表测量，对地绝缘电阻应不小于 200MΩ；通水后用水内冷发电机绝缘测试仪测量不低于前次的 1/5～1/3，有明显下降应查明原因，消除后方可启动机组。

b. 将测量结果记入发电机绝缘登记簿上。

2）发电机励磁回路绝缘电阻（包括发电机转子及励磁回路）用 500V 绝缘电阻表测量，对地绝缘电阻不低于 5MΩ（转子绕组冷态 20℃）。

（2）发电机变压器组假同期试验：只要发电机变压器组同期回路有过检修或改造、改线工作，必须由检修部配合做发电机变压器组假同期试验，当汽轮机定速后，检查发电机变压器组出口 2211（2233）、2212（2232）开关两侧刀闸在开位，由检修人员负责模拟信号，当并网条件满足后，发电机主开关自动合闸，但此时 MARK V 并不给出带初始负荷的命令，防止汽轮机超速。

（3）保安电源联锁试验：

1）4103（4203）开关在合闸状态，联锁把手在工作位置；4104（4204）开关在跳闸状态，联锁把手在备用位置，打跳 4103（4203）开关后，4104（4204）开关联投。

2）4104（4204）开关在合闸状态，联锁把手在工作位置；4103（4203）开关在跳闸状态，联锁把手在备用位置，打跳 4104（4204）开关后，4103（4203）开关联投。

3）将 4103（4203）、4104（4204）开关的联锁把手断开，打跳在合闸状态的开关，柴油发电机自启动，ATS 自动切换到柴油发电机侧给保安段供电。

4）保安电源联锁试验应该在每次机组停止盘车后进行。

（4）机组大联锁试验：

1）试验要求：

a. 机组大小修及联锁保护回路检修后均需进行大联锁试验；

b. 汽轮机、电气、锅炉各联锁保护分别试验合格；

c. 试验时，6kV 小车开关送至"试验"位置；

d. 发电机变压器组出口开关两侧刀闸在开位；

e. 检修安全措施已拆除。

2）试验步骤：

a. 闭合主开关；

b. 汽轮机挂闸，开启高、中压主汽阀；

c. A、B 小汽机挂闸，开启高、低压主汽阀；

d. 电动给水泵置"备用"位，投入主机保护开关；

e. FSSS 置仿真状态，模拟点火允许条件，将各磨煤机、油枪仿真运行，并投入主保护；

f. 分别模拟汽轮机脱扣，发电机主开关跳闸及锅炉 MFT 动作；

g. 检查各保护动作正常；

h. 试验完毕，恢复试验前状态。

第六章 机组冷态启动

第一节 冷态启动概述

一、启动方式选择

（1）根据高压内缸上半调节级内壁金属温度的高低来划分启动状态：

1）冷态启动：<150℃；

2）温态启动：≥150℃，<370℃；

3）热态启动：≥370℃。

（2）机组的启动方式有两种：高中压缸联合启动、中压缸启动。

（3）冷态启动可采用高中压缸联合启动，冷态、温态和热态启动均可采用中压缸启动。

（4）两种启动手段：

1）MARK V 在半自动（SEMI-AUTO）方式的手动启动；

2）MARK V 在自动（AUTO）方式的自动启动。

二、禁止机组启动条件

（1）影响启动的安装、检修、调试工作未结束，工作票未全部终结或收回，设备现场不符合《电业安全工作规程》的有关规定。

（2）热工控制系统不正常。

（3）机组任一项跳闸保护不正常。

（4）主要显示仪表（大轴晃动、串轴、胀差、油压、振动、缸体膨胀表、转速表）未投或失灵，且没有其他监视手段。

（5）控制电源或控制气源不正常。

（6）未进行联锁、保护、跳闸、传动试验或试验不合格。

（7）汽轮机调速系统不正常，任一主汽阀、调速汽阀、抽汽止回阀卡涩或关闭不严。

（8）转子偏心度（测点安装在前箱内♯1瓦前）高于原始值 0.02mm。

（9）盘车时有清楚的金属摩擦声或盘车电流不正常。

（10）汽轮机上下缸金属温差达 28℃以上。

（11）润滑油和 EH 油油质及清洁度不合格。

（12）炉水品质不合格。

（13）发电机变压器组及厂用工作系统启动前各部绝缘检测不合格。

（14）发电机变压器组主保护保护动作或后备保护动作且已确认为非系统故障时。

（15）氢气纯度不合格。

（16）励磁系统及厂用工作系统不正常。

第二节　设　备　送　电

设备送电的次序是：110、220V 直流系统（蓄电池组的操作）—直流 UPS 系统—220kV 线路侧—0 号启动备用变压器—厂用 6kV—380V PC 工作段—保安段和直流系统工作电源—汽轮机/锅炉 MCC 段的送电操作。以下分系统详细讲述送电流程。

一、直流系统送电

首先要对直流系统进行送电操作。在冷态工况下，直流系统要先由已充电的蓄电池组进行供电，待厂用电系统已经受电后再转为由来自汽轮机、锅炉工作段的电源对直流系统供电，蓄电池组转为浮充电状态。

1. 110V 直流系统送电

进入就地电气操作菜单，进入 110V 直流系统。首先由蓄电池组供电给直流母线。将母线交叉供电刀闸改为对应供电；合上"110V 直流系统"（见图 6-1），图 6-1 中的013、015 开关，断开充电机出口 011 开关，由 A 组蓄电池对 110V 直流 A 段母线供电；合上"110V 直流系统"（见图 6-2），图 6-2 中的 012、014 开关，断开充电机出口 010开关，由 B 组蓄电池对 110V 直流 B 段母线供电；检查 110V 直流 A、B 段母线电压正常；依次合上 220V 直流系统中的馈线进线开关和各负荷开关。

2. 220V 直流系统送电

进入就地电气操作菜单，进入 220V 直流系统。合上"220V 直流系统"（见图6-3），图 6-3 中的 041、033 开关，断开充电机出口 031 开关，由蓄电池对 220V 直流母线供电；检查 220V 直流母线电压正常；依次合上 220V 直流系统中的馈线进线开关和各负荷开关。

3. UPS 系统送电

进入 220V 直流系统，合上 220V 直流母线至 UPS 供电 A211Z 开关，进入"UPS直流系统"就地合上由 220V 直流系统过来的 K5 开关，按 UPS 启动按钮，使直流 UPS系统受电；检查 UPS 电压指示正常。

按照上述方法将网控直流、UPS 送电。

就地直流系统示意图见图 6-1～图 6-3。

二、发电机变压器组系统送电

0 号启动备用变压器送电：在就地电气主接线画面（见图 6-4）上，检查所有接地刀闸在开位，合上所有开关、刀闸控制电源、电压互感器开关、0 号启动备用变压器所有保护，启动 0 号启动备用变压器三组风扇，其他打至备用状态，依次合上 220kV 系统 2200G、2222Ⅰ、2222Ⅱ、2226G 刀闸，合上 2222 开关，给 0 号启动备用变压器送

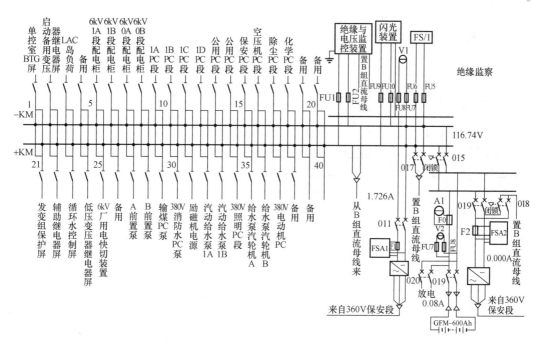

图 6-1 110V 就地直流系统 A 段母线示意图

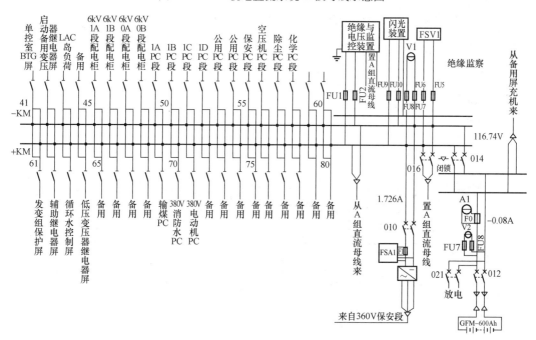

图 6-2 110V 就地直流系统 B 段母线示意图

电正常。

三、厂用电系统送电

1. 6kV 系统送电

（1）在就地画面上（见图 6-5～图 6-8）先将厂用母线的电压互感器一、二次熔断器要打到"投入"位置。

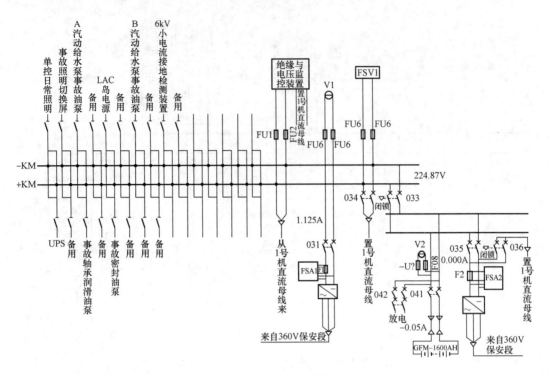

图 6-3　220V 就地直流系统示意图

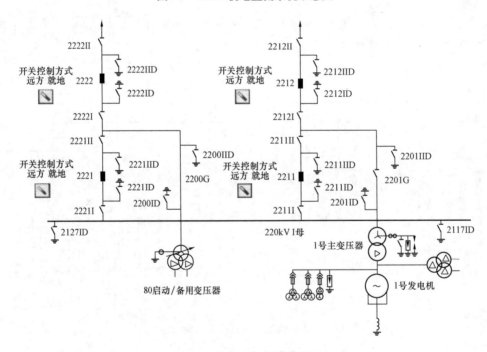

图 6-4　就地电气主接线画面

（2）在就地画面上（见图 6-5～图 6-8）检查 6kV 公用 OA、OB 段，厂用 1A、1B 段所有开关在检修位，接地刀闸在分位；在 DCS 画面上（见图 4-1）分别合上 0 号启动备用变压器至 6kV OA、OB 段供电 6501、6502 开关，给 6kV OA、OB 段送电正常；

分别合上 6511、6512 开关给 6kV 1A、1B 段送电正常。依次将 6kV 0A、0B、1A、1B 段所有负荷开关送电。

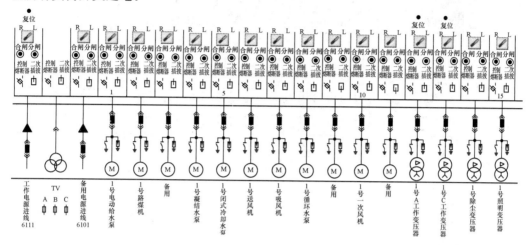

图 6-5　就地 6kV 厂用 1A 段画面

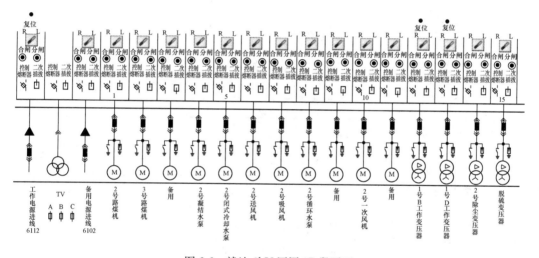

图 6-6　就地 6kV 厂用 1B 段画面

2. 380V 工作段送电

在就地画面上（见图 6-5～图 6-8）先投入各段母线电压互感器，分别合上四台厂用 PC 变压器、照明变压器高压侧开关，给变压器充电；将四台厂用 PC 变压器、照明变压器低压侧开关送电，分别合上其低压侧开关，给各 380V PC 段、照明段送电正常。依次将 380V PC 段所有负荷开关送电。

3. 保安系统送电

380V 保安段送电：在就地画面（见图 6-9～图 6-11）PC 1B 上，合上 PC 1B 段至保安段 4101 开关，合上 4103 开关，检查 ATS 开关自动切换至 PC 段给保安段供电正常，检查 0s、50s、10min 保安段进线开关经相应延时自动合闸，保安段送电正常；合上 PC 1C 段至保安段 4102 开关，将 4104 开关打至联锁位；将柴油发电机控制开关打

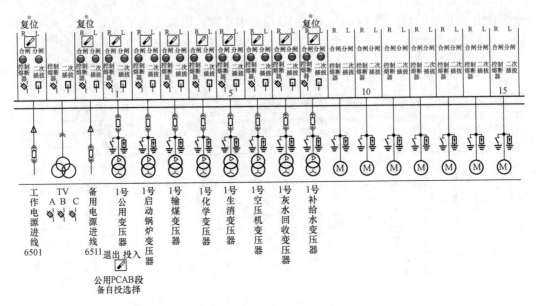

图 6-7　就地 6kV 厂用 OA 段画面

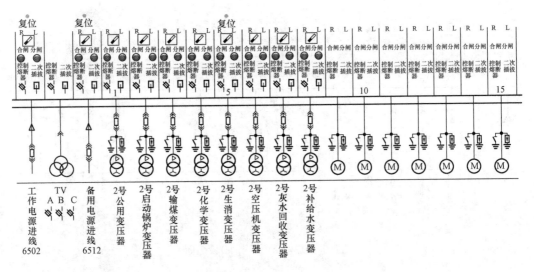

图 6-8　就地 6kV 公用 OB 段画面

至自动位。将保安段所有负荷开关送电。

4. 直流系统电源切换

在就地画面（见图 6-1、图 6-2）中按 1 号充电机启动按钮，检查充电机电压、电流上升至正常，合上 1 号充电机出口 011 开关，用充电机给直流母线 A 段供电；按 2 号充电机启动按钮，检查充电机电压、电流上升至正常，合上 2 号充电机出口 010 开关，用充电机给直流母线 B 段供电。

5. MCC 系统送电

在就地画面（见图 6-9、图 6-10）中合上各 MCC 段进线刀闸，在 380V PC 段依次合上各 MCC 段进线开关给 MCC 段送电正常；将 MCC 段所有负荷开关送电。

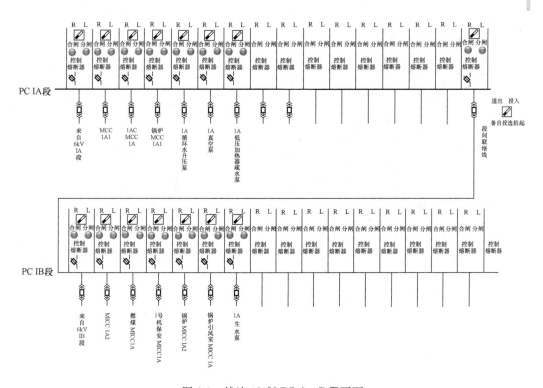

图 6-9　就地 380V PC A、B 段画面

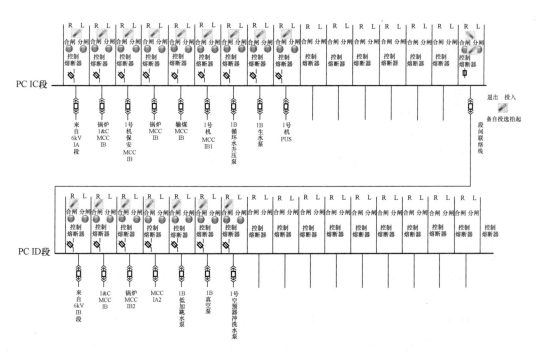

图 6-10　就地 380V PC C、D 段画面

四、检查

厂用电送电状态的检查：

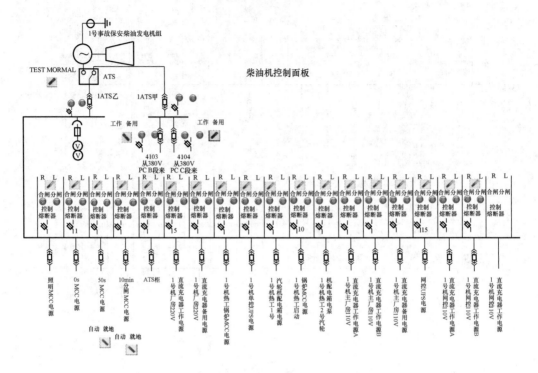

图 6-11　380V 保安段画面

（1）所有开关在工作位，远方/就地切换把手要打到"远方"位。

（2）所有开关的直流电源或合闸电源在投入位，开关的合/分闸指示灯明亮。

（3）所有母线 TV 在工作位，一次/二次熔断器在投入位。

（4）DCS 操作图上所有开关的状态都要进行复位操作，不能显示为黄色状态。

（5）检查厂用母线各段供电正常，开关的"联锁/解除"把手在正确位置。

第三节　辅助系统的投入

一、启动准备

（1）所有检修工作全部结束，已办理全部工作票终结手续。现场设备（系统）变更检修已交代清楚。

（2）设备完整，场地清洁，照明充足，按阀门检查卡完成各系统阀门的检查及操作。

（3）检查各辅机设备的状态，对遥控操作的阀门，应到现场作进一步的核实。

（4）完成对发电机及各辅机电动机绝缘的测量，以及对各系统中的油、水、氢品质的化验检查。

（5）完成检修设备（系统）的试验、试运并合格。

（6）公用系统（厂用电、UPS、220V DC、110V DC 等）投用正常，柴油发电机处于热备用状态。

（7）检查系统中各设备的仪表、信号、保护、联锁、控制电源和控制气源已投用。

（8）检查 GUS 已投用、BTG 盘各监控仪表投用；各 DCS 和 GUS 站状态正确。

（9）联系热工人员确认 MARK V 系统控制电源已投用，检查 MARK V 系统的初始状态正确。

（10）准备好足够的、合格的除盐水，通知化学做好加药、取样准备，并确认凝结水精处理系统已恢复至备用状态。

（11）通知有关单位准备好足够的、合格的二氧化碳和氢气。

（12）通知燃料运行人员准备好足够的燃油，并通知检修人员清理油枪及更换 AA 层为大油枪。

（13）锅炉点火前向煤仓上煤，煤质符合启动要求。

（14）投用厂用、仪用空气系统，投用补给水系统，投用消防水系统，投用工业水系统。

（15）检查将投用的辅助蒸汽汽源已具备投用条件。

（16）联系灰控人员投用除尘器灰斗流化风系统、绝缘子室加热器及振打装置，并投入省煤器灰斗和炉膛冷灰斗水封系统，检查其运行正常。

（17）检查机组各主保护投用，触发机组跳闸的有关信号已消除。

（18）复位发电机变压器组各继电保护出口。

（19）对各有关系统进行补油、补水、补氢等，如主油箱、密封油箱补油，凝结水储存水箱、定子冷却水箱、闭式冷却水箱补水，发电机补氢，水塔补水等。

（20）如系统进行过充氮保养，则按有关规定将各受热面和容器内的氮气进行排放。

（21）做机组启动前的各项热工及电气保护、联锁等试验并正确好用，然后将各种保护按规定的要求投入。

二、闭式冷却水系统投用

（1）检查闭式冷却水（简称闭冷）系统各部状态正常，检查传输泵正常，具备启动条件，启动传输泵给闭式冷却水箱注水。

（2）确认闭冷水箱水位调节正常，闭冷泵 A、B 已完成充水操作。

（3）投用闭冷器 A（或 B）闭冷水侧，开启闭冷水系统各放空气阀，对系统充分放空气。

（4）检查具备启动条件启动闭冷泵 A（或 B），检查闭冷泵运行正常，出口压力正常，水泵与电动机轴承温度正常；将另一台闭冷泵置"联锁"状态。

（5）按《闭冷水用户投运操作票》投用闭冷水各用户（投用氢冷器应在发电机温度合格后进行），投运时应充分放空气。

（6）根据闭冷水各用户情况可以将闭冷水的冷却水（即循环水升压泵系统）提前投用。

三、凝汽器注水（使用凝结水输送泵）

（1）确认储水箱水位正常，水质合格。

（2）确认凝汽器具备注水条件，用传输泵给凝汽器进水至 800mm 后，将凝汽器补水调节阀投入自动。

（3）如凝汽器水质不合格，启动凝结水泵打再循环，进行系统冲洗。

四、润滑油系统投用

（1）检查润滑油系统各部状态正常，确认主油箱油位正常，油温大于 7.8℃；油箱加热器动作正常。

（2）启动油箱排油烟风机，调整风机出口阀使油箱真空在 −117.679 8Pa。

（3）启动盘车油泵"TURN GEAR OIL PUMP"，检查轴承油压应大于 0.117MPa，检查主机各瓦回油正常。

（4）由机副值在 MARK V 上和机巡检在就地共同进行事故油泵"EMERG BRG OIL PUMP"自投试验。

（5）试验正常后停事故油泵，启动盘车油泵，并将事故油泵置"自动"位。

（6）根据情况投用润滑油冷却器，注意排气并调节润滑油温度为 27～32℃。

（7）启动电动抽吸泵，检查其运行正常后停泵并置"自动"位。

（8）投用润滑油调理器：

1）现场启动润滑油循环过滤泵，检查泵运行正常，出口油压正常。

2）检查过滤器压差正常（<0.172 375MPa）。

3）检查泵入口真空表指示正常（<1596Pa）。

4）检查自动疏水器工作正常，排水口无油排出。

五、密封油系统投用

（1）检查密封油系统各部状态正常，确认密封油箱油位正常。

（2）启动密封油真空泵，检查密封油箱绝对压力应小于 25.4mmHg。

（3）启动密封油泵 A（或 B），检查泵出口压力在 0.83MPa 左右。

（4）检查浮子阀 H-10 及油-气压差、过滤器压差应正常。

（5）进行密封油事故油泵自投试验，正常后将密封油泵和事故油泵均置"自动"位。

（6）机内氢气压力小于 0.035MPa 时，注意浮子油箱油位应正常，必要时开启确认 HV-3405 或 HV-3406。

六、发电机气体置换（注意汽轮机盘车禁止运行）

（1）确认密封油系统运行正常。

（2）按《发电机气体置换操作票》对发电机进行气体置换操作（置换后氢气纯度要达至98％以上。

（3）根据实际情况，将汽轮机盘车尽早投入。

七、定子冷却水系统投用（发电机氢压大于 0.2MPa 即应投入该系统）

（1）对定子冷却水补水系统状态进行切换和检查，并将水箱补至正常水位；检查定子冷却水泵无异常，定子冷却水冷却器已投用。

（2）启动定子冷却水泵 A（或 B），检查发电机进水压力大于或等于 0.2MPa；流量大于 800L/min，将备用泵投入"自动"位。

（3）检查过滤器压差小于 0.055 16MPa，温度调节正常；维持定子冷却水箱水位正常。

（4）调节去离子交换器水量，检查交换器进、出水压差正常。

（5）检查系统及液体检测器，确认系统无漏水现象。

（6）通知化验站化验定子冷却水水质合格。

八、循环水系统投用

（1）通知循环水泵房开启 1（或 2）号循环水泵出口阀。

（2）全开凝汽器水侧出入口电动阀及各放空气阀，将系统注水完毕。

（3）通知循环水泵房值班人员，准备启动 1（或 2）号循环水泵。

（4）启动循环水泵润滑水泵，检查循环水泵润滑水压正常。

（5）检查循环水泵启动条件满足后，启动 1（或 2）号循环水泵，确认泵出口蝶阀开启，约 1min 后，泵出口蝶阀开足。

（6）循环水泵房值班员到就地检查循环水泵运行正常。

（7）1（2）号循环水泵正常投用后，将 2（1）号投入联锁。

（8）检查凝汽器水侧无异常，空气排净后再关闭放空气阀。

九、循环水升压泵系统投用

（1）检查循环水升压泵已具备投用条件，启动 A（B）循环水升压泵，确认出口压力为 0.5MPa，将 B（A）投"联锁"状态。

（2）将闭冷器循环水侧投用。

十、凝结水系统投用

（1）确认凝汽器水位正常，闭冷水至凝结水泵电动机轴承冷却水正常。

（2）开启凝结水管道注水阀，启动凝结水输送泵向凝结水管道注水。

（3）确认凝结水泵启动条件允许后，启动凝结水泵 B，检查凝结水泵运行正常，再循环调节阀自调正常；泵出口压力为 0.7MPa，将另一台凝结水泵置"联锁"。

（4）凝结水泵打循环 0.5～1h 后，通知化学运行人员取样，水质澄清合格后，开启凝结水调节阀向除氧器进水，并适当开启除氧器就地放水阀进行冲洗。

（5）维持除氧器水位正常，启动除氧器再循环泵进行管路冲洗，确认泵运行正常，系统状态正常。

（6）通知化学运行人员定期化验凝结水水质，根据水质情况投用凝结水精处理系统。

（7）凝结水系统投用正常后，根据情况可将邻机供凝结水的用户切至本机。

十一、辅助蒸汽系统投用（投用时注意对公用系统使用辅助蒸汽的用户造成的影响）

（1）确认各辅助蒸汽用户已隔离，按《辅助蒸汽母管投运操作票》对辅助蒸汽联箱进行送汽操作。

（2）开启辅助蒸汽系统各就地放水阀进行疏水，并注意各疏水阀动作情况。

（3）辅助蒸汽母管压力、温度正常后，可在经过充分疏水、暖管后投用有关用户。

十二、除氧器投用

(1) 确认凝汽器、凝结水泵运行正常，将低压加热器水侧注水后，由旁路切至主路运行，确认除氧器水位正常。

(2) 稍开辅助蒸汽至除氧器调节阀 1-83-CV070，对管路进行暖管。

(3) 启动除氧器循环水泵。

(4) 以稍快的速度开大辅助蒸汽至除氧器调节阀 1-83-CV070，注意除氧器不要产生过大的振动。

(5) 根据汽包壁温将除氧水温逐渐提高相应温度，适当开启排氧阀并注意除氧器压力正常。

(6) 对电动给水泵、汽动给水泵进行充水、排气、排污和预热操作，并对机械密封水进行放空气操作。

十三、汽轮机投盘车

(1) 确认润滑油、密封油系统运行正常，现场检查各油压、油温正常，各轴承回油油流正常。

(2) 检查盘车就地盘状态正常，主控室及就地盘各把手、开关位置正常。在主控室或就地启动盘车装置。

(3) 检查并记录大轴偏心度（0.02μm）、盘车电动机电流（25A）正常。

(4) 倾听汽轮机、发电机各部声音正常。

(5) 将盘车装置投入"自动"方式。

十四、锅炉进水

(1) 检查电动给水泵润滑油及冷却水系统、密封水系统运行正常。

(2) 再次对电动给水泵泵体和机械密封进行充水、放空气操作。

(3) 检查电动给水泵启动条件允许后，启动电动给水泵，检查转速控制正常。

(4) 电动给水泵启动正常后，辅助油泵自停。

(5) 稍开电动给水泵出口气动调节阀 1-21-CV043，控制电动给水泵转速和调节阀开度控制汽包进水速度及汽包壁温差。

(6) 开始上水后通知化学运行人员向给水系统加药。

(7) 至最低可见水位停止上水。

(8) 锅炉上水过程中对高压加热器水侧进行注水，并切至高压加热器给水主路运行。

(9) 及时联系化学运行人员对锅炉水质进行化验，水质合格后停止锅炉水冲洗。

(10) 投入炉底加热系统（视当时情况而定）。

十五、高压抗燃油系统投用

(1) 检查抗燃油箱油位正常；油温在 18~44℃。

(2) 确认母管回油旁路阀 FV-7 在开启状态。

(3) 检查具备启动条件启动抗燃油泵 A（或 B），约 1min 后，缓慢关闭 FV-7，使母管压力升至 1.41MPa。

（4）检查系统无泄漏、无异常振动后关足 FV-7。

（5）检查泵出口压力在 11.2MPa，母管压力应大于 10.45MPa。

（6）检查抗燃油加热和冷却装置能自动投用。

（7）启动旁路过滤输送泵，检查过滤器压差正常（小于 206kPa）。

（8）检查主汽阀、调节汽阀、中压联合汽阀、高低压旁路调节阀及 VV 阀供油正常，无泄漏。

第四节　点火前的准备

一、锅炉点火前准备

（1）按《给水泵汽轮机投运操作票》将 A、B 给水泵汽轮机润滑油系统和油净化系统投用，投用 A、B 给水泵汽轮机盘车。

（2）投入炉膛出口烟气温度探针。

（3）启动火检冷却风机 A（或 B），检查风机运行正常，将另一台风机置"备用（STANDBY）"。

（4）启动 A、B 空气预热器导向和支承轴承润滑油系统，检查过滤器压差正常，运行 30min 后投入"自动"。

（5）投用暖风器系统（根据季节进行投入）。

（6）检查开启主蒸汽管疏水阀 1-04-CV008 和 1-04-CV010 及主汽阀座前、后疏水阀 SSV-1A、SSV-1B、SSV-2A、SSV-2B，并确认汽轮机 A、B、C 组疏水阀均在开足位置。

（7）启动工业水系统，通知灰控人员投入炉底水封及水力除灰各系统。

（8）稍开辅助蒸汽至轴封系统隔离阀并开启轴封系统有关疏水阀进行暖管，逐渐开足。

二、锅炉点火前吹扫

（1）检查空气预热器漏风间隙控制装置在规定的状态，启动空气预热器 A、B，发出空气预热器启动指令，确认：

1）气动马达启动；

2）5min 后主电动机启动；气动马达停止。就地空气预热器听音正常。

（2）将各燃烧器二次风挡板置"自动"位置。

（3）启动单侧引、送风机：

1）就地检查引风机、送风机各部正常，检查 GUS 上引、送风机启动条件允许。

2）在 GUS 上启动引风机。

3）在 GUS 上启动送风机，送风机启动后出口阀联开。

4）待引、送风机出口阀开启后，分别开启各自动叶，建立风量；调节动叶角度使风机越过喘振区。

5）检查引、送风机运行正常。

（4）维持炉膛负压 $-98Pa$（$-10mmH_2O$），送、引风机可投入自动并调节送风量在 30％～40％之间以建立吹扫风量。

（5）适当改变暖风器母管压力设定值，检查送风机入口温度正常。

（6）检查确认 GUS 锅炉吹扫条件全部成立，按下吹扫启动键，屏幕上显示出吹扫计时已开始。

（7）连续吹扫 5min 后，GUS 屏幕上显示出吹扫计时结束，炉膛吹扫结束，MFT 信号消失。

（8）将各燃烧器二次风挡板置"手动"位置，并根据即将投入油枪情况将 AA 层二次风挡板开至适当的位置。

第五节　点火、升温、升压

一、启动中的注意事项

（1）机组冷态启动应在上水前后和汽包压力分别达到 1、5、10、15MPa 时，对锅炉主要膨胀点进行一次检查，并记录膨胀值。

（2）主蒸汽温升不大于 $1℃/min$，再热蒸汽温升不大于 $1.5℃/min$，并保持有 $50℃$ 的过热度。

（3）压力升变率冲转前不大于 $0.03MPa/min$，带负荷后不大于 $0.15MPa/min$，冲转及初负荷暖机期间压力保持平稳。

（4）凝汽器未建立真空以前，严禁向凝汽器排放蒸汽。

（5）各段抽汽管防进水热电偶温差不应大于 $28℃$，否则认为汽缸进水，应采取措施加强疏水，监视段压力不允许超过规定值。

（6）冲转前凝汽器压力要在 $17.4kPa$ 以下。

（7）当排汽温度升高时，应注意胀差、振动、轴承回油温度、轴承金属温度变化，当排汽缸温度达 $57℃$ 时，汽缸喷水应自动投入。

（8）喷水减温工况对汽轮机末级叶片具有潜在威胁，因此必须减少喷水量。在启动中应尽可能增加机组负荷，以防止出现升温过快。当排汽温度持续在 $57℃$ 以上时，应以 $0.5％$ 以下速率加负荷，直至排汽温度恢复正常。

（9）冷态汽轮机冲转前，必须连续盘车 4h 以上，并维持在正常最小偏心 1h（1 号机组偏心表指示原始偏心 0.02mm；1 号机组低压转子：最大晃度位置在 T20 级及中间进汽轴颈 90°位置（0.05mm），高压转子：最大晃度位置在 N3 轴颈 135°位置（0.04mm）；2 号机组原始偏心 0.05mm。

（10）汽轮机处于静止状态，严禁向汽轮机轴封系统供汽。

（11）对于安装、大修后的首次启动或停机一个月后的启动，应进行机组实际超速试验，实际超速试验应在机组带 20％ 以上的负荷运行 4h 以上（或由汽轮机控制器显示转子中心孔最低温度高于 $232℃$）进行，且只有 ATS 允许的情况下方可进行机组实际超速试验。

（12）无论高压缸或中压缸启动，汽轮机冲转前均应尽量减小蒸汽与金属温度的失配值，使该值正常不超出下述范围：最佳（＋28℃），合格（116～－56℃），极限（222～－166.5℃）。

（13）对于高压缸启动，失配值取第一级后蒸汽温度与第一级金属温度失配值，对于中压缸逆流启动，失配值取再热蒸汽温度与中压联合主汽阀金属温度失配值。

（14）高压缸排汽温度应小于427℃。

（15）必须保证汽轮机本体疏水系统及主蒸汽管道、再热蒸汽管道和抽汽管道疏水系统保持畅通。

（16）在冲转或加负荷过程中，特别是低负荷阶段，若出现较大的胀差和温差，应停止升温升压并保持暖机。

（17）在启动过程中应保证主蒸汽与再热蒸汽温度之差在规定范围内。

（18）从点火至并网前，控制炉膛出口烟气温度小于538℃。

（19）机组升速时，严禁在临界转速点附近停留。

（20）点火初期应加强燃烧调整，定期对称切换油枪。

（21）严密监视空气预热器烟风侧进出口温度，防止空气预热器着火。

（22）在升压过程中，应进行连续排污，当炉水品质超标时，停止升压，增加排污量。

（23）首台磨煤机启动后，分离器出口温度低于80℃（掺烧褐煤50℃）前禁止增加给煤量。

（24）主蒸汽流量低于500t/h期间，投入的煤粉层对应的油层不得少于3只油枪。

（25）升压期间，汽包压力未达到3.45MPa时，禁止打开PCV消除管中积水。

（26）在主蒸汽流量小于400t/h期间，主蒸汽减温水用启动减温水，投减温水后控制一、二级减温后蒸汽的过热度至少不低于6℃。

（27）锅炉负荷低于25％额定负荷时应连续进行空气预热器吹灰。

（28）空气预热器入口烟气温度不得高于400℃。

（29）机组热态启动时，再热蒸汽压力不得大于3.38MPa。

（30）汽轮机冲车前必须将汽包高水位、窜轴、振动、胀差、低油压、低真空保护投入。

（31）启动期间，过热、再热蒸汽温度不得高于546℃。

（32）严格控制汽包上、下壁温差，任何时候任一温度测点温差不得大于40℃。

（33）再热蒸汽温度达到250℃时，通知检修人员热紧再热管道法兰螺栓。

（34）定期检查锅炉四管泄漏检测情况，发现问题及时分析、查找原因并通知有关人员。

（35）并网时主变压器中性点刀闸必须合入。

（36）升压过程中监视发电机定子电流为零，否则禁止升压，发电机转子电流指示不得超过额定空载值。

二、锅炉点火、升压

（1）炉膛吹扫结束后自动复位锅炉MFT跳闸信号。

（2）确认汽包水位正常。

（3）投入空气预热器着火探测装置，空气预热器投入连续吹灰，投入小油暖风器。

（4）联系油区，启动一台供油泵，调节来油母管压力1.8MPa左右。

（5）就地检查燃油系统无泄漏，做油系统泄漏试验合格，记录集控显示燃油累加值。

（6）开启燃油跳闸阀，关闭回油再循环阀，调节燃油调节阀，保持母管压力在1.3MPa左右。

（7）启动一台一次风机。

（8）检查确认全部油火检投用正常、炉膛火焰摄像仪投用正常，火检及炉膛火焰摄像仪冷却风压力正常。

（9）确认汽包、过热器、再热器各疏水阀、空气阀已开；省煤器再循环阀已开启。

（10）确认GUS点火条件全部满足后，投用A2层一只小油枪，注意油压和炉膛压力情况，并在增加小油枪数量的同时注意对角切换小油枪和对应粉管。

（11）油枪投用时应至现场检查无漏油，并确认油枪雾化、着火正常，风量匹配；检查油枪油压在1.0～1.3MPa。

（12）锅炉点火至起压控制时间在50min左右（与点火前是否投底部推动的汽包壁温有关），适当开启5％旁路。

（13）调节油枪投用数量，点火初期控制升压速度为0.03MPa/min。

（14）控制炉水温升率为1.5～2℃/min；汽包上、下壁温差小于40℃。

（15）监控炉膛出口烟气温度不得超过538℃。

（16）汽包压力达0.098MPa时，进行汽包水位计冲洗、对照。

（17）汽包压力达0.172MPa时，关闭汽包A、B侧空气阀。

（18）当主蒸汽压力达0.196MPa时，将下列排空气阀关闭。

1）过热蒸汽一级减温器后空气阀。

2）分隔屏出口空气阀。

3）过热蒸汽二级减温器后空气阀。

4）主蒸汽管道排空气阀。

（19）当汽包压力达0.3～0.5MPa时，可冲洗汽包水位计，通知检修人员冲洗表管和热紧螺栓。

（20）当主蒸汽压力达到0.49MPa时，关闭顶棚过热器疏水阀。

（21）开启化学取样、加药阀，并通知化学值班人员对汽包进行加药和取样。

三、投用轴封系统

（1）锅炉点火后汽压达到0.5MPa以上，可投用轴封系统。

（2）根据实际情况决定给水泵汽轮机轴封系统状态（隔离或与主机同时投用），并关再热器进、出口疏水阀、空气阀。

（3）确认轴封系统各阀门状态正确，无故障现象。

（4）确认轴封系统疏水阀开启，向轴封加热器U形管注水，至溢流管有水溢出后，停止注水。

（5）对轴封系统开始暖管：

1）"SOURCE"栏内选择"AUX. STEAM"；确认 SSCD 开启。

2）"OPRATION"栏内选择"ON"，注意轴封加热器风机 A 自动启动，调节轴封加热器风机入口阀使轴封加热器负压正常，开启备用风机出口止回阀后疏水阀。

3）"CONTRON"栏内选择"MANUAL"。

4）手动开启"S6、MOV-B"，观察温升状况。

5）"MANUAL INTERFACE PERCENT SETPT"栏内设定为 40%，并根据温升率逐渐向下设定此值，观察"SSAFV、SSCD 应全开"。

6）当轴封母管温度达至 204℃时，可结束暖管。

（6）开启轴封加热器自动疏水器前后截止阀。

（7）给水泵汽轮机轴封供汽疏水阀无水后关闭。

（8）管路暖管结束后，投用轴封，关闭 MOV-B 阀，轴封系统在"CONTROL"栏内选择"AUTO"，将轴封压力逐渐设定至 28kPa。

（9）轴封系统投用后注意轴封加热器及轴抽风机运行正常。

（10）检查大、小机盘车工况正常（包括大轴偏心度、盘车电动机电流等）。

四、投用真空系统

（1）检查真空系统各阀门状态正常，关闭破坏真空阀 1-19-CV197，并对其水封注水。

（2）确认真空泵 A、B 分离水箱水位正常；冷却水投入，补水电磁阀动作正常。

（3）检查真空泵就地控制盘状态正常，依次投用真空泵组 A 和 B，检查真空泵、密封水泵、冷却器等运行情况正常。

（4）待冷凝器压力小于 16.93kPa 时，停用一台真空泵组并置备用。

（5）检查排汽缸温度及喷水阀动作正常。

五、加热器水侧投用（可安排在除氧器上水和锅炉上水过程中完成）

（1）开启各加热器就地疏水阀、放空气阀排放杂质和空气。

（2）开足各低压加热器进、出水电动阀，关闭各低压加热器旁路电动阀。

（3）缓慢开启 3 号高压加热器出口电动阀旁路阀，对 3 号高压加热器进行注水、排气，待空气阀见水后关闭，开启 3 号高压加热器出口电动阀 1-21-CV164，进口电动阀 1-21-CV166 至主路位置。

（4）缓慢开启 2 号高压加热器出口电动阀旁路阀，对 2 号高压加热器进行注水、排气，待空气阀见水后关闭，开启 2 号高压加热器出口电动阀 1-21-CV163，进口电动阀 1-21-CV167 至主路位置。

（5）缓慢开启 1 号高压加热器出口电动阀旁路阀，对 1 号高压加热器进行注水、排气，待空气阀见水后关闭，开启 2 号高压加热器出口电动阀 1-21-CV162，进口电动阀 1-21-CV165 至主路位置。

（6）根据实际情况将城市热网加热器水侧投用并注意排空气。

六、锅炉升压

（1）进行汽轮机高、低压旁路暖管并投入该系统（先投低压旁路再投高压旁路），并注意各参数调整。

（2）汽轮机旁路系统投入后，控制主蒸汽温度变化率在 $1.5 \sim 2.0 ℃/min$。

（3）关闭锅炉 5% 旁路。

（4）视锅炉工况，适当增投油枪，加强燃烧，汽压升至 1.76MPa，汽温大于或等于 230℃。

七、汽轮机转子预暖、腔室预暖操作

（1）复位汽轮机，确认 MSV、RSV、IV 全关，CV 全开。

（2）确认主机盘车、轴封系统、真空系统、润滑油系统、MARK V 系统等状态正常，汽轮机金属温度测量无异常。

（3）关闭下列阀门：主汽阀后疏水阀 SSV-2A、SSV-2B，高压缸疏水阀 SSD-1、2、3、4，一段抽汽电动阀前疏水阀 1-11-CV013，冷、热段再热管疏水电动阀（共 7 个）。

（4）在 MARK V 主菜单上调出"转子预暖（ROTOR PREWARMING）"画面，点击"MSV ON"按钮，点击"增加"按钮，或输入相应开度指令，检查 2 号主汽阀预启阀（SVBV）缓慢开启。注意汽轮机金属温度指示，当温度开始上升时，停止增加预启阀开度，注意汽轮机盘车正常。当锅炉汽压上升时，注意关小 2 号主汽阀预启阀，防止汽轮机转子被冲动。

（5）间断点击"增加"按钮，少量增加 SVBV 开度直至高压缸达到大气压力。

（6）适当有选择地开启主汽阀后疏水阀 SSV-2A、SSB-2B，高压缸疏水阀 SSD-1、2、3、4，一段抽汽电动阀前疏水阀 1-1-CV013，冷热段再热管疏水电动阀至一定开度。

（7）以 38℃/h 暖机速率逐渐将高压缸内压力升至 $0.38 \sim 0.48MPa$。

（8）调节 SVBV 开度及主汽阀后疏水阀 SSV-2A、SSB-2B，高压缸疏水阀 SSD-1、2、3、4，一段抽汽电动阀前疏水阀 1-1-CV013，冷热段再热管疏水电动阀开度，逐渐将高压转子温度提高至 150℃，中压转子温度至 55℃，且稳定一段时间（不低于 30min）。

（9）确认汽轮机转子金属温度已达到要求后，点击"OFF"按钮结束暖机，检查 SVBV 关闭，汽轮机阀位正确。

（10）开足主汽阀后疏水阀 SSV-2A、SSB-2B，高压缸疏水阀 SSD-1、2、3、4，一段抽汽电动阀前疏水阀 1-1-CV013，冷热段再热管疏水电动阀。

（11）检查高压主汽调门腔室外壁温度与主蒸汽温度失配值，若蒸汽温度大于金属温度 139℃以上时，需进行阀腔预热。

（12）调出"阀腔预暖（CHEST PREWARMING）"画面，点击"ON"按钮，注意 MSV、CV、RSV、IV 应全部关闭。

（13）点击"增加"按钮，微量开启 2 号主汽阀预启阀（SVBV），逐渐增加高压主汽调门腔室内汽压并注意压力正常。

（14）逐渐提高阀腔温度，注意高压缸内应无压力；当主蒸汽温度与阀壳金属温度失配值低于56℃后，可点击"OFF"按钮，结束腔室预热。

（15）在预热过程中应经常注意汽轮机缸胀和胀差的变化，严格按照启动曲线和"ATS"的指导控制主蒸汽压力、温度的上升速率。

（16）在锅炉升压过程中，确认下列检查完毕：发电机及附属设备冲转前检查、发电机变压器组220kV开关投运前检查、发电机励磁系统投运前检查和操作、主变压器和单元变压器检查和操作等已执行完毕。

八、转子预暖注意事项

（1）对于具有一定温度水平的冷态工况，应适当提高预热蒸汽参数，一般可使主蒸汽温度大于汽轮机第一级缸体温度150℃，且主蒸汽过热度不少于50℃。

（2）选择转子预暖后，高压主汽阀、中压主汽阀及中压再热蒸汽调门应全部在关闭位置，4只高压主汽调门全开，阀位不正确时，应停止预暖操作。

（3）预暖中，一旦发现汽轮机盘车脱开，应立即减少暖机进汽量，待盘车恢复后，再重新开始预暖。

（4）预暖过程中，主蒸汽参数应继续按启动曲线升温、升压。

（5）利用邻炉暖机系统进行暖机时，一定要充分暖管，防止暖管不充分引起管道振动。

（6）如果转子偏心度大于允许值，保持高压缸压力，直到转子偏心度合格。

九、腔室预暖注意事项

（1）选择阀腔预暖后，应注意检查高压主汽阀、高压主汽调门、中压主汽阀及中压再热蒸汽调门均在关闭位置，阀位不正确时，不得进行阀腔预暖。

（2）控制金属温升率，不得使腔室内外温差超过相应的允许范围。

第六节　汽轮机冲转

一、汽轮机冲转条件

（1）确认轴封系统正常，母管压力在0.017～0.031MPa。

（2）确认高压抗燃油油压在10.34～11.72MPa，油温在36～49℃。

（3）确认汽轮机真空、缸胀、胀差、上下缸温差正常。

（4）确认转子偏心度不大于原始值0.02mm，正常盘车4h以上。

（5）检查水质、蒸汽品质合格。

（6）所有的汽轮机A、B、C组疏水阀开启。

（7）盘车油泵运行且油压正常，电动抽吸泵运行，主油泵入口油压大于0.034 5MPa，控制开关在自动位。

（8）轴承油温在27～32℃，润滑油母管压力大于0.117MPa。

（9）通过控制锅炉和汽轮机旁路系统及启动减温水将主蒸汽参数控制在4～5MPa，温度在350℃左右（或由分场给出冲转参数）。

（10）确认高、低压旁路在关闭位置且运行方式正确，使冷再热蒸汽压力至零；将阀位限制（VPL）设定在最大值（120%）。

（11）检查汽轮机已经复位，各阀门、电磁阀状态正确，汽轮机在"顺流"工况。

（12）得冲转命令，在 MARK V 主菜单上选择升速率为"慢（SLOW）"，点击"200 r/min"按钮，注意调门开启情况。

（13）汽轮机冲转后应注意盘车装置自动退出，在冲转全过程中注意各瓦的振动和瓦温及高胀、低胀、缸胀情况。

（14）当机组达到 200r/min 转速后，点击"阀关闭（CLOSE VALVES）"按钮（或打闸），现场倾听机组转动声响，进行摩擦检查。

（15）摩擦检查无异常后，在汽轮机转速未到零前，重新复位汽轮机，点击目标转速"800r/min"，继续提升机组转速；在升速过程中，根据"ATS"的指导，视需要可点击速度保持（SPEED HOLD）"ON"以暂停升速，但不可停留在临界转速点。

（16）汽轮机转速达到 800r/min 后维持 20min，并全面检查机组各轴承振动、油温、轴承温度及排汽温度，观察轴承油温自动调节为 32～35℃。

（17）油温达 32～35℃，点击目标转速"2500r/min"按钮，继续提升机组转速，注意通过临界转速时的振动不超标。

（18）注意记录汽轮机通过临界转速时的振动值和中、低压缸连通管温度升到 93℃ 时的时刻。

（19）当机组转速达到 2160r/min 时，注意前轴承箱轴承油压应在 0.14～0.147MPa，若达不到，应联系检修人员进行调整。

（20）确认中、低压缸连通管温度达到 93℃ 已持续 60min，润滑油温达到 38～42℃；发电机氢冷器入口氢气温度大于 20℃ 时，则可进一步升速。

（21）点击目标转速"3000r/min"，当转速达 2550r/min 时，应注意油涡轮出口油压大于或等于盘车油泵出口油压，涡轮泵出口压力应大于或等于电动抽吸泵出口压力且工作正常，否则联系检修人员进行调整。

（22）在升速过程中完成 DEH 保护系统试验：

1）充油试验（动作转速应小于或等于 2880r/min）：

a. 在 MARK V 主菜单上调出保护试验"（PROTECTIVE TESTS FRONT STANDARD）"画面和"液压跳闸系统（HYDRAULIC TRIP SYSTEM）"画面，检查充油试验条件满足。

b. 点击机械跳闸系统"闭锁（LOCK OUT）"按钮。

c. 检查"液压跳闸系统"画面上机械闭锁电磁阀（MLV）"闭锁（ON）"。

d. 点击机械超速跳闸（MECH O/S）试验"开始（ON）"。

e. 观察"机械超速跳闸（MECH O/S TRIP）"跳闸；"机械跳闸阀（MTV）"已跳闸。

f. 点击机械超速试验"停（OFF）"。

g. 观察数秒钟后，跳闸系统恢复正常，"解锁（UNLOCK）"信号重新出现。

2）机械跳闸活塞试验：

a. 点击机械跳闸系统"闭锁（LOCK OUT）"。

b. 观察"液压跳闸系统"画面上机械闭锁电磁阀（MLV）"闭锁（ON）"。

c. 点击 1 号机械跳闸活塞"ON"，观察"机械跳闸活塞（MTP）""机械跳闸阀（MTV）"跳闸。

d. 点击 1 号跳闸活塞试验"OFF"。

e. 观察数秒钟后，跳闸系统恢复正常，"解锁（UNLOCK）"信号重新出现。

f. 按 a.　～e. 步骤，执行 2 号机械跳闸活塞试验。

3) 电气跳闸试验：

a. 点击电气跳闸系统"闭锁（LOCK OUT）"，观察电气跳闸系统至"闭锁（ON）"状态。

b. 点击电气跳闸（ELECT TRIP）"ON"，观察"电气跳闸电磁阀（ETSV）"失磁跳闸，"电气跳闸阀（ETV）"跳闸。

c. 点击电气跳闸"OFF"，观察数秒钟后电气跳闸系统恢复正常，"解锁（UNLOCK）"信号重新出现。

4) 电气超速跳闸试验：

a. 点击电气跳闸系统"闭锁（LOCK OUT）"，观察电气跳闸系统至"锁定"状态。

b. 点击电气超速跳闸（ELECT O/S）"ON"，观察"电气跳闸电磁阀（ETSV）"失磁跳闸，"电气跳闸阀（ETV）"跳闸。

c. 点击电气超速跳闸"OFF"，观察数秒钟后电气跳闸系统恢复正常，"解锁（UNLOCK）"信号重新出现。

（23）当汽轮机转速达额定转速时，注意主油泵进口油压在 0.175MPa 左右，调节轴承油温在 43～49℃ 范围。

（24）检查主油泵及油涡轮泵工作正常后，停电动抽吸泵和盘车油泵并置自动。

二、冲转注意事项

（1）预暖参数不可偏离预暖曲线范围内。

（2）汽轮机冲转参数可根据缸温、锅炉具体情况而定，但必须保证具有 50℃ 以上的过热度。

（3）当选择汽轮机目标转速"200r/min"后，汽轮机主汽阀、中压主汽阀应开启，随后中压再热蒸汽调门开启，阀位不正确时，应停止冲转。

（4）汽轮机转速在 200r/min 以下时，停留时间应小于 5min。

（5）升速中严密监视主机轴振值，并按下列规定进行操作：

1) 转速低于 800r/min 时，轴振达 0.102mm，应立即停机；

2) 转速在 800～2000r/min 时，轴振达 0.175mm，持续 2min 应立即停机；

3) 转速在 2000r/min 以上时，轴振达到 0.175mm，持续 15min 应立即停机；

4) 转速在 800r/min 以上时，如轴振达 0.229mm，应立即停机，并破坏真空；

5) 由于振动大引起的机组停运，再次冲动前，需盘车 4h 以上，到转子偏心度正常。

(6) IV 阀开度小于 20％，BDV 阀关闭，同时 HSBV 阀开启。

(7) 反流启动，转速为 2250r/min 时，RFV 阀开启，高压缸处于反流状态，此时高压旁路后压力下降较大，应及时调整旁路阀开度。

(8) 反流启动时应注意高压旁路后温度的控制，防止因温度超限而引起旁路退出运行。

(9) 转速为 2500r/min，中压转子排汽端中心孔温度大于 93℃，且维持 1h，允许继续升速。

(10) 转速达到 2550r/min 时，确认油涡轮出口油压大于盘车油泵出口油压及油涡轮泵出口油压大于电动抽吸泵出口油压，并网后，电动抽吸泵、盘车油泵自动停止。

(11) 汽轮机充油试验的动作转速应不大于 2880r/min。

(12) MARK V 在 "AUTO" 方式时，自动完成升速及充油试验过程。

第七节　机　组　并　网

一、并网准备

(1) 值长联系调度将 2211 开关和 2212 开关解环，合上发电机出口刀闸。

(2) 确认发电机氢气纯度大于 98％，且继续升压至额定值，检查投入发电机氢气冷却器闭式冷却水侧，并注意放空气。

(3) 检查发电机铁芯监测器工作正常，机内氢气压力、温度正常。

(4) 主变压器中性点接地刀闸在合闸位置，发电机中性点变压器刀闸在合位。

(5) 密封油、定子冷却水系统工作正常。

(6) MARK V 系统 "ATS HOLD LIST" 画面中所有报警复归。

(7) 电子间内发电机保护盘内所有的连接片均已投入，并无异常现象。

(8) 将汽轮机在 MARK V 上打至 "AUTO" 方式。

(9) 汇报值长，联系有关岗位，发电机准备并网。

二、发电机并网

(1) 网控解环后集控检查 2211（2233）、2212（2232）开关在开位，并将开关复位。

(2) 联系网控人员合上 2201G（2202G）刀闸。

(3) 检查 2211（2233）、2212（2232）开关 SR、SC 功能均在 "RESET" 状态。

(4) 联系网控人员确认 1（2）号主变压器中性点接地刀闸 01（02）在合位。

(5) 联系网控人员确认 1（2）号主变压器、高压厂用变压器冷却系统已投入正常。

(6) 投入 1（2）号发电机初始励磁电源。

(7) 检查 1（2）号发电机中性点 G01D（G02D）接地刀闸在合位。

(8) 检查 1（2）号发电机变压器组系统其他部分一切正常。

(9) 将 GENERATOR CHANGEOVER CONTROL SWITCH 开关置 "ON"

位置。

（10）检查 MARK V 在 SEMI-AUTO 方式。

（11）检查转速达到 2990r/min 左右，且"AT SET SPEED"信号已出现。

（12）合上 MARK V 同期用直流熔断器。

（13）合上 MARK V 功率计算用直流熔断器。

（14）在 MARK V 主菜单上调出"GENRATOR/EX2000 CONTROL"画面。

（15）检查"EX2000 DIAGNOSTICS"为"NO ALARMS"状态，否则按"RE-SET EX FAULTS"键将励磁系统复位至正常状态。

（16）检查励磁系统调节器在"AUTO REG"方式。

（17）按"EX2000 START"键启动励磁，检查励磁电压、电流正常。

（18）检查发电机出口电压自动上升至额定电压。

（19）检查发电机转子电压正常，转子电流不超过额定空载励磁电流。

（20）检查发电机三相定子电流在正常情况下，DCS 上显示 50A 左右，否则立即停止发电机励磁。

（21）在 MARK V 主菜单上将汽轮机投入"AUTO"方式。

（22）在 DCS 上调出"Generator And 220kV Substation"画面，选择 2211（2233）或 2212（2232）开关，按"SC"键，发出 SYN_CLOS 指令。

（23）检查指令反馈正确。

（24）在 MARK V 主菜单上调出"EX2000 CONTROL"画面，检查"BUS 电压正常"。

（25）在 MARK V 主菜单上调出"GENERATOR SYNCHRONIZATION"画面。

（26）检查"SYNCH MODE FEEDBACK"为"AUTO"方式。

（27）检查相角差匀速变化正常。

（28）检查汽轮机转速自动调整且滑差在 2～6 转之间。

（29）按"RAISE KV/VAR"或"LOWER KV/VAR"键调整发电机出口电压与母线电压差小于 5%。

（30）按 2211 或 2212 开关发出 CLOSE 指令。

（31）检查 2211（2233）或 2212（2232）开关自动合闸并网成功。

（32）按 2211（2233）或 2212（2232）开关的"SC"键发出 RESET 指令。

（33）检查指令反馈正确。

（34）按 2212（2232）或 2211（2233）开关的"SR"键发出"SYN_RES"指令。

（35）检查指令反馈正确。

（36）按 2212（2232）或 2211（2233）开关发出"CLOSE"指令。

（37）检查 2212（2232）或 2211（2233）开关在合位。

（38）按 2212（2232）或 2211（2233）开关的"SR"键发出"RESET"指令。

（39）检查指令反馈正确。

（40）根据汽轮机要求将汽轮机解除"AUTO"方式。

（41）根据省调要求是否拉开 1（2）号主变压器中性点接地刀闸。

（42）根据省调要求决定是否将 MARK V 上的"PSS"功能投入，在机组解列前将 PSS 功能退出。

三、发电机并列、解列注意事项

（1）发电机并列正常情况下采用"自动准同期"方式进行并列，严禁采用"手动准同期"方式并网运行。

（2）发电机变压器组 220kV 侧的 2211（2233）及 2212（2232）开关均可用于机组并列，一般情况下用 2211（2233）开关并列，用 2212（2232）开关鉴定同期后合环。

（3）发电机手动解列前应将发电机无功功率、有功功率减到零，并且先拉开 2212（2232）开关，再拉开 2212（2233）开关。

（4）网控人员在合上 1（2）号发电机变压器组出口刀闸 2201G（2202G）的操作时，必须在发电机变压器组出口 TV 端子箱内 TV 二次开关处测量确无电压后进行。

（5）当发电机运行时，将 GENERATOR CHANGEOVER CONTROL SWITCH 开关置"ON"位置，发电机不运行时将 GENERATOR CHANGEOVER CONTROL SWITCH 开关置"OFF"位置，当此开关在 ON 位置时，只能在集控 DCS 上进行发电机出口开关的跳闸操作。

（6）当发电机出口开关只有一个开关在运行时，合上另一个开关的操作必须在集控 DCS 上操作。

（7）发电机手动解列或事故跳闸后，必须检查励磁开关确已跳开，且发电机出口无电压、电流显示。

（8）发电机停机可以采用手动解列和汽轮机打闸（逆功率保护动作）两种方式，前提是停机前首先用发电机出口中间联络开关（2232、2212）解环。

（9）必须在发电机解环后、冲转前投入发电机变压器组 ELIN 保护连接片，合环前退出发电机变压器组 ELIN 保护连接片。

（10）发电机解列前在负荷为 99MW 时，检查发电机出口开关失灵保护电流继电器绿灯亮。

（11）发电机解列后 6h 内不允许再次启动并网运行，必须拉开发电机出口刀闸。

（12）发电机励磁、升压有两种方式：MARK V 在"AUTO"控制方式和 MARK V 在"SEMI-AUTO"控制方式。当 MARK V 在"AUTO"控制方式时，发电机自动加载励磁，MARK V 在"SEMI-AUTO"控制方式时，需运行人员手动加载励磁。

（13）运行人员手动加载励磁时，一般采用 AC 方式励磁、升压（AC 方式下电压调节范围为额定电压的 80%～115%）。

（14）励磁升压时，定子三相电流 DCS 上显示应为 50A 左右；发电机定子电压为额定值时，应检查转子电流表指示与空载励磁电流值相符。

（15）机组并列后，为防止发电机逆功率，机组应自动将发电机负荷增加至 3% 额定负荷，否则应手动进行调整达到同样要求，同时应注意调整无功功率，功率因数一般不应超过 0.95。

（16）机组并列后，应监视发电机定子冷却水、发电机风温及各部分温度变化情况，并检查发电机继电保护、自动装置的工作情况。

第八节　机组升负荷

一、并网后带初负荷汽轮机侧操作

（1）发电机并列合环后，在 MARK V 上将汽轮机切至"SEMI-AUTO"以 7.5MW/min 的速率将机组负荷升至 10MW，随后选择负荷率 3.5MW/min，将负荷加至 25～35MW 进行暖机，并注意对发电机无功功率的调整。

（2）检查盘车油泵和电动抽吸泵自动停止。

（3）检查 A 组疏水（主蒸汽管道及主汽阀前、后疏水阀）关闭，安排人将 A 组疏水手动阀关闭。

（4）检查具备条件后将汽轮机低压加热器汽侧全部投用。

（5）确认 5 号低压加热器抽汽止回阀 1-15-PC038 开启，稍开 5 号低压加热器进汽电动阀 1-15-CV124，注意低压加热器温度及疏水工况，逐渐开足抽汽电动阀 1-15-CV124，控制低压加热器出水温升率小于 80℃/h。

（6）注意各低压加热器情况，启动低压加热器疏水泵将各疏水调节阀投自动。

（7）注意"ATS"各金属温度、应力及"保持信息（HOLD LIST）"指示，当中、低压缸连通管温度已达 177℃ 并持续 1h 以上，"ATS"显示允许升负荷时，可以 3.5MW/min 的速率继续升负荷。

（8）检查具备条件投入高压加热器，控制高压加热器出水温升率小于或等于 80℃/h：

1）开启 3 号高压加热器事故疏水调节阀 1-11-CV059；缓慢开启 3 号抽汽电动阀 1-13-CV117，并通过各管道疏水进行暖管，确认 3 号抽汽止回阀 1-13-PC035 开启。

2）注意 3 号高压加热器水位建立及调节情况，待 3 号抽汽电动阀开足，水位正常后，关闭止回阀后疏水气动阀 1-13-CV-—020。

3）按 1）、2）步投用 2 号高压加热器（2 号高压加热器进汽止回阀 1-12-034；进汽电动阀 1-12-CV-116）。

4）按 1）、2）步投用 1 号高压加热器（1 号高压加热器进汽止回阀 1-11PC033；进汽电动阀 1-11-CV115；止回阀后疏水 1-11-CV018）。

5）注意各高压加热器水位调节及疏水导通正常，将各高压加热器正常和危急疏水投入自动控制。

6）关闭一、三段抽汽电动阀前疏水调节阀 1-11-CV013　1-13-CV021。

7）注意主机轴向位移变化，高压加热器端差状况。

（9）并网后将 A、B 给水泵汽轮机复位，高、低压进汽阀开启预暖。

（10）当中、低压缸连通管温度已达 177℃ 并持续 1h 以上时，初负荷暖机结束。

二、并网后带初负荷锅炉侧操作

（1）逐渐增加油枪的投入数量，提高主蒸汽的温度和压力，缩短暖机时间。

（2）检查具备启动条件后启动另一套引、送风机并注意调整好炉膛负压和燃烧及两台风机的并列操作。

（3）一次风机具备启动条件时启动 A（B）侧一次风机，监视并调整暖风器自动跟踪是否良好，将空气预热器密封风切至一次风侧，并对 A 磨煤机 NDE 侧和 DE 侧吹扫。

（4）当炉膛出口烟气温度达至 535℃时退出烟气温度探针。

三、35～140MW 负荷

（一）该段负荷下机侧的操作

（1）负荷为 53MW 时，确认 B 组疏水阀自动关闭，派人将 B 组疏水手动闭关闭。

（2）负荷达到 30％时检查四段抽汽至除氧器侧电动阀自动开启，将辅助蒸汽至除氧器关闭并将压力设定后投入备用，停用除氧循环泵。

（3）检查 A（B）给水泵汽轮机具备启动条件（特别注意冷却、润滑、密封系统正常投入），启动 A（B）给水泵汽轮机（详见《给水泵汽轮机启动操作票》），将 A（B）给水泵汽轮机和电动给水泵并列运行。如采用辅助蒸汽冲转给水泵汽轮机时间可适当提前，但应注意在达到 30％负荷以前将给水泵汽轮机汽源切换完毕。

（4）负荷达到 30％时检查确认 C 组疏水阀关闭，派人将 C 组疏水手动阀关闭。

（5）负荷达到 70MW 以上时切换厂用电，检查具备条件后将厂用负荷由备用段切至工作段，快切装置投入运行（详见《厂用电切换操作票》）。

（二）该段负荷下炉侧的操作

（1）将炉侧油枪投入数量提高到 6～8 只以上（尽量投 AA 和 BB 层）。

（2）检查 A 磨煤机各项启动条件满足，汽轮机初负荷暖机结束，启动 A 磨煤机 DE 侧（详细步骤见《启动磨煤机操作票》）。

（3）通知灰控人员投入电除尘器。

（4）负荷达至 25％时停用空气预热器吹灰，改为每班吹一次。

（5）根据汽轮机侧参数和高胀、低胀、缸胀的情况，检查具备启动条件后启动 A 磨煤机 NDE 侧。

（6）当主蒸汽流量达到 25％时，将启动减温水切换至正常减温水，电动给水泵切至主路上水。

（7）将炉侧放水阀、放空气阀、疏水阀手动关严。

（8）根据实际情况将大油枪换成小油枪。

四、140～250MW 负荷

（一）该段负荷下机侧的操作

（1）检查具备启动条件后启动第二台汽动给水泵，并入给水系统。

（2）检查两台汽动给水泵运行正常，将电动给水泵停止运行，并投入至备用状态。

（3）进汽方式由 FA 切至 PA（注意负荷、汽压的变化）。

1）当机组负荷增加至 140MW 负荷以上时，可根据机组状况进行进汽方式切换，调出"ADMISSION MODE SELECTION"画面。

2）选择切换速率为"NORM 5 MIN"或"MED 10 MIN"。

3）点击"TO PA"按钮，发出切换命令。

4）需停止转换时，可点击进汽方式"保持（HOLD）"按钮。

5）检查各调节阀阀位改变正常，注意汽包水位调节正常。

6）注意胀差及汽轮机金属温度的变化情况。

7）根据实际情况将城市热网加热器汽侧投用并注意疏水水质及导通情况。

（二）该段负荷下炉侧的操作

（1）检查具备启动条件后启动另一侧一次风机，将两台一次风机负荷调匹配，并将一次风压投入自动。

（2）将 B 磨煤机 NDE 侧和 DE 侧粉管手动吹扫，并检查 B 磨煤机具备启动条件。

（3）根据 A 磨煤机运行工况及汽轮机侧要求将油枪减至 6 只。

（4）汽轮机各项参数正常，启动 B 磨煤机 NDE 侧，继续提高主蒸汽压力和温度，适当减少油枪数量。

（5）机组负荷达 175MW 时，炉膛燃烧工况稳定后，停止全部油枪并记录本次启机用油量。

（6）检查具备启动条件后启动 B 磨煤机 DE 侧（注意投油助燃），继续升高机组负荷。

（7）负荷达至 210MW 时，将空气预热器扇形板间隙投入自动。

（8）调整两台磨煤机将负荷加到 250MW，升压至额定，主、再热蒸汽温度升至 541℃。

（9）将所有二次风辅助挡板投入自动，注意风量变化及炉膛燃烧情况。

五、机组继续加负荷至额定

（1）检查具备启动条件后投入第三台磨煤机组运行，并将负荷升至 350MW。

（2）根据燃烧工况，可对锅炉进行全面吹灰一次。

（3）视情况将各控制系统投入"自动"控制；投用机组协调方式。

（4）对机组进行全面检查，记录有关运行参数。

（5）检查轴封泄汽已自动切至 7 号低压加热器（开启 SSED 阀，关闭 SSCD 阀）。

（6）根据情况适时将辅助蒸汽汽源切至冷再热蒸汽或四段抽汽供汽。

第七章 机组运行调整

第一节 机组控制方式

一、机跟炉控制方式（TURBINE FOLLOW）

1. 投入条件

（1）机组负荷大于140MW。

（2）主蒸汽压力设定值与实际值偏差小于0.2MPa。

（3）锅炉主控站在"MAN"位。

（4）满足下列任一条件，自切至TURBINE FOLLOW的控制方式：

1）机组处于协调控制方式，机组RB发生时；

2）机组处于协调控制方式，锅炉主控切至"MAN"位。

2. 投入步骤

（1）将汽轮机MARK V切至"UMC"位。

（2）将汽轮机主控站切至"CAS"位。

（3）设定主蒸汽压力变化率。

（4）根据主蒸汽压力需要调整设定值。

（5）根据机组负荷需要调整锅炉燃烧。

3. 切除条件

（1）汽轮机MARK V切至"LOCAL"位。

（2）满足下列任一条件，汽轮机主控站自切至"MAN"位：

1）锅炉主控站在"CAS"位且功率坏值。

2）汽轮机MARK V不在"UMC"位。

3）机前压力偏差大于2.5MPa或三个测量值均为坏值。

4）第一级压力偏差大于2.5MPa或三个测量值均为坏值。

5）汽轮机跳闸且未选择RB。

4. 切除步骤

（1）将汽轮机主控站切至"MAN"位。

（2）将汽轮机MARK V切至"LOCAL"位。

二、炉跟机控制方式（BOILER FOLLOW）

1. 投入条件

(1) 机组负荷大于 210MW。

(2) 机组负荷设定值与实际值偏差小于 10MW。

(3) 汽轮机主控站在"MAN"位。

(4) 满足下列任一条件，自切至 BOILER FOLLOW 的控制方式：机组处于协调方式，汽轮机主控站切至"MAN"位。

(5) 下列控制器尽量切至自动位：

1) 一次风压力控制器在"CAS"位；

2) 汽包水位控制器在"CAS"位；

3) 主蒸汽温度控制器在"CAS"位；

4) 氧量校正控制器在"CAS"位；

5) 二次风箱与炉膛压差控制器在"CAS"位；

6) 磨煤机煤位控制器在"CAS"位；

7) 分离器温度控制器在"AUTO"位；

8) 磨煤机总一次风量控制器在"AUTO"位。

(6) 下列控制必须投入自动：

1) 炉膛负压在"CAS"位；

2) 送风控制在"CAS"位。

2. 投入步骤

(1) 任一磨煤机负荷风门在"CAS"位（最好投入四个）。

(2) 将锅炉主控站切至"CAS"位。

(3) 设定主蒸汽压力变化率。

(4) 根据主蒸汽压力需要调整设定值。

(5) 根据机组负荷调整汽轮机调门开度。

3. 切除条件

(1) 满足下列任一条件，锅炉主控站切至"MAN"位：

1) 炉膛负压在控制器"MAN"位；

2) 送风量控制器在"MAN"位；

3) 送风量控制器输出在最大；

4) 燃料主控制站在"MAN"位，即全部负荷风门在"MAN"位；

5) 燃料主控站输出值在最大或最小；

6) 汽包水位控制器输出值在最大；

7) 选中的机前压力与其他两个机前压力偏差大于 2.5MPa；

8) 三个机前压力都是坏值；

9) 第一级压力三选中值后点为坏值。

(2) 启停磨煤机时。

(3) 锅炉风机和磨煤机跳闸时。

4. 切除步骤

(1) 将锅炉主控站切至"MAN"位。

(2) 将磨煤机负荷风门全部切至"MAN"位。

三、机炉协调控制方式（CO-ORDINATED FOLLOW）

1. 投入条件

(1) 机组负荷大于 210MW。

(2) 机组各控制器自动投入情况满足机跟炉和炉跟机控制方式需要。

2. 投入步骤

(1) 首先投入机跟炉控制方式。

(2) 15min 后主蒸汽压力比较稳定时再投入炉跟机控制方式。

(3) 根据需要调整机组负荷设定值。

(4) 根据需要调整主蒸汽压力设定值。

(5) 根据辅机运行情况设定机组最大、最小负荷。

3. 切除条件

(1) 启停磨煤机时。

(2) 锅炉本体吹灰时。

(3) 主蒸汽压力设定值与实际值相差大于 0.5MPa 时。

(4) 锅炉或汽轮机主控站在"MAN"位时自动切除机炉协调控制方式。

4. 切除步骤

(1) 先解除炉跟机控制方式。

(2) 再解除机跟炉。

四、ADS 控制方式

1. 投入条件

(1) 机组满足协调投入条件。

(2) ADS 好用。

(3) 省调通知。

2. 投入步骤

(1) 将机组切至机炉协调控制方式（CO-ORDINATED FOLLOW）。

(2) 按照省调要求调整机组负荷。

(3) 按下操作画面"ADS 投入"按键。

3. 切除条件

(1) 机组出现异常现象，协调控制方式无法正常运行时。

(2) 省调要求解除时。

4. 切除步骤

按下操作画面"ADS 解除"按键。

第二节 运行监视与调整

一、运行监视与调整参数

（一）正常运行监视参数（见表 7-1）

表 7-1　　　　　　　　　正常运行监视参数

名　称	单位	正常值	跳闸值	备　注
主蒸汽压力	MPa	16.67		MARK V
主蒸汽温度	℃	541		DCS
主蒸汽流量	t/h	1054.8		
再热蒸汽出口压力	MPa	3.42		
再热蒸汽进口温度	℃	324		
再热蒸汽出口温度	℃	541		DCS
再热蒸汽流量	t/h	873.6		
给水温度	℃	273		
给水压力	MPa	18.78		
汽包水位	mm	±50	+240　−330	
主汽阀内外壁温差	℃			
调节汽阀内外壁温差	℃	139		
上、下缸温差	℃	28		
第一级压力	MPa	13.832		阀全开
		13.358		额定工况
一段抽汽压力	MPa	6.561		
二段抽汽压力	MPa	4.136		
三段抽汽压力	MPa	1.757		
四段抽汽压力	MPa	0.809		
五段抽汽压力	MPa	0.274		
六段抽汽压力	MPa	0.157		
七段抽汽压力	MPa	0.062		
八段抽汽压力	MPa	0.023		
高压缸排汽温度	℃	324		
凝汽器真空	kPa	4.9	25	
低压缸排汽温度	℃	<93		
高压旁路后压力	MPa	3.96		
高压旁路后温度	℃	<427		
低压旁路后压力	MPa	0.004 9		
低压旁路后温度	℃		107	

名　称	单位	正常值	跳闸值	备　注
轴 向 位 移	mm	$-0.762 \sim +0.62$	$\leqslant -0.762$ 或 $\geqslant +0.762$	
汽轮机胀差	mm	$-7.112 \sim 9.398$	$-7.112 \leqslant$ 或 $\geqslant 9.398$	
汽轮机轴振	mm	0.08	0.229	
汽轮机瓦振	mm	0.03	0.076	
推力轴承推力瓦温	℃	87.7	93.3	
1、2、3 号支持轴承金属温度	℃	$82 \sim 110$	127 打闸	107 报警
4、5、6 号支持轴承金属温度	℃	$47 \sim 91$	121 打闸	107 报警
主油箱油位	mm	油位表 高~低之间		
润滑油温	℃	$43 \sim 49$		
轴承回油温度	℃	70	75	
润滑油压力	MPa	0.174	0.083	
抗燃油油箱油位	mm	0		
抗燃油温度	℃	43		
抗燃油压力	MPa	$10.34 \sim 11.72$	7.58	
给 水 温 度	℃	273		
凝结水泵出口压力	MPa	2.2		
凝结水流量	t/h	813		
凝汽器端差	℃	$2.8 \sim 12$		
凝汽器水位	mm	700 ± 75		
凝结水导电度	μS/cm	0.2		
凝结水含氧量	μg/L	20		
高压加热器水位	mm	0 ± 38		
低压加热器水位	mm	0 ± 38		
除氧器压力	MPa	<0.75		
除氧器水箱水位	mm	2700 ± 100		
除氧器温度	℃	167.6		
给水含氧量	μg/L	5		
汽封母管压力	MPa	0.0276		
轴封加热器负压	kPa	$2.49 \sim 2.99$		
辅助蒸汽压力	MPa	0.78		
主机主油泵出口油压	MPa	1.4		
主机主油泵入口油压	MPa	0.14		
发电机氢压	MPa	0.414		

续表

名　　称	单位	正常值	跳闸值	备　注
氢气纯度	%	98		
发电机入口风温	℃	30～40		
定子冷却水入口温度	℃	40～46		
定子冷却水回水温度	℃	≤79		
定子冷却水水箱水位	mm	0		
定子冷却水流量	t/h	45	29.6	
定子冷却水导电度	μS/cm	0.1～0.3		
密封油箱油位	mm	0		
密封油压力	MPa	0.95		
密封油箱压力	kPa	−60～−70		
氢油压差	MPa	0.035～0.05		
闭式冷却水水箱水位	cm	80		
闭式冷却水水泵出口压力	MPa	0.8		
闭式冷却水冷却器出口水温	℃	38		
真空泵水箱水位	mm	0		
凝结水储水箱水位	m	7.5±0.5		
凝汽器冷却水入口压力	MPa	0.23		
凝汽器冷却水入口温度	℃	13～33		
冷水塔水位	m	1.8±0.05		
电动给水泵润滑油压力	MPa	＞0.15	0.1	
电动给水泵润滑油温	℃	55	60	
电动给水泵工作油温度	℃	＜75	85	
汽动给水泵润滑油压力	MPa	0.15	0.1	
汽动给水泵润滑油温度	℃	≤50		
汽动给水泵汽轮机轴振动	mm	＜0.102	0.127	
汽动给水泵汽轮机瓦温	℃	＜107	121	
给水泵各轴承温度	℃	≤80	90	
给水泵推力轴承瓦温	℃	≤90	100	
给水泵机械密封水温度	℃	90		
排烟温度	℃	124		
炉膛压力	Pa	−30～−130	+3300−2540	设定值−80
含氧量	%	3～5		
一次热风温度	℃	322		
一次风压力	kPa	10		
二次热风温度	℃	333		
二次风压力	kPa	0.8～1.0		

续表

名　称	单位	正常值	跳闸值	备　注
煤粉细度	%	80		T_{200}（设计煤种煤粉细度按 200 目筛通过量）
燃油压力	MPa	0.6～1.4	0.5　2.1	
燃油温度	℃	20～40		
雾化蒸气压力	MPa	0.7		
磨煤机出口温度	℃	85～95		掺烧褐煤 65～75
一次风管风速	m/s	21～25		

（二）各部件的允许温度（见表 7-2）

表 7-2　　　　　　　　　　各部件的允许温度

名称	部件名称	最高温度（℃）	测量方法	温度计安装部位
发电机	定子绕组及引出线	80	埋置温度计	直路出口
	定子线圈上下层	105	埋置温度计	每槽上下层
	定子铁芯	120	埋置温度计	定子铁芯两端和中部热风区
	转子线圈	110	电阻温度计	
	集电环	120	温度计	
	轴瓦温度	90	检温度计	
	轴承回油温度	70	检温度计	
励磁机	转子探测器	100		
	励磁绕组	110		
	冷却气体最高温度	46		

（三）省煤器及空气预热器出口在不同工况下的烟气温度限制值（见表 7-3）

表 7-3　　　　　　省煤器及空气预热器出口在不同工况下的烟气温度限制值

负　荷	383.6MW	352.75MW	262.5MW	175MW	105MW
省煤器出口温度℃（定压）	389	383	364	332	288
空气预热器出口温度℃（定压）	136	134	124	114	104
省煤器出口温度℃（滑压）			352	319	249
空气预热器出口温度℃（滑压）			120	112	103

二、运行调整

（一）汽轮机调整

（1）汽轮机负荷变化时，应严格控制汽轮机温度变化率在合格的范围内，必要时切换全周进汽方式，禁止对汽轮机转子表面进行急剧冷却。

（2）机组在凝汽器绝对压力小于 18.6kPa 时，允许无蒸汽运行 1min，凝汽器绝对压力升高到 16.9kPa 时，发出压力高报警，压力升高到 25.4kPa 时，机组应保护动作跳闸，否则手动停机。凝汽器绝对压力升高到不允许连续接带负荷运行时，应限制汽轮机负荷。

（3）在汽轮机寿命期内异常频率允许运行时间累计见表7-4。

表7-4   频率允许运行时间

发电机频率（Hz）	允许运行时间累计（min）
低于47或52.0以上	不允许运行，紧急停机
47.0～47.5或51.5～52.0	1
47.5～48.0或51.0～51.5	12
48.0～48.5或50.5～51.0	90
48.5～50.5	长期运行

（4）润滑油温度手动调整时，应缓慢进行，防止润滑油温度大幅度波动。

（5）在正常情况下，主蒸汽压力应控制在额定压力16.67MPa以下运行。

（6）主蒸汽压力超过额定值25%（20.84MPa）的异常工况，每年的累计值不应超过12h。

（7）正常运行工况下，蒸汽流量不允许超过额定压力下阀门全开时的流量1169.9t/h。

（8）集控巡检每班对机、炉外管道进行一次巡回检查，有漏汽、漏水现象及时查清原因，采取相应措施。

（9）机侧主、再热蒸汽温度在年平均温度不超过538℃的前提下，温度可达546℃，瞬时汽温在546～552℃时全年累计运行时间不超400h。在温度达552～566℃波动时间不超15min，全年累计小于80h。当温度达566℃时，立即停机。

（10）主、再热蒸汽温度年平均值不得超过538℃。

（11）在年平均值不超过额定值的前提下，允许主、再热蒸汽温度不超过额定值8.3℃下运行，主、再热蒸汽温度超过额定值达13.9℃时的年累计时间不得超过400h；主、再热蒸汽温度超过额定值达27.8℃的不正常工况，每次限定在15min以内，且年累计时间不得超过80h。

（12）当主、再热蒸汽温度超过566℃时立即打闸停机。

（13）在年平均值不超过额定值前提下，主、再热蒸汽温度两侧温差不应大于13.9℃；在4h以上间隔内，温差达到41.7℃的不正常工况不超过15min，否则立即打闸停机。

（14）当主、再热蒸汽温度在15min内下降55.6℃时，开启主、再热蒸汽管疏水阀、汽轮机高压缸疏水阀及一、二级抽汽疏水阀，在15min内下降83.3℃时，立即打闸停机。

（15）排汽温度达到57℃时，排汽缸喷水装置应自动投入，否则手动控制其旁路阀，降低排气温度（手动操作必须缓慢，以防排汽缸冷却过快）。

（16）排气温度达79℃时，喷水阀应全开，达93℃时，报警系统应发出报警，当进一步上升到107℃时，应立即打闸停机。

（17）正常运行期间，除氧器上水量严禁大幅度波动或出现上水中断现象。

（18）倒换给水泵运行，通知化验站。

（19）运行中停止高压加热器或单独停一台低压加热器机组可保证额定出力。

（20）汽轮机在高压加热器运行，停运低压加热器按下列规定执行：

1）两台相邻的加热器，机组带90％额定负荷。

2）三台相邻的低压加热器，机组带80％额定负荷。

3）四台相邻的低压加热器，机组带70％额定负荷。

（二）负荷调整

（1）正常负荷变化率：正常运行中的机组负荷增减，速率应控制在 $1\%/min\sim 1.5\%/min$（3.5～5.25MW/min）范围。

（2）最大负荷变化率：变压运行时为 $3\%/min$。定压运行时为 $5\%/min$。

（三）燃烧调整

（1）根据负荷、煤质和燃烧情况，调整燃烧器的投停，保持炉膛截面热负荷的均匀性。

（2）保持一层煤粉所带负荷在50～70MW，超过此范围的负荷调整要减少或增加运行煤粉层数。

（3）在不启、停磨煤机调整锅炉负荷时，避免负荷风量和给煤量同时变化，尽量保持煤位的稳定，通过调整负荷风量来改变锅炉负荷。

（4）需要启、停磨煤机调整锅炉负荷时，应给予20MW负荷的提前量，尤其在低负荷和停磨煤机操作期间。

（5）启、停磨煤机过程中，机组负荷增减应主要调整该磨煤机负荷风门或煤位，其他磨煤机可以微调。需要注意的是，停磨煤机操作时，应保持或增加运行磨煤机的负荷，防止运行磨煤机负荷过低，不能维持自身着火。

（6）由于锅炉热惯性较大，任何改变进入锅炉燃料量的调整，应等待2min左右，再根据参数的情况进行下一步调整。

（7）经常观察火检运行情况，尤其是启停磨煤机和低负荷运行期间，及时调整煤粉浓度，保证火检正常，如发现火检故障立即通知检修人员处理。

（8）检查炉内燃烧情况，炉内火焰充满度高，煤粉着火距离适中，防止火焰偏斜和冲刷水冷壁，各段受热面两侧烟气温度接近，降低排烟损失和飞灰可燃物。

（9）改变风量、燃料量以适应锅炉负荷的变化，维持适当的风煤比。

（10）当机组负荷低于210MW或燃烧不稳时，投油稳定燃烧。

（11）检查燃烧器和受热面，如有结焦、积灰、堵灰现象，及时采取有效措施。

（12）燃烧恶化时，停止打焦、吹灰工作。

（四）汽温调整

（1）过热蒸汽温度和再热蒸汽温度保持在541℃，汽温偏差可以适当调整燃尽风开度来调节。

（2）再热蒸汽温度首先用燃烧器摆动角度进行调节，若摆动角度已达下极限位置，汽温仍超过额定值5℃，方可采用喷水调节。

（3）锅炉MFT时，闭锁阀自动关闭，喷水调节阀开度大于5%时，才能将闭锁阀开启。

（五）汽包水位调整

（1）给水调节采取全程调节，主蒸汽流量小于150t/h时，采取单冲量控制，主蒸汽流量大于150t/h时，采取三冲量调节。

（2）汽包水位正常运行中的变化范围为±50mm，报警水位为+120mm和-180mm。

（3）机组运行期间，汽动给水泵均应投入转速自动控制。

（4）进行水位调节的手动/自动切换时，手动将水位调至"0"水位，然后投入给水自动，防止调节系统发生大扰动。

（5）如发现汽包各水位计指示偏差超过30mm，应通知检修人员处理。

（6）锅炉正常运行中，不得将汽包水位保护退出或修改定值。

（7）锅炉正常运行中，不得随意用事故放水调整水位。

（六）发电机运行调整

（1）正常运行中发电机不允许过负荷运行，事故情况下，发电机转子允许短时过铭牌运行，其数值见表7-5。

表7-5　　　　　　　　　　发电机转子允许短时过铭牌运行

过负荷允许时间（s）	10	30	60	120
定 子 电 流（%）	226	154	130	115
转 子 电 压（V）	208	146	125	112

（2）运行中的发电机及氢气系统5m内，严禁烟火作业，如需要进行明火作业或检修试验等工作，必须事先检测漏氢情况，对气体进行取样分析。确认气体混合比在安全范围内，办理动火工作票，经审核批准后，在专人监护下方可进行工作。如上述工作超过4h，应重新进行检测。

（3）应按时检测氢冷发电机油系统、主油箱内、封闭母线外套内的氢气体积含量，超过1%时，应停机查漏消缺。当内冷水箱的含氢量达到3%时报警，在120h内缺陷未能消除或含氢量升至20%时，应停机处理。

（七）冷却系统调整

（1）发电机允许根据出力图降低氢压运行，但应满足以下要求：

1）最低氢压为0.1MPa，发电机最大漏氢量不超过18m³/天；

2）定子绕组及冷却器进水压力与氢压差不小于0.040MPa。

（2）一个氢冷器退出运行时，发电机允许带80%的额定负荷。

（3）控制发电机内氢气纯度≥96%，湿度≤4g/m³。

（4）氢冷器进水温度≤35℃，出风温度为30～40℃，最低不得低于30℃。

（5）控制定子绕组冷却水水质在要求范围内，导电率（20℃）为 $0.5\sim1.5\mu S/cm$，pH 值为 $7\sim9$，硬度$\leq2\mu g/L$，允许微量氨（NH_3）。

（6）定子绕组进水温度应控制在 $40\sim46$℃，最低不低于 30℃，出口温度不得高于 79℃。

（7）发电机定子线圈层间最高与最低温度间的温差一般不应≥8℃或定子线圈引水管出水温差不应≥8℃，达到此数值时应及时查明原因，此时可降低负荷。当定子线圈温差达 14℃或定子线圈引水管出水温差达 12℃，或任一定子槽内层间测温元件温度超过 90℃，在确认测温元件无误后，应立即停机处理。

（8）密切注意机内的变化，如发现氢压有不正常的降低，应及时找漏，如在水系统中发现大量的氢气，应停机检查。

（9）定期检查机内氢气的温度，以免温度过低结露而危及绝缘引起事故，定期检查，更换干燥剂。

（10）发电机并网后，将励磁小间内的空调和风机投入，保持励磁小间内的温度在 $10\sim35$℃，解列后停止空调和风机的运行。

（11）每班检查一次转子回路的对地绝缘情况。

（八）碳刷和滑环的检查

（1）滑环上的电刷清洁、完好，无冒火现象。

（2）电刷在刷架内无摆动或卡住现象，电刷在刷架内应有 $0.1\sim0.2mm$ 的间隙且能上下活动。

（3）电刷的软连线应完好，无发热碰壳现象。

（4）电刷的磨损程度应小于 $5\sim6cm$，各电刷电流分配均匀。

（九）发电机出口电压调整

（1）正常运行中应投入自动调节励磁，切至手动前，必须征得调度的许可，事故情况下发生自动切换，应立即汇报。

（2）发电机出口电压大于 105％额定值时，应限制 V/Hz 值小于 1.05，要特别注意发电机各部温度，及时调整无功出力，调整无效时，汇报省调调整。

（3）发电机出口电压小于 21.85kV 时，先增加发电机出口电压，如调整无效，汇报省调调整。当电压下降至 21.85kV 时，定子电流长期允许的数值不得超过额定值的 105％。

（4）发电机最高运行电压是额定值的 110％（25.3kV），最低运行电压是额定值的 90％（20.7kV）。

（十）频率调整

（1）频率允许在(50 ± 0.1)Hz 范围内变化。

（2）频率升至 50.5Hz 以上时，应将发电机有功出力尽快降至正常。

（3）频率降到 49.5Hz 以下时，应将发电机有功出力尽快升至正常。

（4）低频率运行时，要注意调整出口电压使 V/Hz$\leq$1.05（标幺值）。

（十一）发电机负荷的调整

（1）发电机的负荷按调度负荷曲线运行，同时按调度令进行调整。

（2）发电机负荷受发电机各部分温度的限制，当温度超过允许值且调整无效时，应申请降低负荷。

（3）发电机最大负荷为391MW，最小负荷应以锅炉稳定燃烧和机组安全运行为基础，最低不小于140MW。

（4）发电机的升、降负荷速率按汽轮机要求进行。

（十二）发电机变压器组封闭母线运行规定

（1）发电机运行中及停运后封闭母线微正压装置工作正常。

（2）发电机封闭母线外壳温度最高不允许超过70℃，最高允许温升为30℃；导体允许最高温度为90℃，最高允许温升为50℃。

（3）封母各软连接处无个别连接发热现象。

（4）通过观察窗检查母线内导体连接处无过热现象。

第八章　机组滑参数停机

一、停机前的准备

（1）通知各值班岗位做好停机准备。

（2）停机前应对机组全面检查一次，记录缺陷。

（3）停机前时，对锅炉主要膨胀点进行一次检查，并记录膨胀值。

（4）停机用煤保证优质统配单上，禁止上褐煤、俄煤和煤泥。

（5）大、小修前应做原煤斗烧空准备。

（6）检查轴封、除氧器备用汽源处于备用状态。

（7）检查电动给水泵组处于备用状态。

（8）疏放水系统、燃油系统处于备用状态。

（9）停炉前应全面吹灰一次。

（10）根据机组特性及停炉目的确定停炉方式和停炉参数。

（11）检查辅助蒸汽母管供汽联络阀处于全开位置。

二、停机前的试验项目

（1）主机各进汽阀活动试验。

（2）抽汽止回阀活动试验。

（3）盘车油泵、电动抽吸泵、事故直流油泵试转试验。

（4）盘车空载试验。

（5）机械、电气跳闸闭锁试验。

（6）给水泵汽轮机备用油泵、事故油泵试转试验。

（7）密封油备用泵、密封油事故直流油泵试转试验。

（8）机械跳闸充油闭锁试验。

三、滑参数停机

（一）开始减负荷操作

（1）300MW 时，停止 C 磨煤机 DE 侧运行，手动吹扫该侧一次风管。

（2）260MW 时，停止 C 磨煤机 NDE 侧运行，手动吹扫该侧一次风管。

（3）如需滑汽温，向下调整燃烧器摆角，减温水尽量开大，在投油前保持机组负荷，直到汽温不再降低。

（4）210MW 时，调整燃烧器摆煤机角至水平位，投入 A2 层四只双强少油枪运行，投入空气预热器主蒸汽连续吹灰系统，停止 B 磨煤机 DE 侧运行，手动吹扫该侧一次风管。

（5）200MW 时，将空气预热器漏风控制装置提至最上限。

（6）机组负荷为 180MW 时，停止一台汽动给水泵运行。

（7）机组负荷为 140MW 时，确认机组轴封已自动切换并检查机组参数达到或接近下列数值：

1）主蒸汽压力为 8.24MPa；

2）主蒸汽温度为 500℃；

3）再热蒸汽温度为 470℃。

（8）停止 B 磨煤机 NDE 侧运行，手动吹扫该侧一次风管。

（二）105MW 时的操作

（1）进汽方式转换：

1）选择"正常"或"慢"转换速率；

2）启动 PA→FA 进汽方式转换。

（2）确认汽轮机 C 组疏水开启。

（3）停止一侧送引风机、一次风机。

（4）停止 A 磨煤机 NDE 侧，手动吹扫该侧一次风管。

（三）88MW 时的操作

（1）停止高压加热器运行。

（2）检查除氧器汽源切换为辅助蒸汽，压力调节器自动调节除氧器压力。

（3）停止低压加热器疏水泵，低压加热器疏水逐级自流导向凝汽器。

（4）启动电动给水泵，给水调节自切为单冲量。

（5）停止第二台汽动给水泵运行。

（四）70MW 时的操作

机组负荷 70MW 时切换厂用电。

（五）50MW 时的操作

（1）停止 A 磨煤机 DE 侧运行，手动吹扫该侧一次风管。

（2）检查汽轮机 B 组疏水阀全开。

（3）停止低压加热器运行。

（六）35MW 时的操作

（1）停止电除尘器运行，保持振打装置连续运行。

（2）启动盘车油泵、电动抽吸泵。

（3）合主变压器中性点刀闸。

（4）启动除氧循环泵。

（七）18MW 时的操作

（1）汽轮机手动打闸。

（2）检查汽轮机进汽阀关闭。

（3）发电机逆功率保护联跳发电机变压器组出口开关、灭磁开关。

（4）复归发电机变压器组出口开关及 EX2000 报警信号、光示牌、音响。

（5）检查汽轮机转速下降，记录惰走时间。

（6）停止油枪运行，检查全部油枪退出。

（7）检查汽轮机 A 组疏水阀全开。

（8）关闭主、再热蒸汽减温水手动截止阀。

（9）关闭省煤器排灰手动阀，根据渣浆池液位关闭省煤器冲灰低压水。

（八）汽机打闸后的操作

（1）拉开主变压器中性点接地刀闸。

（2）拉开发电机变压器组出口开关。

（3）拉开发电机变压器组出口开关后依据调度要求是否合环运行，合环前拉开发电机变压器组 ELIN 保护全部连接片。

（4）将初始励磁电源停电。

（5）停止励磁小间内空调及风机。

（6）停机 30min 后停止主变压器、高压厂用变压器的冷却器。

（7）润滑油温度自动调节至 27～32℃。

（8）保持 90～110m³/s 总风量吹扫炉膛 5min，然后降低风量至 50m³/s。

（9）停止空气预热器吹灰系统。

（10）汽包上水至最高可见水位后停止上水，开启省煤器再循环阀。

（11）关闭油枪供油手动阀，开启油跳闸阀，保持 3～5t/h 流量。

（12）停止除氧循环泵运行。

（13）转速在 2250r/min 以下时，检查反流阀 RFV、VV 阀自动关闭。

（14）转速小于 2000r/min 时，允许打开真空破坏阀（当给水泵汽轮机或汽轮机旁路在运行时要维持汽轮机凝汽器真空），停止两台真空泵，机组振动大时可提前破坏真空。

（15）真空到"0"时，转速应到"0"，检查盘车自投良好，否则手动投入盘车。

（16）汽轮机转速到"0"后拉开发电机变压器组 ELIN 保护连接片。

（17）关闭轴封进汽阀，停止轴封加热器风机。

（18）复位电气保护盘各跳闸出口。

（19）当空气预热器进口烟气温度降至 204℃时，停止送、引风机的运行。

（20）如要加快冷却过程，应继续保持送、引风机和空气预热器的运行，按要求冷却锅炉本体。

（21）监视空气预热器烟风侧进出口温度，防止空气预热器着火。

（22）汽包压力降至 0.5～0.8MPa 时，锅炉带压放水；放水后，对锅炉主要膨胀点进行一次检查，并记录膨胀值。

（23）汽包压力降至 0.2～0.25MPa 时，开启排空气和疏放水阀。

（24）炉膛温度降至 100℃时，关闭排空气和疏放水阀。

（25）如不需快速降温，关闭烟风系统所有风门和挡板。

（26）如需快速降温，在汽包壁温差小于30℃时，启动一套送、引风机通风冷却。

（27）炉膛温度降至50℃时，停止探头冷却风机，关闭火焰监视系统冷却压缩空气阀。

（28）空气预热器进口烟气温度降至50℃时，停止空气预热器运行。空气预热器停运后，每小时要对空气预热器出入口温度进行一次记录，防止空气预热器着火。

四、停机注意事项

（1）停机操作严格按机组滑停曲线进行。

（2）停机期间应严密监视机组运行状况，增加巡回检查次数，发现异常情况应准确判断，及时处理。

（3）停机过程中确保主、再热蒸汽温度有50℃以上的过热度。

（4）停机过程中，在相应负荷下，汽轮机高、中、低压疏水应自动开启，否则手动开启。

（5）停机过程中，严密监视燃烧工况，必要时投油。

（6）主、再热蒸汽温度下降速度小于2℃/min。

（7）主、再热蒸汽压力下降速度小于0.2MPa/min。

（8）汽包上、下壁温差小于40℃。

（9）在降负荷过程中，当发现汽轮机应力大于允许应力的80%时，应减小甚至停止减负荷。

（10）当〈I〉和MARK V控制柜间失去通信或者〈I〉故障时，由〈BOI〉监视和控制汽轮发电机组和辅机设备。

五、滑参数停机后的注意事项

（一）停机后防止汽轮机进入冷汽、冷水的措施

（1）汽轮机停机后必须由专人监视。

（2）高、低压旁路退出后，检查高压旁路减温水气动阀、手动阀确已关闭，高压旁路后温度正常。

（3）停机后，应注意上、下缸温差，主、再热蒸汽管道的上、下温差和抽汽管道、加热器水位及压力、温度的变化情况，如出现上、下缸温差急剧增大，应立即查明进水或冷汽的原因，切断水、汽来源，并排除积水加强汽轮机本体各参数的监视。

（4）注意除氧器、凝汽器、加热器水位监视，有高报警应及时查明原因并消除。

（5）确认轴封进汽电动阀已关闭，轴封母管疏水阀开启，轴封母管已消压，轴封加热器疏水切换至地沟。

（6）确认低压轴封减温水截止阀、旁路阀已经关闭。

（7）确认所有高、中、低轴封滤网疏水阀开启。

（8）确认本体各疏水阀正常开启，疏水温度正常变化。

（二）汽轮机盘车停止

（1）短时停机或停机时间在一周以内，没有检修工作要求停盘车时，保持盘车连续运行。

（2）高压缸任一点金属温度大于 260℃时，必须经总工程师批准方可停止盘车，且时间不允许超过 10min，停止 5min 后应将转子翻转 180°。

（3）当高压缸所有金属温度均小于 149℃时，可以停止盘车。

（4）当可保证各轴承温度低于 116℃时，方可停止润滑油系统运行。

（5）停止闭式冷却水系统运行。

（6）长时间停机备用的机组，润滑油系统必须保证至少每周运行 0.5h，并在此期间内启动盘车运行 5min。

（7）停机备用期间每月测量发电机绝缘电阻一次。

（三）余热烘干保养

（1）锅炉正常停炉后，待汽包压力降至 0.8～0.5MPa 时，开启放水阀进行全面快速放水。

（2）压力降至 0.25～0.12MPa 时，全开空气阀、疏水阀，对锅炉进行余热烘干。

（3）在烘干过程中，禁止启动送、引风机通风冷却。

（四）机组停运后的防冻

（1）每年 10 月初至次年 4 月末执行防寒防冻技术措施。

（2）冬季机组停后应尽可能采用余热烘干保养或复合保护剂保养。

（3）投入所有采暖伴热系统，必要时增加临时采暖设备。

（4）如环境温度低于 5℃，应投运该环境下设备的冷却水系统。

（5）任何情况下室温不得低于 5℃，否则应采取必要的措施，并汇报有关领导。

第九章 事 故 处 理

一、事故处理通则

（1）事故处理方针：确保人身安全、、确保电网安全、确保设备安全。

（2）故障发生时，各值班人员应坚守本岗位，根据故障现象及时查明故障原因、故障范围，并及时进行处理和向上级值班人员汇报。

（3）当故障危及人身或设备安全时，值班人员应迅速果断解除人身及设备危险，事后立即向上级岗位汇报。

（4）机组发生故障时，所有值班人员应在值长的统一指挥下及时正确地处理故障，判明故障性质和设备情况以决定机组是否可以再次启动恢复运行，相关各岗位做好事故预想。

（5）非当值人员到达故障现场时，未经当值值班工程师或值长同意，不得擅自进行操作或处理，当发现确实危及人身或设备安全状况时，可采取措施处理后应及时报告当值人员或值长。

（6）当发生规程规定范围以外的特殊故障时，值班人员应根据运行知识和经验在保证人身和设备安全的前提下进行及时处理。

（7）在事故处理时，有关维护人员立即无条件到达现场。

（8）在故障处理过程中，值班人员接到危及人身或设备安全的命令时，应坚决抵制，并越级上报。

（9）在故障处理过程中，值班人员应及时将有关参数、画面和故障记录收集备齐，以备故障分析。

（10）发生故障时，值班人员外出检查和寻找故障点时，集控室值班人员在未与其取得联系之前，无论情况如何紧急，不允许将被检查的设备强行送电启动。

（11）当事故危及厂用电时，应在保证人身和设备安全的基础上隔离故障点，尽力保住厂用电。

（12）在交接班期间发生故障时，应停止交接班，由交班者进行处理，接班者可在交班者同意下协助处理，事故处理告一段落后再进行交接班。

二、机组故障停运（申请停运）

（一）机组故障停运条件

（1）汽温、汽压异常在规定时限内仍无法恢复正常时。

（2）主要辅助设备故障无法维持主机运行时。

（3）汽轮机主系统故障，无法维持运行时。

（4）锅炉承压部件泄漏，但短时间可维持汽包水位。

（5）受热面管壁温度严重超温，经多方调整无效。

（6）给水、炉水、蒸汽品质严重恶化，经调整不能恢复正常。

（7）锅炉严重结焦，炉墙裂缝烧红，无法正常运行时。

（8）单台空气预热器故障，短时间无法恢复。

（9）两台电除尘器跳闸，短时间无法恢复。

（10）压缩空气压力低，无法进行正常调整，短时无法恢复。

（11）汽包就地水位计全部损坏或失灵。

（12）发电机铁芯过热超过允许值，调整无效。

（13）发电机漏氢，氢压无法维持时。

（14）发电机内部漏水。

（15）发电机密封油系统漏油，无法维持运行时。

（16）发电机氢冷系统故障，氢温超限调整无效时。

（17）发电机组保护以外其他故障，需停机处理时。

（18）转子匝间短路严重，转子电流达额定值，无功功率仍然很小时。

（19）主变压器或联络变压器冷却器全停，确认 20min 内无法恢复时。

（二）机组故障停运一般原则

（1）根据情况适当减温、减压、减负荷，维持机组运行。

（2）汇报总工程师，申请省调，批准后方可停机。

（3）按机组停用的有关规定选择适当的停机方式完成停机操作。

三、机组跳闸

（一）主要现象

（1）声光信号报警，有关保护动作信号发出。

（2）有功功率、无功功率、三相定子电流降到零。

（3）厂用电自动切为启动备用变压器带，发电机变压器组出口开关跳闸。

（4）主蒸汽流量急剧下降，主蒸汽压力升高，锅炉安全阀可能动作。

（5）汽包水位先下降后上升。

（6）汽轮机转速先上升后下降，主汽阀、高压调门和中压联合汽阀关闭。

（7）锅炉联跳，MFT 动作现象出现。

（二）处理

（1）检查保护动作情况，复归音响并判断故障原因。

（2）如励磁开关未联跳，立即拉开励磁开关。

（3）检查厂用电自投情况，如备用电源自投成功，复归保护信号。

（4）如备用电源自投未成功，且无"备用分支过电流"的情况下，检查工作电源开关确已跳开，按备用电源向工作母线充电的方式送电。

(5) 如备用电源自投未成功，且无"备用分支过电流"的情况下，工作电源开关未跳开，应在 DCS 上拉开工作电源开关或在工作母线无电压的情况下到就地跳开该开关，检查备用电源联投或按备用电源向工作母线充电的方式送电。

(6) 如备用电源自投后又跳闸，且"备用分支过电流"保护动作，应立即查找故障点，待故障消除后按备用电源向工作母线充电的方式送电。

(7) 检查汽轮机盘车油泵、电动抽吸泵应自动启动，否则立即手动启动。

(8) 检查汽轮机抽汽止回阀及电动阀自动关闭，否则手动关闭。

(9) 开启主、再热蒸汽管道疏水阀。

(10) 检查制粉系统及油枪停止。

(11) 检查轴封汽源切换正常。

(12) 检查电动给水泵启动正常，注意汽包、凝汽器及除氧器水位。

(13) 检查 A、B、C 组疏水阀自动开启，否则手动开启。

(14) 视情况投入高、低压旁路或开启 PCV 阀。

(15) 完成甩负荷的其他操作。

(16) 如汽轮机保护未动，转速超过 3330r/min 保护不动时，应立即手打危急遮断器，关闭主汽阀，破坏真空紧急停机。

(17) 如危急遮断器动作，但转速仍超过 3330r/min 时，应立即检查主汽阀、调速汽阀、中压联合汽阀及各段抽汽止回阀的关闭情况，停 EH 油泵，同时完成紧急停机的其他操作。

(18) 查明故障原因并处理后，按热态增加负荷。

四、机组快速减负荷（RB）

（一）发生 RB 的原因

(1) 两台送风机运行，一台跳闸。

(2) 两台引风机运行，一台跳闸。

(3) 两台一次风机运行，一台跳闸。

(4) 两台汽动给水泵运行，一台跳闸，电动给水泵自投失败。

（二）RB 处理

(1) 在 CCS 方式下，检查机组快速降负荷至 50%。

(2) 运行方式将自动切至"机跟随"，否则手动切换。

(3) 减小给煤量，停止部分制粉系统，稳定燃烧，视情况投油助燃。

(4) 注意水位、汽压、汽温的调整。

(5) 检查汽轮机真空、振动、胀差、推力轴承工作的变化。

(6) 查明 RB 动作原因，如未检查出明显故障现象，可试启动跳闸设备一次；故障消除后，尽快恢复机组正常运行。

五、失火处理

(1) 当厂房内失火时，应立即通知消防队，并向有关领导汇报及进行下列工作：

1) 在消防队员到达之前，使用现场消防设备进行灭火；

2) 如失火处附近有电气设备或电缆，应立即切断电源；

3) 如火灾已严重影响机组安全运行，应立即打闸停机，并破坏真空；

4) 失火时，运行人员应坚守岗位，加强对无火灾运行设备的检查，做好事故预想，做好停用或隔离某些设备的准备工作。

（2）运行人员除必须熟知现有消防设备的使用方法与注意事项外，还应熟悉下述一般灭火知识和方法：

1) 未浸有煤油、汽油和其他油类的棉织类与木材类材料燃烧时，可用水、干粉灭火器灭火。

2) 油系统着火时，应用二氧化碳灭火器、干粉灭火器灭火。对于高温设备，禁止采用二氧化碳灭火器灭火。

3) 油箱和其他储油设备中的油着火时，应立即将油从油箱中放出，并用干粉灭火器灭火。

4) 油系统着火时，为了避免轴瓦磨损，在惰走时间内应维持润滑油泵运行，当火势较大无法控制或威胁油箱时，应在破坏真空紧急停机过程中，打开油箱事故放油阀，紧急放油。

5) 当发电机密封油系统着火，而不能迅速灭火时，应立即破坏真空停机，并在降速过程中，用二氧化碳排放掉发电机内的氢，而密封油系统应尽可能维持到机组停转。

6) 当发电机着火或氢着火时，应立即破坏真空停机，并迅速用二氧化碳排尽发电机内的氢，同时保持发电机定子冷却水系统运行，直至火灾扑灭。

7) 带电的电气设备、电线、电动机着火时，应先切断电源，然后用二氧化碳灭火器、干粉灭火器灭火。为预防触电，扑救电缆火灾人员应戴绝缘手套，穿绝缘靴。

（3）通知检修人员处理。

第一节　锅炉事故处理

一、锅炉紧急停运

（一）紧急停止锅炉运行的情况

（1）MFT 保护拒动作时。

（2）给水管道、水冷壁、省煤器爆破，不能维持汽包正常水位时。

（3）过热器、再热器蒸汽管道严重爆破，无法维持正常的汽温、汽压，或直接威胁人身、设备安全时。

（4）汽包水位计全部损坏或失灵时。

（5）烟道内发生二次燃烧，排烟温度升至 200℃时。

（6）锅炉压力超过安全阀动作压力而所有安全阀拒动作，同时 PCV 阀无法打开泄压时。

（7）炉膛或烟道内发生爆炸，使设备严重损坏时。

（8）热控电源失去时。

（9）过热蒸汽温度超过 566℃时。

（10）再热蒸汽温度超过 566℃时。

（11）锅炉机组范围发生火灾，直接威胁锅炉安全运行时。

（二）紧急停炉操作步骤

（1）MFT 动作后，确认全部一次风机、磨煤机和给煤机跳闸，热风门、冷风门、一次风隔离阀关闭。

（2）确认所有油枪停用退出，油跳闸阀关闭。

（3）确认Ⅰ、Ⅱ级减温水闭锁阀关闭。

（4）停用电除尘器。

（5）停用吹灰器。

（6）复位已跳闸的设备开关。

（7）查明 MFT 原因并消除。

（8）若能恢复运行，则吹扫后点火，按热态启机运行。

（9）若不能恢复运行，则保留一侧引、送风机运行，空气预热器入口烟气温度小于204℃时停止。

（10）维持汽包水位正常。

二、水冷壁泄漏

（一）现象

（1）锅炉四管（包括水冷器、过热器、再热器、省煤器）泄漏报警。

（2）给水流量不正常地大于蒸汽流量。

（3）引风机导叶不正常地开大、电流增加。

（4）燃烧不稳定，炉膛负压变正，排烟温度上升，炉膛出口烟气温度下降。

（5）主蒸汽压力和负荷下降，判断为水冷壁管泄漏。

（二）原因

（1）材质或焊接质量不合格。

（2）给水品质长期不合格，管内结垢，管壁发生腐蚀。

（3）水冷壁安装不正确，造成自由膨胀不均。

（4）炉膛发生爆炸，使水冷壁损坏。

（5）吹灰过于频繁或吹灰器安装不良，管壁被磨损。

（6）锅炉严重缺水时，突然进入大量冷水，造成管子热应力过大而损坏。

（7）炉膛严重结焦，无法清理，使管子受热不均。

（8）大块焦渣坠落，砸坏水冷壁。

（9）燃烧器附近的水冷壁管被煤粉磨损。

（三）处理

（1）立即将泄漏情况汇报值长，派人就地确认并申请停炉，并做好安全防护措施。

（2）对泄漏点周围设围栏或红白带等安全措施，防止汽水伤人。

（3）调整炉膛负压、水位、汽温、氧量正常。

（4）解除有关自动及协调，机组改滑压并降压、降负荷。

（5）必要时，投油稳燃，投入空气预热器连续吹灰，必要时退出电除尘器。

（6）注意监视给水泵汽轮机不超出力，除氧器、凝汽器液位及凝结水泵运行正常，并通知化学运行人员加强制水。

（7）各主要参数的控制正常，汽温、汽压、汽包水位、两侧烟气温差的控制依规程规定执行。

（8）泄漏严重（汽包水位或炉膛负压）不能维持，立即停炉。

（9）停炉后维持引风机的运行，排尽炉内烟气及水蒸气。

（10）停炉后，将汽包上至最高可见水位。

（11）如果泄漏量较大，停炉后锅炉禁止上水，禁止开启省煤器再循环阀。

三、两台引风机运行，单侧引风机跳闸

（一）现象

（1）DCS发出引风机跳闸报警。

（2）检查引风机反馈状态为绿色。

（3）检查引风机电流指示为0A。

（4）跳闸侧空气预热器出口烟气温度上涨。

（5）炉膛负压摆动并向正方向变大，判断单侧引风机跳闸。

（二）处理

（1）检查跳闸侧引风机相关联锁、挡板联锁联动正确，否则手动操作。

（2）立即解除引风机自动，加大运行引风机出力，调整炉膛负压至正常。

（3）注意控制氧量、汽温、水位正常。

（4）解除送风机自动，降低并调整送风机出力，控制氧量正常。

（5）协调切至机跟随，降低燃料量（或打跳部分磨煤机），并降负荷至50%～60%额定负荷。

（6）燃烧不稳时投油稳燃，并投入空气预热器连续吹灰。

（7）时刻注意监视运行引风机不超额定电流，或根据运行引风机电流带负荷，并加强对运行引风机的检查。

（8）检查引风机跳闸原因。

（9）汇报值长，联系检修人员处理。

（10）各主要参数的控制正常，汽温、汽压、汽包水位、两侧烟气温差的控制依规程规定执行。

四、两台送风机运行，单侧送风机跳闸

（一）现象

（1）DCS发出送风机跳闸报警。

（2）送风机反馈状态为绿色。

（3）送风机电流指示为0A。

（4）炉膛负压摆动并向负方向变大。

（5）炉膛氧量急剧下降。

（6）跳闸侧空气预热器出口烟气温度上涨。

（二）处理

（1）检查跳闸送风机有关联锁、风门有关联锁动作正常，否则手动操作。

（2）立即解除送风机自动，加大运行送风机出力，调整氧量至正常。

（3）注意控制炉膛负压、汽温、汽包水位正常。

（4）协调切至机跟随，降低燃料量（或打跳部分磨煤机），降负荷至50％～60％额定负荷。

（5）燃烧不稳时投油稳然。

（6）注意监视运行送风机不超额定电流，或根据运行送风机出力（氧量）带负荷，并加强对运行风机的检查。

（7）检查送风机的跳闸原因。

（8）汇报值长，联系检修人员处理。

（9）各主要参数的控制正常，汽温、汽压、汽包水位、两侧烟气温差的控制依规程规定执行，负荷在50％～60％额定负荷。

五、两台一次风机运行，单侧一次风机跳闸

（一）现象

（1）DCS发出一次风机跳闸报警。

（2）跳闸一次风机反馈状态为绿色。

（3）一次风机电流指示为0A。

（4）机组主蒸汽压力、负荷大幅度下滑，炉膛负压向负方向变大。

（二）处理

（1）检查风门有关联锁动作正常，否则手动操作。

（2）立即解除一次风机自动，加大运行一次风机出力，调整一次风压至正常。

（3）注意控制炉膛负压、汽温、水位正常。

（4）协调切至机跟随，手动打跳部分磨煤机，并降负荷至50％～60％额定负荷。

（5）燃烧不稳时，投油稳然。

（6）注意监视运行一次风机不超额定电流，或根据运行一次风机（一次风压）带负荷。

（7）事故处理过程中不得造成磨煤机堵煤或粉管堵粉。

（8）检查一次风机跳闸原因。

（9）汇报值长，联系检修人员处理。

（10）各主要参数的控制正常，汽温、汽压、汽包水位、两侧烟气温差的控制依规程规定执行。

六、磨煤机运行（该磨煤机密封风机一运行一备用），运行侧密封风机跳闸

（一）现象

（1）DCS发出密封风机跳闸报警。

（2）原运行密封风机电流为零、运行反馈消失。

（3）备用密封风机联锁启动，或联锁启动不成功。

（二）处　理

（1）汇报值长，密封风机跳闸。

（2）检查备用密封风机联启情况，根据备用密封风机电流、运行反馈、DCS上报警情况，以此判断备用密封风机联锁启动是否成功。

（3）如果联锁启动成功，调整密封风压差至正常，复位两台密封风机指令，使指令和反馈一致。

（4）立即派巡检检查联锁启动密封风机运行情况是否正常，检查跳闸密封风机及对应开关情况。

（5）通知检修人员开票检查密封风机跳闸原因，处理正常后，试运行合格后投入备用。

（6）如果联锁启动不成功，对应的磨煤机跳闸，此事故按磨煤机跳闸处理。

七、两台探头冷却风机一运行、一备用，运行探头冷却风机跳闸

（一）现　象

（1）DCS发出探头冷却风机跳闸报警。

（2）原运行探头冷却风机电流为零、运行反馈消失。

（二）处　理

（1）汇报值长，探头冷却风机跳闸。

（2）检查备用探头冷却风机联锁启动情况，根据备用探头冷却风机电流、运行反馈、DCS上报警情况，以此判断备用探头冷却风机联锁启动是否成功。

（3）如果联锁启动成功，检查探头冷却风压正常，复位两台探头冷却风机指令，使指令和反馈一致。

（4）立即派巡检检查联启动探头冷却风机运行情况是否正常，检查跳闸探头冷却风机及对应开关情况。

（5）通知检修人员开票检查探头冷却风机跳闸原因，处理正常后，试运行合格后投入备用。

（6）如果联锁启动不成功，机组会发生跳闸，按机组跳闸检查和处理。

八、两台空气预热器运行，单个空气预热器跳闸（辅助电动机未联锁启动）

（一）现　象

（1）DCS发出空气预热器跳闸报警。

（2）空气预热器主电动机电流到零。

（3）跳闸侧空气预热器辅助电动机未联锁启动。

（4）跳闸侧排烟温度升高。

（二）原　因

（1）空气预热器内有异物卡塞。

（2）漏风控制装置自动调节不当，间隙过小。

（3）减速箱轴承损坏。

（4）超越离合器损坏或液力耦合器缺油。

（5）电气故障。

（6）辅助电动机未自投。

（三）处理

（1）汇报值长。

（2）立即打跳 C 磨煤机（上层粉）运行，燃烧不稳投入油枪。

（3）关闭空气预热器烟、风侧出入口挡板，隔离 A 空气预热器。

（4）停止跳闸侧送风机。

（5）停止跳闸侧引风机运行。

（6）停止磨煤机 DE 侧运行（保持三层粉运行）。

（7）停止跳闸侧一次风机运行，保证一次风压达 6kPa 以上，防止堵煤。

（8）机组降负荷至 180MW，或根据一次风压带负荷，维持燃烧稳定。

（9）保证炉膛负压、二次风箱压差、空气预热器出口烟气温度等正常不超限。

（10）汇报值长可稳定工况，联系检修人员处理，必要时手动盘车。

（11）在工况稳定后，对系统全面检查，根据燃烧逐步撤出油枪。

（12）汇报值长要求查明并消除空气预热器跳闸原因，恢复双风烟系统运行；根据电网需求接带负荷。

九、运行磨给煤机跳闸

（一）现象

（1）DCS 发出给煤机跳闸报警，给煤机反馈状态为绿色。

（2）磨煤机出力降低，煤位降低、噪声变大。

（3）磨煤机出口温度升高，出入口压差减小。

（4）主蒸汽压力、机组负荷可能降低。

（二）处理

（1）检查就地外观、开关，无问题的情况下可强启一次给煤机。

（2）若启动不成功，通知检修人员处理。

（3）检查其他磨煤机煤量自动增加，否则手动增加。

（4）若磨煤机出力维持不住，应降低机组负荷，根据运行磨煤机最大出力确定所带负荷。

（5）维持汽包水位、汽温正常。

（6）若负荷过低（180MW 以下）燃烧不稳时投油稳燃。

（7）控制磨煤机各参数不超过规定值，不得因控制不当造成磨煤机跳闸。

（8）延时 30min 将磨煤机跳闸（实际机组已解除该保护），应启动备用制粉系统，逐渐恢复原负荷工况。

（9）对于不允许空载运行的磨煤机，应及时将其停运。

（10）汇报值长。

（11）各主要参数的控制正常，汽温、汽压、汽包水位的控制依规程规定执行。

十、单个磨煤机跳闸

（一）现象

（1）DCS 发出磨煤机跳闸报警。

（2）磨煤机状态指示为绿色，电流指示为零。

（3）机组汽压、负荷降低。

（4）机组氧量降低，炉膛负压摆动并向负方向变化。

（二）处理

（1）立即解除协调至机跟随，检查其他磨煤机给煤量是否自动增加，否则手动增加。

（2）根据运行磨煤机最大出力确定所带负荷。

（3）检查跳闸磨煤机有关风门及给煤机是否联动，否则手动操作。

（4）维持汽包水位、汽温正常。

（5）如燃烧不稳，必要时投油稳燃。

（6）减负荷后，检查燃烧稳定，启动备用制粉系统，逐渐恢复原负荷工况。

（7）检查跳闸磨煤机的原因。

（8）全面检查机组状态，汇报值长。

（9）做好安全措施，联系检修人员处理。

（10）各主要参数的控制正常，汽温、汽压、汽包水位的控制依规程规定执行。

十一、风机液压油站油泵跳闸

（一）现象

（1）DCS 发出运行油泵跳闸报警。

（2）原运行油泵反馈消失。

（3）备用油泵联锁启动。

（4）油压、油流低报警并消失。

（二）处理

（1）汇报值长，某风机油站油泵跳闸。

（2）检查备用油泵联锁启动情况，根据备用油泵运行反馈、DCS 上报警情况，以此判断备用油泵联锁启动是否成功。

（3）如果联锁启动成功，检查各压力是否正常，复位两台油泵指令，使指令和反馈一致。

（4）立即派巡检检查联锁启动油泵运行情况是否正常，检查跳闸油泵情况。

（5）通知检修人员开票检查油泵跳闸原因。

（6）处理正常后，试运行合格后投入备用。

（7）如果联锁启动不成功，按风机跳闸处理，油泵检修完毕后，启动油泵，启动风机。

十二、磨煤机着火

（一）现象

（1）磨煤机出口温度不正常地升高、冷热风门开度自动增加。

（2）磨出入口风压变化。

（3）就地检查磨煤机不严处冒烟或火星，磨煤机有烧红处。

（二）原因

（1）制粉系统停运前未把给煤机、磨煤机走空，积煤、积粉时间过长。

（2）燃烧褐煤，煤挥发分过高，磨煤机出口温度过高，煤粉过细。

（3）煤中含有易燃易爆物品。

（4）制粉系统明火作业，未做好安全措施。

（5）制粉系统停运后热风门关闭不严。

（三）处理

（1）加大对应侧给煤量、注意控制磨煤机煤位。

（2）开大磨煤机冷风门、关小热风门。

（3）立即派人就地检查确认磨煤机着火部位。

（4）投入磨煤机消防蒸汽进行灭火。

（5）上述处理无效时，打跳磨煤机，给煤机联跳。

（6）确认磨煤机入口快关挡板、出口快关挡板、给煤机出口挡板关闭，关闭磨煤机密封风门，将着火磨煤机与外部隔绝。

（7）根据运行磨煤机最大出力确定所带负荷。

（8）调整汽包水位、汽温、负压、氧量正常。

（9）若负荷过低燃烧不稳应投油稳燃。

（10）检查燃烧稳定，启动备用制粉系统，逐渐恢复原负荷工况。

（11）检查磨煤机的着火原因。

（12）汇报值长，联系检修人员处理，并检查内部情况。

（13）各主要参数的控制正常，汽温、汽压、汽包水位的控制依规程规定执行。

十三、给煤机断煤

（一）现象

（1）给煤机煤量降低，运行反馈转速等正常。

（2）磨煤机出力降低，煤位降低、噪声变大。

（3）磨煤机出口温度升高，出入口压差减小。

（4）主蒸汽压力、机组负荷可能降低。

（二）原因

（1）冬季煤有冻块。

（2）煤外部水分较大，产生挂壁现象。

（3）煤斗烧空或低煤位，下煤不畅。

（4）煤内有大物，堵塞给煤机入口。

（三）处理

（1）检查其他磨煤机煤量自动增加，否则手动增加。

（2）开启空气炮或派副操作手就地敲打原煤斗判断原因。

（3）加大磨煤机另一侧给煤机出力，并注意煤位变化情况。

（4）调整磨煤机出力，尽量维持煤位。

（5）通过调整冷、热风门控制断煤侧分离器出口温度。

（6）若主蒸汽压力维持不住，应降低机组负荷，根据运行磨煤机最大出力确定所带负荷。

（7）维持汽包水位、汽温正常。

（8）若负荷过低燃烧不稳应投油稳燃。

（9）启动备用制粉系统，逐渐恢复原负荷工况。

（10）检查原煤斗煤位，确定是否煤斗煤位过低或已烧空，否则联系输煤人员上煤。

（11）汇报值长，联系检修人员处理。

（12）各主要参数的控制正常，汽温、汽压、汽包水位的控制依规程规定执行。

十四、磨煤机冷、热风门卡涩

（一）现象

（1）磨煤机出、入口风压不正常地升高或降低。

（2）磨煤机出、入口温度不正常地升高或降低。

（3）风门开度指令和反馈不一致，并且调整指令，反馈不动作，确定为磨煤机风门卡涩。

（二）处理

（1）汇报值长，风门卡涩。

（2）根据实际情况，调整没有卡涩的风门保证磨煤入口压力。

（3）调整磨煤机出力，保证分离器出口温度正常。

（4）反复操作几次卡涩阀门，看是否动作，如果还不动作，将输入指令调整至与反馈一致。

（5）注意监视磨煤机粉管温度和风速，发现有堵管，要及时吹扫。

（6）根据实际情况，满足值长负荷和燃烧稳定的要求，合理安排制粉系统运行方式。

（7）派巡检就地检查卡涩阀门状态。

（8）通知检修人员开票检查卡涩阀门，处理正常后，及时调整磨煤机至正常。

（9）操作过程中保证汽包水位、汽温、汽压、负压、负荷尽量正常。

十五、过热减温水单个调门卡涩

（一）现象

（1）过热蒸汽单侧温度不正常地升高或降低。

（2）减温水后金属壁温不正常地升高或降低。

（3）减温水调门反馈与指令不符，重新输入指令调整无效。

（二）处理

（1）根据汽温及金属温度变化调整该侧过热减温水一减或二减调门，使汽温恢复正常。

(2) 根据汽温变化调整粉层出力、燃烧器摆角、配风方式。

(3) 若无法控制，汇报值长，则根据汽温变化调整机组出力。

(4) 通知检修人员处理。

(5) 汽温大幅度变化应密切监视汽轮机振动、胀差、偏心等变化情况。

(6) 出现大幅度超温及汽温超限，应紧急停机。

十六、过热器管泄漏或爆破

（一）现象

(1) 四管泄漏发出报警。

(2) 过热器附近有泄漏或爆破声。

(3) 泄漏点以后烟气温度下降，两侧烟气温差增大。

(4) 严重时从烟道不严处向外冒烟气和蒸汽。

(5) 燃烧不稳，炉膛负压波动，引风机电流增大。

(6) 蒸汽压力下降，机组负荷下降。

(7) 给水流量不正常地大于蒸汽流量。

（二）原因

(1) 燃烧调整不当使局部过热器长期超温。

(2) 燃料中的有害元素使过热器产生高温腐蚀，管子损坏。

(3) 材质、焊接质量不合格。

(4) 管子受飞灰磨损严重。

(5) 给水品质长期不合格，汽水分离装置不良，过热器管内结垢，使管子损坏。

(6) 邻近管子破裂吹损。

(7) 局部堵灰使温度升高。

(8) 吹灰装置安装、操作不当，损坏管子。

（三）处理

(1) 泄漏较轻微时，应适当降压降负荷运行，保持各参数及燃烧稳定。

(2) 注意事态的发展，申请停机，做好停机准备。

(3) 加强引风机电流监视。

(4) 泄漏或爆破严重时，应紧急停机。

(5) 停炉后，留一台引、送风机运行，维持负压，排出烟气和蒸汽。

(6) 视情况尽快停止电除尘器运行，其余按申请停炉步骤执行。

十七、再热器泄漏或爆破

（一）现象

(1) 四管泄漏发出报警。

(2) 再热器附近有泄漏或爆破声。

(3) 泄漏点后烟气温度下降，两测烟气温差增大。

(4) 严重时从烟道不严处向外冒烟气和蒸汽。

（5）燃烧不稳，炉膛负压偏正，引风机电流增大。

（6）蒸汽压力下降，机组负荷下降。

（7）维持负荷时，主蒸汽流量、给水流量上升，再热器出口压力下降。

（二）原因

（1）燃烧调整不当使局部过热器长期超温。

（2）燃料中的有害元素使过热器产生高温腐蚀，管子损坏。

（3）材质、焊接质量不合格。

（4）蒸汽品质不合格、管内结垢造成腐蚀。

（5）邻近管子破裂吹损。

（6）局部堵灰使堵灰部位超温。

（7）汽轮机甩负荷，高压旁路未动，使再热器超温。

（8）管子受飞灰磨损严重。

（三）处理

处理方法与过热器损坏相同。

十八、风机调节机构故障

（一）现象

（1）风机电流随卡涩位置变化。

（2）炉膛负压、氧量、风压、风量摆动。

（3）调节机构开度反馈不变，手动调整无效。

（二）处理

（1）派巡检到就地核实风机调节机构实际开度。

（2）解除故障风机自动，手动调整风机动叶或静叶无效。

（3）根据负荷、炉膛负压、氧量、一次风压立即（调整）正常运行风机出力。

（4）控制炉膛负压、氧量、汽温、水位、一次风压正常。

（5）检查油站、执行机构电源等是否正常。

（6）做好联系工作，联系检修人员试用手摇。

（7）如一次风机调节机构故障，应根据一次风压、风量控制燃料量或制粉系统台数。

（8）根据风机出力，解除自动降低机组负荷，必要时投油稳燃（根据具体卡涩位置来定）。

（9）各主要参数的控制正常，汽温、汽压、汽包水位、两侧烟气温差的控制依规程规定执行。

（10）汇报值长。

（11）做好安全措施，联系检修人员处理。

十九、一次风分管堵塞

（一）现象

（1）粉管温度降低，风速降低。

（2）分离器压力升高，负荷风量、旁路风量降低。

（二）处理

（1）汇报值长，粉管堵塞。

（2）请示值长，准备吹扫粉管，机组负荷将有 20MW 左右负荷波动。

（3）关闭堵塞粉管的 PC 阀，开启该层吹扫总阀。

（4）将炉膛负压设置－200Pa，汽包水位设置－60mm，略微降低机组负荷，若主蒸汽压力为额定压力，适当降低主蒸汽压力。

（5）开启吹扫风门，观察炉膛负压、水位、主蒸汽压力变化情况，如果变化过快，立即关闭吹扫风门，待参数平稳后再进行吹扫。

（6）反复进行上述吹扫过程，直至粉管被吹开，然后投入该粉管，调整各参数至正常。

第二节　汽轮机事故处理

一、汽轮机紧急停运

（一）紧急停机的情况

（1）机组发生强烈振动，任一轴振动达 0.229mm。

（2）汽轮机或发电机内有清晰的金属摩擦声或撞击声时。

（3）汽轮机转速升至 3330r/min，危急遮断器不动作时。

（4）轴封或挡油环严重摩擦冒火花时。

（5）汽轮机发生水冲击或主、再热蒸汽温度 15min 内急剧下降 83.3℃以上时。

（6）任一轴承回油温度升至 75℃或突然升高 3℃，以及任一轴承断油冒烟时。

（7）机组 1、2、3 号主轴承瓦温上升至 127℃，4、5、6 号主轴承瓦温上升至 121℃，推力轴承合金温度升至 87.7℃时，请示停机。如推力瓦温度突然升高 5.6℃，立即打闸停机。

（8）轴向位移达到－0.762mm 或＋0.762mm，而轴向位移保护装置未动作时。

（9）机组胀差小于－7.112mm 或大于 9.398mm 时。

（10）润滑油压降至 0.083MPa，保护拒动作时。

（11）油系统着火，威胁机组安全时。

（12）主油箱油位降至－114mm 以下，补油无效时。

（13）高压缸排汽口处蒸汽温度达 468.3℃，低压缸排汽温度达 107℃时。

（14）抗燃油压力降到 7.58MPa，保护拒动作时。

（15）主、再热蒸汽温度在 547～566℃摆动，连续运行超过 15min 或超过 566℃时。

（16）发电机定子冷却水中断无法恢复时。

（17）发电机冒烟着火时。

（18）MARK V 系统和调节保安系统故障无法维持正常运行时。

（二）紧急停机操作步骤

（1）主控室手动停机或就地打闸，检查高、中压主汽阀及调节汽阀及抽汽止回阀、抽汽电动阀、高压缸排汽止回阀应迅速关闭。

（2）发电机与系统解列。

（3）盘车油泵和电动抽吸泵自动启动。

（4）开启凝汽器真空破坏阀，停止真空泵。

（5）检查下述操作自动完成，否则手动进行：

1）A、B 汽动给水泵打跳，电动给水泵联锁启动。

2）汽轮机本体疏水联锁开启。

3）低压缸喷水阀根据排汽缸温度自动开启。

4）除氧器汽源根据要求进行切换。

5）轴封汽源自动切换。

6）加热器疏水自动调节。

（6）如出现发电机着火或润滑油中断而自密封油无法满足及断油烧瓦时，立即排氢。

（7）注意机组惰走情况，记录惰走时间。

（8）当汽封摩擦严重时，将转子高点置于最高位，关闭汽缸疏水阀，保持上下缸温差，监视转子弯曲度，当确认转子弯曲度正常后，再手动盘车 180°，方可投入连续盘车。

（9）转子静止后，应立即投入连续盘车，并严密监视盘车电流和转子偏心，当盘车电流较大摆动、盘车有异声时，应及时分析、汇报、处理，如汽缸内有明显的金属摩擦声，应立即停止连续盘车，改为定期盘车。

（10）主轴盘不动时，禁止强行盘车。

（11）如冬季热网系统投运，机组跳闸后，检查热网快关阀自动关闭。

二、汽轮机凝结水泵跳闸

（一）现象

（1）DCS 发出凝结水泵跳闸报警，声光报警。

（2）凝结水泵运行反馈消失，电流指示为零。

（3）凝结水泵流量、出口压力下降。

（4）除氧器水位下降。

（二）处理

（1）检查备用凝结水泵是否联锁启动，若未联锁启动立即手动启动。

（2）检查备用凝结水泵运行情况。

（3）通过调整除氧器上水主、副调节阀门开度，维持除氧器水位在正常范围之内正常。

（4）若除氧器水位大幅度降低，适当降低负荷。

（5）加强各低压加热器水位的监视，防止低压加热器水位高跳闸。

（6）汇报值长，并通过检查开关及凝结水泵本体找出跳闸原因。

（7）做好凝结水泵相关安全措施，通知检修人员处理。

三、低压加热器泄漏

（一）现象

（1）低压加热器水位升高，低压加热器水位高报警。

（2）疏水温度降低，水侧出口温度降低。

（3）下一级低压加热器疏水量变大。

（4）正常疏水调节阀门开大、危急疏水调节阀门开启。

（二）处理

（1）汇报值长，调整各低压加热器水位正常。

（2）注意监视凝结水压力、流量和运行凝结水泵电流，调整除氧器水位正常。

（3）检查低压加热器水位无法维持，立即手动解列该低压加热器。

（4）关闭低压加热器抽汽电动阀、止回阀，开启其电动阀前、止回阀后疏水阀。

（5）开启低压加热器旁路阀，关闭进、出口阀，水侧走旁路。

（6）维持负荷不超过规定值，检查监视段不超压，注意调整汽温不超过规定值。

（7）汇报值长，相关措施完备，通知检修人员处理。

四、高压加热器泄漏

（一）现象

（1）高压加热器水位升高，高压加热器水位高报警。

（2）疏水温度降低，水侧出口温度降低。

（3）正常疏水调节阀门开大、危急疏水调节阀门开启。

（4）下一级高压加热器疏水量变大，给水泵汽轮机出力增加。

（二）处理

（1）汇报值长，调整各高压加热器水位。

（2）注意监视给水压力、流量和运行给水泵不超出力，调整汽包水位正常。

（3）检查疏水扩容器减温水阀是否开启，疏水扩容器温度不超限。

（4）若高压加热器水位无法维持，汇报值长，降负荷至规定值，立即手动解列高压加热器。

（5）立即关闭抽汽电动阀及止回阀，检查抽汽电动阀前、止回阀后疏水气动阀开启。

（6）关闭高压加热器入口三通阀，水侧走旁路，关闭高压加热器出口阀。

（7）注意调节，维持汽包、除氧器水位正常。

（8）关闭高压加热器至除氧器连续排气阀，关闭高压加热器正常疏水调节阀门、事故疏水调节阀门。

（9）维持负荷不超过规定，检查监视段不超压，炉侧注意监视调整主、再热蒸汽温度，防止主、再热蒸汽温度及管壁温度不能超过规定值。

（10）汇报值长，做好相关安全措施，通知检修人员处理。

五、两台给水泵汽轮机运行，一台给水泵汽轮机跳闸

（一）现象

（1）DCS 发出给水泵汽轮机跳闸报警。

（2）给水流量降低、汽包水位下降。

（3）跳闸给水泵汽轮机转速降低，给水泵汽轮机进汽阀门关闭。

（二）处理

（1）检查电动给水泵是否联锁启动，若未联锁启动立即手动抢合电动给水泵，逐渐加勺管，提高给水流量。

（2）增加另一台给水泵汽轮机出力，注意监视不超出力。

（3）检查机组协调自动将方式切至"汽轮机跟随"协调方式，机组适当滑压运行。

（4）汇报值长。

（5）打跳上层粉，若燃烧不稳，投油稳燃，调整风机出力适应燃烧变化。

（6）注意监视汽包水位，若水位低于跳闸值保护未动作，应紧急停炉。注意汽包水位情况，应立即手动将机组负荷降至 80％额定负荷。

（7）严密监视机组负压、水位、汽温等各主要运行参数变化正常。

（8）手动调整电动给水泵勺管，并入电动给水泵，维持汽包水位正常。

（9）检查电动给水泵的运行情况，电流、压力、振动、油压、油温、轴承温度正常。

（10）检查给水泵汽轮机跳闸原因。

（11）记录给水泵汽轮机惰走时间，并检查给水泵汽轮机参数及盘车投入正常。

（12）汇报值长，通知检修人员处理。

（13）给水泵汽轮机处理完毕，及时启动，恢复正常方式运行。

六、汽轮机推力瓦轴承磨损

（一）现象

（1）轴向位移上升，推力瓦温度上升。

（2）轴承振动、回油温度上升。

（二）处理

（1）立即汇报值长，降负荷，将进汽方式切换至全周进汽方式。

（2）密切注意监视轴向位移、胀差、推力瓦温度、轴承振动、回油温度。

（3）做好紧急停机准备，若推力瓦金属温度升至规定值（87.7℃），立即在硬手操盘上按"紧急跳闸"按钮或就地手拍危急保安器。

（4）检查发电机已解列（否则手动解列），高、中压自动主汽阀、调速汽阀、抽汽止回阀、高压缸排气止回阀应联锁关闭。

（5）汽轮机转速开始下降，转速下降到零盘车投入。

（6）检查汽轮机油系统运行正常，盘车油泵、电动抽吸泵联锁启动。

（7）解除真空泵联锁，停真空泵，开启真空破坏阀。

（8）倾听机组内部声音，记录惰走时间，测量大轴弯曲值，做好记录。

（9）汇报值长，通知检修人员处理。

七、汽轮机低压缸叶片断裂

（一）现象

（1）机组各瓦振动突然增大或抖动，汽轮机内或凝汽器内产生突然声响。

（2）凝汽器水位上涨（叶片将水管砸坏）。

（二）处理

（1）如振动未达到保护跳闸值，立即汇报值长，准备紧急停机。

（2）就地检查汽轮机内是否有金属撞击声，通知检修人员进行故障确认。

（3）确认故障前，降低机组负荷，切至全周进汽，控制汽轮机振动。

（4）如振动直接达到保护跳闸值，保护未动作，立即手打汽轮机。

（5）解除真空泵联锁，停止真空泵，立即破坏真空。

（6）检查机侧相关保护动作正常。

（7）检查炉侧跳闸，相关辅机保护动作正常。

（8）检查发电机跳闸，厂用电切换正常，汽轮机转速下降。

（9）停机过程中就地听声、测振动，密切监视各参数的变化。

（10）记录惰走时间。

八、凝汽器铜管泄漏

（一）现象

（1）凝汽器一侧循环水进、出口压力下降。

（2）凝汽器水位不正常地升高，凝结水导电度上升，凝汽器补水量减少、真空下降。

（二）处理

（1）联系化学化运行人员验热井水质。

（2）投入凝结水精处理装置，以降低凝结水硬度进行优化水质。

（3）根据锅炉水质，适当开启连续排污阀加强排污。

（4）注意调整除氧器、凝汽器水位正常，若凝汽器水位过高，可用除氧循环泵串水。

（5）汇报值长，根据凝汽器真空，接带负荷。

（6）严密监视凝汽器水位及凝结水导电度上升情况，调整燃烧、给水流量。

（7）对泄漏侧凝汽器执行隔离，做隔离措施，降负荷至额定负荷的 $60\%\sim70\%$，试验备用真空泵启动良好，投入备用；先关抽空气阀，后关凝汽器进、出口阀。

（8）相关措施完备后，通知检修人员处理。

（9）凝结水水质合格后，投入检修完的凝汽器，调整凝结水压力、流量正常，调整凝汽器水位正常。

九、汽轮机高压调节阀突关

（一）现象

（1）负荷下降，主蒸汽压力突涨。

（2）主机 MARK V 发出高压主汽调节阀位置信号偏差大报警。

（3）高压主汽调节阀指令与反馈不符。

（二）处理

（1）检查 MARK V 阀门状态画面，高压主汽调节阀开度反馈为关位。

（2）汇报值长，申请快减负荷，锅炉立即打跳 C 磨煤机，必要时投油稳燃。

（3）汽轮机侧立即将进汽方式切至全周进汽，选择时间为 1min，机组快速滑压，防止超压引起安全阀动作。

（4）注意调整汽包水位正常。

（5）进汽方式切换过程中，监视其他高压主汽调节阀开启情况是否正常。

（6）根据主蒸汽压力上涨情况，决定减慢燃烧速度。

（7）密切监视汽轮机振动、轴向位移等参数。

（8）调节主、再热蒸汽温度及金属温度不超限。

（9）汇报值长，通知检修人员处理。

十、3 号轴瓦处轴承烧损

（一）现象

（1）3 号轴瓦回油温度、轴承温度不正常地升高。

（2）主机振动增大等。

（3）3 号轴瓦处轴承冒烟。

（二）处理

（1）立即派巡检就地检查，进行测温、测振，并确认事故为 3 号轴瓦轴承摩擦。

（2）立即汇报值长，降负荷，切全周进汽方式。

（3）检查该瓦的润滑油管路有无异常，并严密监视该瓦回油温度、轴承温度，做好紧急停机准备。

（4）若该瓦回油温度升至 75℃或轴瓦金属温度上升至（127℃）规定值或轴承振动超过规定值，立即在硬手操盘上按"紧急跳闸"按钮或就地手拍危急保安器。

（5）检查发电机已解列（否则手动解列），高、中压自动主汽阀、调速汽阀、抽汽止回阀、高压缸排汽止回阀应联锁关闭。汽轮机转速开始下降。

（6）解除真空泵联锁，停真空泵，开启真空破坏阀。

（7）倾听机组内部声音，记录惰走时间，测量大轴弯曲值，做好记录。

（8）汇报值长，通知检修人员处理。

十一、真空破坏门误开

（一）现象

（1）机组负荷降低，真空下降。

（2）汽轮机排汽温度升高。

（3）真空破坏阀关反馈消失。

（二）处理

（1）立即在 BTG 盘上发真空破坏阀关指令，不动作时派巡检就地手动关闭。

（2）汇报值长。

（3）联系检修人员查找误动作原因。

（4）破坏阀关闭后，重新注入密封水。

（5）根据真空值启动备用真空泵。

（6）若机组真空继续下降，应根据相应真空值降负荷。

（7）排汽温度高应投入低压缸喷水。

（8）若负荷已降至最低，真空无法恢复，应立即停机。

（9）若真空降至保护动作值，或排汽温度升高至保护动作值，保护应动作停机，若保护不动，应手动停机。

十二、主机润滑油母管泄漏

（一）现象

（1）检查发现润滑油压力下降、主油箱油位下降。

（2）就地检查润滑油系统各阀门及管路有漏油现象。

（二）处理

（1）汇报值长。

（2）主油泵出口油压下降至 1.31MPa 或冷油器前润滑油母管油压降至 0.1034MPa 时，盘车油泵自动启动，否则手动启动。

（3）立即联系检修人员堵漏。

（4）对润滑油箱进行补油。

（5）主油泵出口油压降至 1.24MPa 或润滑油母管油压降至 0.069MPa 时，事故油泵自动启动。

（6）采取补油措施无效，汇报值长，立即执行故障停机。

（7）其余按紧急停机处理。

十三、闭式冷却水泵跳闸

（一）现象

（1）DCS 发出闭式冷却水泵跳闸报警。

（2）闭式冷却水泵电流指示为零，开关状态运行反馈消失。

（3）闭式冷却水系统压力降低。

（二）处理

（1）检查备用闭式冷却水泵联锁启动正常，否则应手动启动。

（2）如备用泵启动正常，对闭式冷却水系统及各转机轴承温度、氢气温度等进行全面检查。

（3）立即派巡检至就地检查备用泵运行情况。

（4）检查开关及泵本体，判断闭式冷却水泵跳闸原因。

（5）如备用泵启动失败立即强启跳闸泵一次。

（6）如所有泵均启动失败，机组打闸停机，将外围闭式冷却水迅速切至邻机带。

（7）汇报值长。

（8）机组打闸后，加强对润滑油温度、轴承金属温度、轴承回油温度的监视。

（9）通知检修人员查找闭式冷泵跳闸原因，尽快恢复闭式冷却水正常运行。

（10）如备用闭式冷却水泵联锁启动正常，联系检修人员处理跳闸闭式冷却水泵故障，处理后，恢复原运行工况。

十四、汽动给水泵汽蚀

（一）现象

（1）汽包水位摆动并报警。

（2）给水流量摆动、汽动给水泵出口压力及流量摆动。

（3）就地倾听汽动给水泵声音、振动异常。

（二）处理

（1）汇报值长，将给水自动改为手动控制。

（2）立即启动电动给水泵，调整给水流量，监视汽包水位正常。

（3）调整汽动给水泵，降低出力，观察汽动给水泵出口压力及流量变化情况。

（4）电动给水泵带水正常后，打跳汽蚀汽动给水泵。

（5）根据给水流量，接带机组负荷，如维持不住汽包水位，适当降低机组负荷。

（6）检查电动给水泵的运行情况，电流、压力、振动、油压、油温、轴承温度正常。

（7）记录给水泵汽轮机惰走时间。

（8）检查给水泵汽轮机转速到 0，盘车应自投，否则手动启动盘车运行。

（9）检查汽动给水泵汽蚀原因。

（10）汇报值长，做好相关汽动给水泵检修措施，通知检修人员处理。

十五、除氧器上水调节阀

（一）现象

（1）除氧器水位下降，凝结水压力上升、流量下降。

（2）除氧器上水主路调节阀指令和反馈不符。

（3）凝给水泵出力增加。

（二）处理

（1）立即手动调整该除氧器上水主路调节阀，无效后，检查除氧器上水旁路阀是否全开。

（2）确认除氧器上水旁路阀全开后，根据旁路出力控制机组负荷。

（3）隔离除氧器上水主路调节阀，通知检修人员处理。

（4）因凝结水泵长时间运行的为变频泵，可手动摇开调节阀。

（5）加强监视凝汽器、除氧器水位，汇报值长。

（6）因凝结水流量大幅度变化，加强各低压加热器液位的监视。

（7）检修人员把除氧器上水主路调节阀处理好后，开启除氧器上水主路调节阀前后手动阀，逐渐开启主路调节阀。

（8）除氧器水位调整正常后，恢复原负荷工况。

十六、汽轮机冷油器调节阀卡涩

（一）现象

（1）润滑油温度上升。

（2）各瓦轴承温度上涨。

（3）汽轮机冷油器调节阀指令与反馈偏差大。

（二）处理

（1）手动调整该阀门无效。

（2）派巡检就地检查，确认汽轮机冷油器冷却水调节阀卡涩。

（3）开启调节阀旁路手动阀，调整汽轮机润滑油温度。

（4）检查确认主机各轴承金属温度、回油温度、轴承振动正常。

（5）汇报值长，通知检修人员处理。

十七、高压加热器正常疏水调节阀卡涩关

（一）现象

（1）高压加热器水位不正常地升高，水位高报警。

（2）高压加热器水位正常疏水调节阀开度与指令不符。

（3）危急疏水调节阀开启，除氧器水位下降。

（二）处理

（1）手动调整高压加热器水位正常疏水调节阀无效，确认1号高压加热器正常疏水调节阀卡涩失灵。

（2）检查高压加热器事故疏水阀开启正常，暂时由事故疏水阀维持高压加热器水位。

（3）检查疏水扩容器减温水阀是否开启，疏水扩容器温度不超限。

（4）注意监视除氧器水位，及时调整。

（5）隔离1号高压加热器正常疏水调节阀前后隔离阀。

（6）注意并调整其他各高压加热器水位正常。

（7）汇报值长，通知检修人员进行处理。

十八、低压加热器正常疏水调节阀卡涩关

（一）现象

（1）低压加热器水位不正常地升高，水位高报警。

（2）低压加热器水位正常疏水调节阀开度与指令不符。

（3）低压加热器危及疏水调节阀开启，低压加热器热井水位降低。

（二）处理

（1）手动调整低压加热器水位正常疏水调节阀无效，确认5号低压加热器正常疏水调节阀卡涩失灵。

（2）检查低压加热器事故疏水阀开启正常，暂时由事故疏水阀维持低压加热器水位。

（3）检查疏水扩容器减温水阀是否开启，疏水扩容器温度不超限。

（4）监视低压加热器热井水位，若过低应停止低压加热器疏水泵。

（5）隔离低压加热器正常疏水调节阀前后隔离阀。

（6）注意并调整其他各低压加热器水位正常。

（7）汇报值长，通知检修人员进行处理。

十九、定子冷却水泵调整

（一）现象

（1）光子牌发出汽轮机总报警。

（2）定子冷却水泵开关状态运行反馈消失。

（3）定子冷却水压力、流量降低。

（二）处理

（1）检查备用定子冷却水泵联锁启动正常，否则应手动启动。

（2）如备用泵启动正常，对冷却系统及各参数进行全面检查。

（3）立即派巡检至就地检查备用泵运行情况。

（4）检查开关及泵本体，判断定子冷却水泵跳闸原因。

（5）如备用泵启动失败立即强启跳闸泵一次。

（6）如所有泵均启动失败，发电机断水，立即看好时间，做好发电机断水保护拒动作的事故处理准备。

（7）汇报值长。

（8）如保护动作机组跳闸，按机组跳闸检查处理。

（9）断水时间达到保护动作时间而断水保护拒动作时，应立即手动拉开发电机断路器和灭磁开关。

（10）如备用定子冷却水泵联锁启动正常，联系检修人员处理 A 定子冷却水泵故障，处理后，恢复原运行工况。

二十、密封油泵跳闸

（一）现象

（1）光子牌发出汽轮机总报警。

（2）密封油泵开关状态运行反馈消失。

（3）密封油泵出口压力、流量变化降低。

（二）处理

（1）检查备用密封油泵联锁启动正常，否则应手动启动。

（2）如备用泵启动正常，对密封油系统、氢气系统及各参数进行全面检查。

（3）立即派巡检至就地检查备用泵运行情况。

（4）检查开关及泵本体，判断密封油泵跳闸原因。

（5）如备用泵启动失败立即强启跳闸泵一次。

（6）如所有泵均启动失败，油泵出口压力或系统压力降至 0.779MPa 时，联锁启动直流密封油泵，并检查密封油压、氢压，严密监视发电机风温、定子铁芯温度等，并根据发电机风温降负荷运行。

（7）汇报值长，联系检修人员处理。

（8）如果启动直流密封油泵后，仍不能维持密封油压、氢压，应手动停机。

（9）停机后，应进行事故排氢，查明原因并处理。

（10）如 B 密封油泵联锁启动正常，联系检修人员处理 A 密封油泵故障，处理后，恢复原运行工况。

二十一、EH 油泵跳闸

（一）现象

（1）光字牌报警。

（2）EH 油泵出口压力为 0，母管压力降低。

（二）处理

（1）检查发现 EH 油泵跳闸，EH 油压下降，备用 EH 油泵联锁启动正常。

（2）立即派巡检就地检查 EH 油系统运行状态。

（3）检查备用 EH 油泵油压正常，就地检查 B EH 油泵正常。

（4）检查原运行 EH 油泵跳闸原因，汇报值长，联系检修人员处理。

（5）若备用 EH 油泵未联锁启动，则手动启动。

（6）备用 EH 油泵手动启动失败，强启一次跳闸 EH 油泵。

（7）两台 EH 油泵均启动失败，汇报值长紧急停机。

（8）打闸后，检查汽轮机阀门关闭正常，汽轮机转速下降。

（9）其他按照紧急停机处理。

第三节　电气事故处理

一、发电机变压器组紧急停运

（一）紧急停止发电机变压器组运行的情况

（1）危及人身及设备安全时。

（2）发电机发生强烈振动时。

（3）发电机内部有摩擦、撞击声时。

（4）发电机氢气爆炸、冒烟、着火，或氢气纯度低于 90％无法恢复时。

（5）发电机故障时，保护或开关拒动作。

（6）发电机大量漏水。

（7）密封油系统故障无法维持运行。

（8）主变压器、高压厂用变压器套管破裂大量漏油或引线熔断。

（9）主变压器或高压厂用变压器冒烟、着火。

（10）主变压器、高压厂用变压器压器漏油，油面下降到气体继电器以下。

（11）主变压器或高压厂用变压器释压阀破裂，向外喷油。

（12）主变压器有异声，且有不均匀的爆炸声。

（13）主变压器、高压厂用变压器轻瓦斯信号动作，放气检查为可燃黄色气体。

（14）主变压器、高压厂用变压器故障，保护拒动作时。

（二）发电机变压器组紧急停运步骤

（1）立即拉开发电机变压器组出口开关。

(2) 拉开发电机励磁开关。

(3) 检查厂用电是否自切成功，否则手动切换。

二、定子 80％接地

（一）现象

(1) 光子牌发出"定子80％"接地报警。

(2) 机组跳闸。

（二）处理

(1) 发电机出口开关跳闸、励磁开关跳闸，发电机有功、无功负荷指示为零，发电机出口电流、电压指示为零，汽轮机、锅炉保护联锁跳闸，确认机组跳闸。

(2) 汇报值长机组跳闸。

(3) 检查 6kV 厂用电切换正常，6kV 母线电压、电流指示正常。

(4) 检查汽轮机主汽阀、调速汽阀、高压排汽止回阀、中压调速汽阀、中压主汽阀关闭，抽汽电动阀、抽汽止回阀关闭，汽轮机转速下降并记录惰走时间，下令副操打跳一台给水泵汽轮机，一台给水泵汽轮机将汽包上至最高可见水位后打跳，等待 2250r/min 左右时，盘车油泵及电动抽吸泵联锁启动。

(5) 检查锅炉主蒸汽压力升高，主蒸汽流量降低，磨煤机跳闸、所有 PC 阀关闭、一次风机跳闸、燃油速关阀关闭，燃油再循环阀开启，下令副操调整炉膛负压在 −150Pa，维持总风量 110t/h 左右进行 5min 吹扫。

(6) 巡检就地检查封闭母线、发电机本体、发电机中性点接地变压器外观有无接地现象。

(7) 巡检就地检查发电机中性点接地刀闸是否有人误动作，TV 一次熔断器是否熔断。

(8) 若外观检查未发现故障点，停机后测量发电机定子绝缘。

(9) 若绝缘良好，确定为保护误动作，联系检修人员处理保护装置。

(10) 保护正常后，经总工程师批准，重新对发电机零起升压。

三、发电机过负荷

（一）现象

(1) DCS 发出"GEN OVER CURREN"报警（发电机过电流报警）。

(2) 发电机无功负荷增大，发电机励磁电压、电流增大。

（二）处理

(1) 汇报值长发电机过负荷，需要减负荷。

(2) 在允许范围内先减无功负荷后减有功负荷，将定子电流减至 10 000A 以下（机组负荷大约在 320MW）。

(3) 检查发电机功率因数、电压，注意发电机过负荷时间不超限。

(4) 加强发电机定子绕组温度、主变压器绕组温度及油温等监视。

(5) 定子电流将至 10 000A 以下时，汇报值长。

(6) 减负荷过程中，主、再热蒸汽温度速率每下降 5℃/10MW，汽包水位波动应在

−100~100mm，处理过程不允许打跳磨煤机和投入油枪，减励磁时，发电机出口电压不允许低于 21.85kV。

四、发电机振荡

（一）现象

（1）发电机出口电流、电压、频率大幅度摆动。

（2）发电机有功、无功负荷大幅度摆动。

（3）发电机发出有节奏的轰鸣声。

（4）发电机失磁保护可能动作。

（二）处理

（1）汇报值长，发电机振荡。

（2）根据发电机振荡表计指示与其他机组和系统表计指示相反判断为本台发电机振荡。

（3）增加励磁，增加发电机无功功率，禁止将励磁解至手动控制。

（4）减少有功负荷，并汇报值长，根据调度令是否解列。

（5）若在现象出现 20s 内发现并处理，机组可恢复正常运行，若未及时处理 20s 后机组跳闸。

（6）失步保护动作后，光子牌发出"失磁保护""过激磁报警""发电机反时限定子过电流"报警。

（7）失步保护动作后，发电机变压器组保护 A 屏发出"发电机反时限过电流""发电机过激磁""失磁保护""频率保护（超频）"报警灯亮。

（8）失步保护动作后，发电机变压器组保护 B 屏发出"失磁保护"报警灯亮灭。

（9）失步保护动作后，跳闸后其余操作按跳闸处理。

五、励磁系统故障，导致失磁

（一）现象

（1）光子牌发出"失磁保护40"报警。

（2）发电机变压器组保护 A、B 屏发出"失磁保护一段、二段"报警灯亮。

（3）机组跳闸。

（二）处理

（1）发电机出口开关跳闸、励磁开关跳闸，发电机有功、无功负荷指示为零，发电机出口电流、电压指示为零。

（2）汽轮机、锅炉保护联锁跳闸，确认机组跳闸。

（3）汇报值长机组跳闸。

（4）检查 6kV 厂用电切换正常，6kV 母线电压、电流指示正常。

（5）检查汽轮机主汽阀、调速汽阀、高压缸排汽止回阀、中压调速汽阀、中压主汽阀关闭，抽汽电动阀、抽汽止回阀关闭，大机转速下降并记录惰走时间，下令副操打跳一台给水泵汽轮机，一台给水泵汽轮机将汽包上至最高可见水位后打跳，等待 2250r/min 左右时，盘车油泵及电动抽吸泵联锁启动。

(6) 检查锅炉主蒸汽压力升高，主蒸汽流量降低，磨煤机跳闸、所有 PC 阀关闭、一次风机跳闸、燃油速关阀关闭，燃油再循环阀开启，下令副操调整炉膛负压在 −150Pa，维持总风量 110t/h 左右进行 5min 吹扫。

(7) 联系检修人员查找失磁原因。

(8) 检查转子绕组温度正常，无过热现象。

(9) 检查定子绕组温度正常，无过热现象。

(10) 检查发电机无异常振动。

六、励磁系统故障导致过电压

（一）现象

(1) 光子牌发出"过激磁报警""逆功率跳闸""发电机反时限定子过电流"报警。

(2) DCS 发出"STROVCCR""SYSFL"（定子过电流报警）、"REVPWPRT""REVPWTRP"（发电机逆功率报警）、"OVMGALM""OVMGTRP"（过激磁报警）。

(3) 机组跳闸。

(4) 发电机变压器组保护 A 屏来"过激磁一段、二段、三段、四段"报警灯亮。

（二）处理

(1) 汇报值长机组跳闸。

(2) 检查 6kV 厂用电切换正常，6kV 母线电压、电流指示正常。

(3) 检查汽轮机主汽阀、调速汽阀、高压缸排汽止回阀、中压调速汽阀、中压主汽阀关闭，抽汽电动阀、抽汽止回阀关闭，大机转速下降并记录惰走时间，下令副操打跳一台给水泵汽轮机，一台给水泵汽轮机将汽包上至最高可见水位后打跳，等待 2250r/min 左右时，盘车油泵及电动抽吸泵联锁启动。

(4) 检查锅炉主蒸汽压力升高，主蒸汽流量降低，磨煤机跳闸、所有 PC 阀关闭、一次风机跳闸、燃油速关阀关闭，燃油再循环阀开启，下令副操调整炉膛负压在 −150Pa，维持总风量 110t/h 左右进行 5min 吹扫。

(5) 联系检修人员检查励磁系统，查明原因。

(6) 检查转子绕组温度正常，无过热现象。

(7) 检查定子绕组温度、定子铁芯温度正常无过热现象。

(8) 停机后测量发电机绝缘。

七、发电机 TV 一次熔断器熔断

（一）现象

(1) 光子牌发出"1 号发电机变压器组高压侧 TV 断线"。

(2) DCS 发出"CKTBRK"（TV 断线）报警。

(3) 1VT 相熔断 MARK V 中励磁画面检查发电机出口 A、C 相电压降低。

(4) 1VT B 相熔断 MARK V 中励磁画面检查发电机出口 A、B 相电压降低。

(5) 1VT C 相熔断 MARK V 中励磁画面检查发电机出口 B、C 相电压降低。

（二）处理

(1) 检查发电机其余参数运行正常。

（2）汇报值长初步判断 1TV 相断线。

（3）检查发电机励磁调节器运行正常。

（4）联系检修人员分析 TV 断线原因。

（5）联系检修人员退出相应有可能动作的保护及连接片。

（6）更换 TV 一次熔断器，退出 1TV 相二次熔断器，拉出 1TV 相小车刀闸，更换一次熔断器，并测量新熔断器绝缘电阻为 0MΩ。

（7）推入 1TVA 相小车刀闸。

（8）装上 1TVA 相二次熔断器。

（9）检查发电机电压指示正常，其余参数正常。

（10）联系检修人员投入相应保护及连接片。

八、转子一点接地发信

（一）现象

（1）光子牌发出"转子接地（64EF)"报警。

（2）DCS 发出"GNDALM（转子接地）"报警。

（二）处理

（1）检查发电机励磁回路有无明显接地现象。

（2）若系稳定接地，申请调度紧急停机处理。

（3）若非金属性接地，应加强监视，并设法处理，无法处理时，申请调度紧急停机处理。

（4）判断接地极性，确认稳定性一点接地时，配合检修投入励磁两点接地保护。

（5）一点接地期间，对励磁系统检查时，采取措施，防止再次发生接地。

九、主变压器通风工作电源 A 跳闸

（一）现象

（1）光子牌发出"主变压器冷却系统故障"报警。

（2）DCS 发出"MALFN（主变压器冷却系统故障）"报警。

（二）处理

（1）就地检查主变压器冷却器控制柜Ⅰ电源故障灯亮，Ⅰ电源空气开关在合闸位。

（2）检查主变压器冷却器控制柜Ⅱ电源切换正常，风扇运行正常。

（3）加强变压器监视油温，绕组温度监视。

（4）通知检修人员查找故障。

（5）停故障冷却器 A 电源做措施，断开就地控制柜Ⅰ电源空气开关，切 MCC2A1 段 1 号主变压器冷却风扇控制箱电源至实验位，控制把手至就地位，点 MCC2A1 段 1 号主变压器冷却风扇控制箱电源至实验位分闸按钮，开关显示绿色反馈，拉出 MCC2A1 段 1 号主变压器冷却风扇控制箱电源至实验位，断开 MCC2A1 段 1 号主变压器冷却风扇控制箱电源至实验位控制熔断器，拉出 MCC2A1 段 1 号主变压器冷却风扇控制箱电源至实验位至检修位。

（6）主变压器通风工作电源 A 电源在 MCC2A1 段上，主变压器通风工作电源 B 电

源在 MCC2A2 段上。

十、主变压器冷却器故障

（一）现象

（1）光子牌发出"主变压器冷却系统故障"报警。

（2）DCS 发出"MALFN（主变压器冷却系统故障）"报警。

（3）检查主变压器绕组温度、油温微涨。

（二）处理

（1）就地检查主变冷压器却器控制柜冷却器运行灯灭。

（2）通知检修人员处理。

（3）将控制把手切至停止位。

（4）拉开冷却器空气开关。

十一、主变压器轻瓦斯

（一）现象

（1）光子牌发出"主变压器轻瓦斯"报警。

（2）DCS 发出"MTLGTGS（主变压器轻瓦斯）"报警。

（二）处理

（1）汇报值长。

（2）通知检修人员提取气体继电器气样及主变压器油样。

（3）就地对变压器外部检查，有无漏油，油位是否过低，油温是否升高，气体继电器内是否有气体，二次回路是否故障。

（4）就地检查变压器油色、冷却系统等运行状况。

（5）加强变压器就地检查，注意变压器内部声音变化，有无放电现象。

（6）根据取样分析，确定轻瓦斯动作原因，若变压器排出可燃气体，汇报值长，向调度申请停机，主变压器转检修，若排出非可燃气体，放气后复归信号，通知检修人员查找原因，运行中若轻瓦斯信号发出时间逐渐缩短，汇报上级，做好跳闸准备。

十二、主变压器重瓦斯

（一）现象

（1）光子牌发出"2211 开关事故跳闸""2212 开关事故跳闸"。

（2）DCS 发出"MTHVYGS（主变压器重瓦斯）"报警。

（3）发电机变压器组保护 B 屏来"主变压器重瓦斯"信号灯亮。

（二）处理

（1）发电机出口开关跳闸、励磁开关跳闸，发电机有功、无功负荷指示为零，发电机出口电流、电压指示为零，汽轮机、锅炉保护联锁跳闸，确认机组跳闸。

（2）汇报值长机组跳闸。

（3）检查 6kV 厂用电切换正常，6kV 母线电压、电流指示正常。

（4）检查汽轮机主汽阀、调速汽阀、高压缸排汽止回阀、中压调速汽阀、中压主汽阀关闭，抽汽电动阀、抽汽止回阀关闭，大机转速下降并记录惰走时间，下令副操打跳一台给水泵汽轮机,一台给水泵汽轮机将汽包上至最高可见水位后打跳,等待 2250r/min 左右时,盘车油泵及电动抽吸泵联锁启动。

(5)检查锅炉主蒸汽压力升高,主蒸汽流量降低,磨煤机跳闸、所有 PC 阀关闭、一次风机跳闸、燃油速关阀关闭,燃油再循环阀开启,下令副操调整炉膛负压在－150Pa,维持总风量 110t/h 左右进行 5min 吹扫。

(6)对主变压器外观进行检查,油位、油色、油温等。

(7)联系检修人员对主变压器取样分析,一同查找故障原因。

(8)停机后测量发电机变压器组绝缘,判明发电机、变压器有关设备有无损坏。

十三、逆功率只发信号,跳闸未成功

(一)现象

(1)光子牌发出"逆功率跳闸 32"报警。

(2)DCS 发出"REVPWPRT""REVPWTRP"(逆功率跳闸)报警,而发电机出口开关未跳闸。

(3)主蒸汽压力上涨,蒸汽流量下降,检查 MARK V 主汽阀全关,确认逆功率跳闸未成功。

(二)处理

(1)汇报值长。

(2)打跳锅炉。

(3)切换厂用电。

(4)就地打跳灭磁开关,确认发电机出口开关跳闸,汽轮机转速下降。

(5)打跳汽轮机。

(6)检查汽轮机主汽阀、调速汽阀、高压缸排汽止回阀、中压调速汽阀、中压主汽阀关闭,抽汽电动阀、抽汽止回阀关闭,大机转速下降并记录惰走时间,下令副操打跳一台给水泵汽轮机,一台给水泵汽轮机将汽包上至最高可见水位后打跳,等待 2250r/min 左右时,盘车油泵及电动抽吸泵联锁启动。

(7)检查锅炉主蒸汽压力升高,主蒸汽流量降低,磨煤机跳闸、所有 PC 阀关闭、一次风机跳闸、燃油速关阀关闭,燃油再循环阀开启,下令副操调整炉膛负压在－150Pa,维持总风量 110t/h 左右进行 5min 吹扫。

(8)联系检修人员查找故障原因。

十四、发电机匝间短路

(一)现象

(1)光子牌发出"发电机差动 87G""发电机变压器组差动 87GWT"报警。

(2)DCS 发出"GTDPROT(发电机变压器组差动)""GEDPRT(发电机差动)"报警。

(3)发电机变压器组保护 A 屏来"发电机差动""发电机定子匝间短路"报警灯亮。

(4)发电机变压器组保护 B 屏来"发电机变压器组差动保护"报警灯亮。

（二）处理

（1）发电机出口开关跳闸、励磁开关跳闸，发电机有功、无功负荷指示为零，发电机出口电流、电压指示为零，汽轮机、锅炉保护联锁跳闸，确认机组跳闸。

（2）汇报值长机组跳闸。

（3）检查 6kV 厂用电切换正常，6kV 母线电压、电流指示正常。

（4）检查汽轮机主汽阀、调速汽阀、高压缸排汽止回阀、中压调速汽阀、中压主汽阀关闭，抽汽电动阀、抽汽止回阀关闭，大机转速下降并记录惰走时间，下令副操打跳一台给水泵汽轮机，一台给水泵汽轮机将汽包上至最高可见水位后打跳，等待 2250r/min 左右时，盘车油泵及电动抽吸泵联锁启动。

（5）检查锅炉主蒸汽压力升高，主蒸汽流量降低，磨煤机跳闸、所有 PC 阀关闭、一次风机跳闸、燃油速关阀关闭，燃油再循环阀开启，下令副操调整炉膛负压在 −150Pa，维持总风量 110t/h 左右进行 5min 吹扫。

（6）检查定子绕组、铁芯温度，无过热现象。

（7）检查发电机本体有无焦味、烟气。

（8）停机后测量发电机变压器组绝缘。

（9）联系检修人员采氢样分析。

十五、6kV 工作 IA 段，TV 一次熔丝 A 相故障

（一）现象

（1）DCS 发出 "6kV IA BUS PTLINE-BREAK" "PTBK" "GROUN" 报警。

（2）6kV 线电压及 A 相电压降低。

（二）处理

（1）汇报值长，通知检修人员查找 TV 断线原因。

（2）解除母线低电压保护。

（3）检查厂用快切装置处于闭锁状态。

（4）更换一次熔断器，停控制熔断器，将开关拉至实验位，拔出二次插头，更换 A 相熔断器，对母线 TV 测绝缘，将开关送至实验位，插上二次插头，将开关送至工作位，送上控熔断器。

（5）检查母线电压恢复正常，投入低电压保护。

（6）复归各信号，检查厂用快切装置闭锁解除，汇报值长。

（7）在更换 TV 时，应先拉开控制熔断器（为直流熔断器），再进行其余操作，操作顺序错误会导致母线低电压保护动作跳闸。

十六、6kV 1 号补给水变压器 C 相接地

（一）现象

（1）光子牌发出 "6kV 厂用 OA 段接地" "6kV 厂用 OA 段掉牌未复归" 报警。

（2）DCS 发出 "GROUN（接地）" 报警，OA 段母线 C 相电压降低，A、B 相电压升高。

（3）1 号补给水变压器开关综合保护装置发出 "接地" 报警。

（二）处理

（1）汇报值长，并通知外围人员启动 6kV 设备需汇报值长。

（2）联系水源地将补给水 PC A 段负荷倒至 PC B 段带，并逐个拉出补给水 PC A 段负荷开关，检查接地报警及母线电压是否恢复。

（3）联系水源地拉开补给水 PC A 段进线开关。

（4）就地打跳 1 号补给水变压器 6kV 侧开关，母线电压恢复正常，开关上报警可以复位。

（5）测量 1 号补给水变压器绝缘。

（6）通知检修人员巡线。

十七、6kV IA 段母线相间短路

（一）现象

（1）光子牌发出"OA 段掉牌未复归""IA 段掉牌未复归"报警。

（2）DCS 发出"PTPROT"报警，6kV 母线电压为 0，工作电源进线、备用电源进线开关均处于分闸位。

（二）处理

（1）汇报值长，并退出 IA 段厂用快切装置。

（2）检查各厂用 6kV IA 段所带的 PC 段线母线联开关合闸，进线开关跳闸，母线电压、电流正常。

（3）检查 A 磨煤机，A 侧送、引、一次风机跳闸，出口阀联锁关闭，并下令副操投入 BB 层油枪，负荷调整至 170MW，并维持燃烧稳定。

（4）启动 B、C 磨煤机 NDE 侧给煤机，维持磨煤机煤位。

（5）检查 B 闭式冷却水泵联锁启动正常，解除电动给水泵联锁，下令副操调整水位在 −100～+100mm。

（6）将照明变压器倒至 2 号机组带。

（7）检查保安段进线开关经 ATS 由 4104 切至 4103 带，就地将 4103 切换把手切至工作位，将 4104 切换把手切至备用位。

（8）就地检查 6kV IA 段工作电源进线开关和 OA 段备用进线开关均发出"过电流"报警，检查母线有无焦煳味和冒烟现象。

（9）通知检修人员查找原因。

（10）将母线工作电源进线开关及备用电源进线开关拉至检修位，将各负荷开关拉至检修位。

（11）对母线进行测绝缘，确认故障点。

十八、6kV IB 段母线相间短路

（一）现象

（1）光子牌发出"OB 段掉牌未复归""IB 段掉牌未复归"报警。

（2）DCS 发出"PTPROT"报警，6kV 母线电压为 0，工作电源进线、备用电源进线开关均处于分闸位。

（二）处理

（1）汇报值长，并退出 IB 段厂用快切装置。

（2）检查各厂用 6kV IB 段所带的 PC 段母线联络开关合闸，进线开关跳闸，母线电压、电流正常。

（3）检查 B、C 磨煤机，B 侧送、引、一次风机跳闸，出口阀联锁关闭，并下令副操投入 AA 层油枪，加大 A 磨煤机出力至最大，并维持燃烧稳定。

（4）启动 A 磨煤机 NDE 侧给煤机，维持磨煤机煤位。

（5）检查 A 凝结水泵联锁启动正常，下令副操调整除氧器水位至 2700mm，解除电动给水泵联锁，下令副操调整汽包水位在−100～＋100mm。

（6）通知灰控人员将脱落电源倒至 2 号机组带。

（7）检查保安段工作正常。

（8）就地检查 6kV IB 段工作电源进线开关和 OB 段备用进线开关均发出"过电流"报警，检查母线有无焦煳味和冒烟现象。

（9）通知检修人员查找原因。

（10）将母线负荷未跳闸开关打跳，将母线工作电源进线开关及备用电源进线开关拉至检修位，将各负荷开关拉至检修位。

（11）对母线进行测绝缘电阻，确认故障点。

十九、6kV 1A 工作变压器相间短路

（一）现象

（1）DCS 发出"低压厂用变压器故障报警"。

（2）检查 IA 工作变压器高、低压侧开关跳闸，PC 段母线联络开关合闸。

（二）处理

（1）检查 PC IA 段所带负荷无跳闸，运行正常，6kV A、B 段电压、电流正常。

（2）就地检查 6kV IA 段负荷 1A 工作变压器高压侧开关发出"差动""速断"报警。

（3）汇报值长，并通知检修人员处理。

（4）对变压器外观进行检查，有无焦煳味和冒烟现象。

（5）隔离措施，将 PC IA 段进线开关拉至检修位，将 6kV 1A 工作变压器高压侧开关拉至检修位，测量 1A 工作边绝缘，合上 6kV 侧 1A 工作变压器高压侧接地刀闸，在 1A 工作变压器低压侧引线处挂一组接地线。

二十、6kV 1A 工作变压器相间短路，高压侧开关拒动作

（一）现象

（1）光子牌发出"IA 段掉牌未复归""OA 段掉牌未复归"报警。

（2）DCS 发出"PROT（低压厂用变压器 1A1 保护动作）"报警。

（3）IA 工作变低压器压侧开关跳闸，母线联络开关合闸，高压侧开关未跳闸。

（4）6kV IA 段母线电压为 0，工作电源进线、备用电源进线开关均处于分闸位。

（二）处理

（1）汇报值长，并退出 IA 段厂用快切装置。

（2）检查各厂用 6kV IA 段所带的其余 PC 段母线联络开关合闸，进线开关跳闸，母线电压、电流正常。

（3）检查 A 磨煤机，A 侧送、引、一次风机跳闸，出口阀联锁关闭，并下令副操投入 BB 层油枪，负荷调整至 170MW，并维持燃烧稳定。

（4）启动 B、C 磨煤机 NDE 侧给煤机，维持磨煤机煤位。

（5）检查 B 闭式冷却水泵联锁启动正常，解除电动给水泵联锁，下令副操调整水位在－100～100mm。

（6）将照明变压器倒至 2 号机组带。

（7）检查保安段进线开关经 ATS 由 4104 切至 4103 带，就地将 4103 切换把手切至工作位，将 4104 切换把手切至备用位。

（8）就地检查 6kV IA 段工作电源进线开关和 OA 段备用进线开关均发出"过电流"报警，检查母线有无焦煳味和冒烟现象。

（9）就地检查 6kV IA 段负荷 1A 工作变压器高压侧开关发出"差动""速断"报警。

（10）就地打跳在 6kV IA 段 1A 工作变压器高压侧开关，开关未跳闸，确定开关拒动作。

（11）通知检修人员处理，并汇报值长。

（12）检查 1A 工作变压器有无焦煳味和冒烟现象。

（13）通知检修人员。

（14）隔离措施，将 6kV IA 段工作电源进线开关、备用电源进线开关拉至检修位，打跳 6kV IA 段未跳闸设备，并将所有负荷开关拉至检修位，通知检修人员设法将 1A 工作变压器高压侧开关拉至检修位，对 6kV IA 段母线进行测绝缘，6kV IA 段母线测绝缘合格且 1A 工作变压器高压侧开关在检修位后，将 6kV IA 段工作电源进线、备用电源进线开关送至工作位。

（15）合上 6kV IA 工作电源进线开关，对母线重新送电冲压。

（16）恢复 IA 段所带负荷，恢复机组负荷。

（17）将 PC IA 段进线开关拉至检修位，测量 1A 工作变压器绝缘，合上 6kV 侧 1A 工作变压器高压侧接地刀闸，在 1A 工作变压器低压侧引线处挂一组接地线。

二十一、6kV 1B 工作变压器相间短路，高压侧开关拒动作

（一）现象

（1）光子牌发出"IB 段掉牌未复归""OB 段掉牌未复归"报警。

（2）DCS 发出"PROT（低压厂用变压器 1B1 保护动作）"报警。

（3）IB 工作变压器低压侧开关跳闸，母线联络开关合闸，高压侧开关未跳闸。

（4）6kV IB 段母线电压为 0，工作电源进线、备用电源进线开关均处于分闸位。

（二）处理

（1）汇报值长，并退出 IB 段厂用快切装置。

（2）检查各厂用 6kV IB 段所带的其余 PC 段母线联络合闸，进线开关跳闸，母线电压、电流正常。

（3）检查 B、C 磨煤机，B 侧送、引、一次风机跳闸，出口阀联锁关闭，并下令副操投入 AA 层油枪，加大 A 磨煤机出力至最大，并维持燃烧稳定。

（4）启动 A 磨煤机 NDE 侧给煤机，维持磨煤机煤位。

（5）检查 A 凝结水泵联锁启动正常，下令副操调整除氧器水位至 2700mm，解除电动给水泵联锁，下令副操调整汽包水位在 $-100 \sim 100$mm。

（6）通知灰控人员将脱落电源倒至 2 号机组带。

（7）检查保安段工作正常。

（8）就地检查 6kV IB 段工作电源进线开关和 OB 段备用进线开关均发出"过电流"报警，检查母线有无焦糊味和冒烟现象。

（9）就地检查 6kV IB 段负荷 1B 工作变压器高压侧开关发出"差动""速断"报警。

（10）就地打跳在 6kV IB 段 1B 工作变压器高压侧开关，开关未跳闸，确定开关拒动。

（11）通知检修人员处理，并汇报值长。

（12）检查 1B 工作变压器有无焦糊味和冒烟现象。

（13）通知检修人员。

（14）隔离措施，将 6kV IB 段工作电源进线开关、备用电源进线开关拉至检修位，打跳 6kV IB 段未跳闸设备，并将所有负荷开关拉至检修位，通知检修人员设法将 1B 工作变压器高压侧开关拉至检修位，对 6kV IB 段母线进行测绝缘电阻。

（15）6kV IB 段母线测绝缘电阻合格且 1B 工作变压器高压侧开关在检修位后，将 6kV IB 段工作电源进线、备用电源进线开关送至工作位。

（16）合上 6kV IB 工作电源进线开关，对母线重新送电冲压。

（17）恢复 IB 段所带负荷，恢复机组负荷。

（18）将 PC IB 段进线开关拉至检修位，测量 1B 工作边绝缘，合上 6kV 侧 1B 工作变压器高压侧接地刀闸，在 1B 工作变压器低压侧引线处挂一组接地线。

二十二、启动备用变压器重瓦斯

（一）现象

（1）光子牌发出"OA 段掉牌未复归""OB 段掉牌未复归"报警。

（2）DCS 发出"GSPROT（启动备用变压器重瓦斯）"报警。

（二）处理

（1）检查反切装置动作，OA、OB 段切至 IA、IB 段带，OA、OB 段母线电压正常，IA、IB 段电流正常，不超限。

（2）汇报值长，并通知外围人员启停 6kV 设备需汇报值长。

（3）解除电动给水泵联锁，防止启动时母线过电流。

（4）检查 6kV OA、OB 段所带负荷均运行正常。

（5）检查启动备用变压器保护屏来"变压器本体重瓦斯"报警灯亮。

（6）检查厂用电快切装置闭锁，退出厂用电快切装置。

（7）将启动备用变压器转检修，30min 后退出冷却风扇。

（8）对启动备用变压器外观进行检查，如油位、油色、油温等。

（9）联系检修人员对启动备用变压器取样分析，一同查找故障原因。

（10）隔离后测量变压器绝缘，判明变压器有关设备有无损坏。

二十三、启动备用变压器相间短路

（一）现象

（1）光子牌发出"OA 段掉牌未复归""OB 段掉牌未复归"报警。

（2）DCS 发出"DIFF（差动）""GSPROT（重瓦斯）"报警。

（二）处理

（1）检查反切装置动作，OA、OB 段切至 IA、IB 段带，OA、OB 段母线电压正常，IA、IB 段电流正常，不超限。

（2）汇报值长，并通知外围人员启停 6kV 设备需汇报值长。

（3）解除电动给水泵联锁，防止启动时母线过电流。

（4）检查 6kV OA、OB 段所带负荷均运行正常。

（5）启动备用变压器保护屏来"纵差"报警灯亮。

（6）检查厂用电快切装置闭锁，退出厂用电快切装置。

（7）将启动备用变压器转检修，30min 后退出冷却风扇。

（8）对启动备用变压器外观进行检查，如油位、油色、油温等。

（9）联系检修人员对启动备用变压器取样分析，一同查找故障原因。

（10）隔离后测量变压器绝缘，判明变压器有关设备有无损坏。

附录 A　汽轮机疏水阀的划分

（1）汽轮机 A 组疏水包括：

1）主蒸汽管道疏水阀　1-04-CV008、1-04-CV010；

2）1 号自动主汽阀前疏水阀 SSV-1A；

3）2 号自动主汽阀前疏水阀 SSV-1B；

4）1 号自动主汽阀后疏水阀 SSV-2A；

5）2 号自动主汽阀后疏水阀 SSV-2B。

（2）汽轮机 B 组疏水阀包括

1）高压缸体疏水阀 SSD-1、SSD-2、SSD-3、SSD-4；

2）高压缸排汽止回阀前疏水阀　1-06-CV005、1-06-CV014、1-06-CV081；

3）高压缸排汽止回阀后疏水阀　1-06-CV011、1-06-CV013、1-06-CV015；

4）A 热再热管道疏水阀　1-05-CV006；

5）B 热再热管道疏水阀　1-05-CV007；

6）1 号中压联合汽阀后疏水阀　SSV-3B；

7）2 号中压联合汽阀后疏水阀　SSV-4B；

8）1 段抽汽管道疏水阀 1-11-CV018、1-11-CV018；

9）2 段抽汽管道疏水阀 1-12-CV030；

10）3 段抽汽管道疏水阀 1-13-CV020、1-13-CV021；

11）4 段抽汽管道疏水阀 1-14-CV022、1-14-CV065、1-14-CV123、1-14-CV075；

12）给水泵汽轮机高低压汽源疏水阀 1-04-CV004、1-04-CV027、1-14-CV028、1-14-CV029。

（3）汽轮机 C 组疏水阀包括：

1）4 段抽汽管道疏水阀 1-14-CV061；

2）5 段抽汽管道疏水阀　1-15-CV023 1-15-CV024 1-15-CV017；

3）6 段抽汽管道疏水阀　1-16-CV048 1-16-CV052。

附录 B 机组部分英文缩写含义描述表

英文缩写	中 文 描 述
AMS	汽轮机进汽方式选择
ATS	MARK V 控制下的汽轮机自启动功能
MSV	高压主汽阀
RSV	中压主汽阀
IV	中压调节汽阀
CV	高压调节汽阀
MSVB	高压自动主汽阀内旁路阀
HSPV	加热蒸汽压力阀
MARK V	数字控制与监视系统
EBOP	事故润滑油泵
TGOP	盘车油泵
MSOP	电动抽吸泵
FA	全周进汽
PA	部分进汽
HP	高压缸
LP	低压缸
HPBV	高压旁路截止阀
LPBV	低压旁路截止阀
BDV	汽轮机排污阀
RFV	反流阀
BVV	排放阀（通风阀）
TDV	汽封泄气转换阀
SPF	冲动级压力反馈
TBS	汽轮机旁路系统
TGM	汽轮机-发电机监视器
VMC	机组主控器
VPL	阀门位置限制器
VPO	变压力操作运行
ECR	额定运行工况
MCR	最大连续运行工况
FCB	机组甩负荷
RB	机组快速返回
MCC	电动机控制中心
UPS	不停电电源系统
CCS	协调控制系统
BMS	燃烧管理系统

续表

英文缩写	中 文 描 述
OIS	操作员站
BOI	备用操作员接口
ETS	危急跳闸系统
ETSV	危急跳闸电磁阀
ETV	电气跳闸阀
MTSV	机械跳闸电磁阀
MTV	机械跳闸阀
MTP	机械跳闸活塞

附录 C 冷态启动曲线

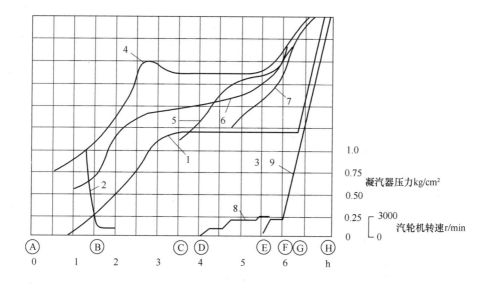

1—高压旁路调压阀前压力，kg/cm²；2—凝汽器压力，kg/cm²；3—锅炉蒸汽流量，% MCR；4—过热器出口蒸汽温度，℃；5—再热器出口蒸汽温度，℃；6—汽轮机侧主蒸汽温度，℃；7—汽轮机侧再热蒸汽温度，℃；8—汽轮机转速，r/min；9—汽轮机负荷，%

附录D　滑　停　曲　线

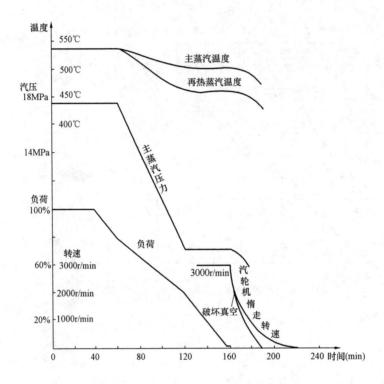

附录 E　汽轮机惰走曲线

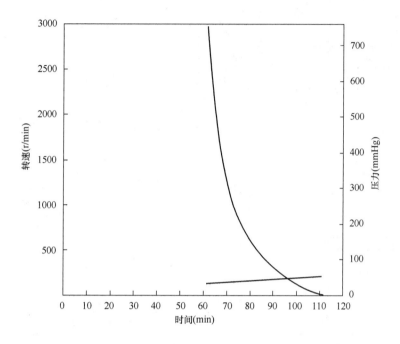

附录 F　相应压力下饱和温度表

p (MPa)	t (℃)	p (MPa)	t (℃)	p (MPa)	t (℃)	p (MPa)	t (℃)
0.001 0	6.982	0.021	61.15	0.70	164.96	3.6	244.16
0.001 5	13.034	0.022	62.16	0.80	170.42	3.7	245.75
0.002 0	17.511	0.023	63.14	0.90	175.36	3.8	247.31
0.002 5	21.094	0.024	64.08	1.0	179.88	3.9	248.84
0.003 0	24.098	0.025	64.99	1.1	184.06	4.0	250.33
0.003 5	26.692	0.026	65.87	1.2	187.96	4.5	257.41
0.004 0	28.981	0.027	66.72	1.3	191.60	5.0	263.92
0.004 5	31.034	0.028	67.55	1.4	195.04	5.5	269.94
0.005 0	32.90	0.029	68.35	1.5	198.28	6.0	275.56
0.005 5	34.60	0.030	69.12	1.6	201.37	6.5	280.83
0.006 0	36.18	0.040	75.89	1.7	204.30	7.0	285.80
0.006 5	37.65	0.050	81.35	1.8	207.10	7.5	290.51
0.007 0	39.02	0.060	85.95	1.9	209.79	8.0	294.98
0.007 5	40.32	0.070	89.96	2.0	212.37	8.5	299.24
0.008 0	41.53	0.080	93.51	2.1	214.85	9.0	303.31
0.008 5	42.69	0.090	96.71	2.2	217.24	9.5	307.22
0.009 0	43.79	0.1	99.63	2.3	219.54	10.0	310.96
0.009 5	44.83	0.12	104.81	2.4	221.78	11.0	318.04
0.010	45.83	0.14	109.32	2.5	223.94	12.0	324.64
0.011	47.71	0.16	113.32	2.6	226.03	13.0	330.81
0.012	49.45	0.18	116.93	2.7	228.06	14.0	336.63
0.013	51.06	0.20	120.23	2.8	230.04	15.0	342.12
0.014	52.58	0.25	127.43	2.9	231.96	16.0	347.32
0.015	54.0	0.30	133.54	3.0	233.84	17.0	352.26
0.016	55.34	0.35	138.88	3.1	235.66	18.0	356.96
0.017	56.62	0.40	143.62	3.2	237.44	19.0	361.44
0.018	57.83	0.45	147.92	3.3	239.18	20.0	365.71
0.019	58.98	0.50	151.85	3.4	240.88	21.0	369.79
0.020	60.09	0.60	158.84	3.5	242.54	22.0	373.68

参 考 文 献

［1］ 华北电力大学华仿中心. 350MW 级火电机组仿真机指导手册. 保定：华北电力大学华仿中心，2007.

［2］ 陈庚. 单元机组集控运行. 北京：中国电力出版社，2001.

［3］ 容銮恩. 300MW 火力发电机组丛书第一分册. 燃煤锅炉机组. 北京：中国电力出版社，2003.

［4］ 吴季兰. 300MW 火力发电机组丛书第二分册. 汽轮机设备及系统. 北京：中国电力出版社，2003.

［5］ 涂光瑜. 300MW 火力发电机组丛书第一分册. 汽轮发电机及电气设备. 北京：中国电力出版社，2003.

［6］ 华北电力集团公司. 300MW 火力发电机组集控运行典型规程. 北京：中国电力出版社，2001.

［7］ 成刚. 火力发电职业技能培训教材. 发电厂集控运行. 北京：中国电力出版社，2008.

［8］ 韩爱莲. 火力发电职业技能培训教材. 电气设备运行. 北京：中国电力出版社，2008.

［9］ 王国清. 火力发电职业技能培训教材. 汽轮机设备运行. 北京：中国电力出版社，2008.

［10］ 白国亮. 火力发电职业技能培训教材. 锅炉设备运行. 北京：中国电力出版社，2008.

［11］ 国家电力公司华东公司. 发电厂集控运行技术问答. 北京：中国电力出版社，2003.